JN452573

환경과 생활

Environment & Life

박상욱 · 권자령 공저

태학원

INTRODUCTION

머리말

1960년대에 접어들면서 대기오염이나 수질오염 등 국지적으로 발생한 여러 가지 환경오염 문제는 선진 각국의 경우에만 국한되지 않고 산성비와 지구의 온난화 등으로 확대되어 전 세계적인 문제로 대두되었다. 이것을 방지하기 위한 국제적인 움직임으로서 '하나밖에 없는 지구'를 슬로건으로 내세운 유엔인간환경회의가 1992년 스톡홀름에서 열렸다.

여기서 발표된 「인간환경선언」에서는 '오늘날 우리는 환경에 대한 영향에 한층 더 사려 깊은 주의를 기울이면서 행동하지 않으면 안 된다. 무지, 무관심으로 일관한다면 우리는 지구환경에 대해 중대하고도 돌이킬 수 없는 해를 미치게 될 것이다.'라는 엄중한 경고를 내놓았다. 그러나 대다수의 사람에게 환경문제는 자기 자신과는 별로 관계가 없는 남의 일이었다.

그런데 1980년대에 들어서자 해외에서만이 아니라 우리나라에서도 지구 전체적 규모의 환경문제에 대한 관심이 급속도로 높아지기 시작했다. 서점의 환경 코너에는 '지구환경'이란 단어가 포함된 서적이 즐비하게 되었고, 신문이나 방송 등 매스미디어에서도 지구환경에 대한 기사가 거의 매일 보도 되었다. 이와 같이 1980년대 이후 급속히 지구환경에 대한 관심이 높아진 것은 '지구가 위험하다.'는 것이 단순한 예측이 아니라 현실성을 띠기 시작했기 때문이다.

오늘날 지구의 환경문제는 그 피해나 영향이 한 나라에만 국한되지 않고 세계 전체로 퍼져나가고 있다. 지구의 온난화, 오존층의 파괴, 산성비 등과 함께 대량 생산, 대량 소비, 대량 폐기에 따르는 각종 오염 등은 인류의 미래를 위협하는 가장 큰 문제로 등장하고 있다.

이와 같은 심각한 문제에 직면하여 우리나라에서도 환경문제의 경각심을 일깨우고 슬기롭게 대처하기 위한 환경교육을 실시하고 있다.

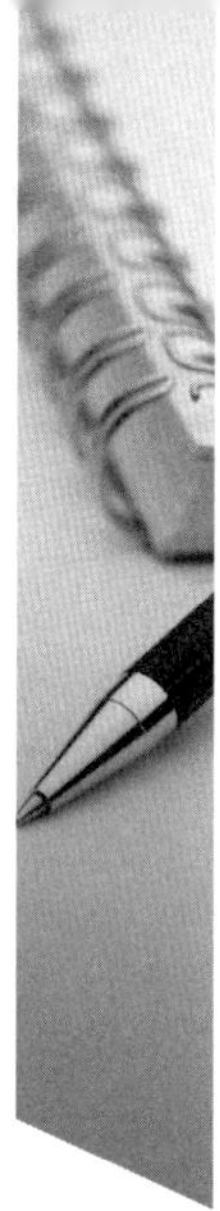

초등학교에서는 환경에 대한 내용을 '도덕', '사회', '과학' 등 관련 교과서에 분산하여 실시하고 있고, 중학교에서는 환경을 독립과목으로, 고등학교에서는 '환경과학'을 독립교과로 개설하여 선택과목으로 선택하고 있다. 대학의 경우도 환경문제에 대한 관심이 높아짐에 따라 2006년 현재 140여 대학에서 환경학과가 개설되어 있고 거의 모든 대학에서 교양과목으로 마련하여 환경교육을 실시하고 있다.

이 교재는 지구 환경문제의 입문서로서, 그리고 대학 교양과목의 텍스트로서, 또한 중고등학교 등의 환경교육을 위한 참고서로서 저술되었다. 우선 기본적인 데이터나 지식, 사고방식에 주안점을 두고 간결하면서도 이해하기 쉽도록 서술하려고 노력하였으며, 내용에 있어서는 우리 주변에 있는 자연환경 오염이나 지구환경 문제 등은 환경을 공부하는 학생들에게는 꼭 필요한 것이므로 그 모든 것을 수록했다. 이러한 것들을 설명하기 위한 데이터는 가능한 최신자료를 이용했으며, 주로 환경부 발행 『환경백서』(2007)에 의거했다는 점을 밝혀둔다. 이러한 자료들은 해마다 변경, 추가되는 것이므로 환경에 대한 새로운 자료들은 앞으로 계속 보완해 나가려고 한다.

끝으로 이 책이 환경문제를 이해하고 개선의 방향을 찾는 이들에게 좋은 참고가 되기를 바라며, 출판을 흔쾌히 수락해 주신 태학원의 이무형 대표와 자료 수집 등 노고를 아끼지 않은 편집부 여러분에게 감사를 드린다.

2009년 2월

저자 씀

CONTENTS

CONTENTS

제 1 장

환경 개관

1 환경의 의의와 분류

(1) 환경이란

일반적으로 환경이란 우리를 둘러싸고 있는 세계, 즉 인간과 생물의 주위에 있으면서 의식과 행동 면에서 어떤 상호작용을 하는 것, 또 그 외계의 상태를 의미한다.

환경은 그 자체가 독립적으로 존재하는 것이 아니라, 인간의 존재와 상대적인 것으로 생각해야 한다. 다시 말하면 인간과 환경은 하나의 시스템으로 존재한다. 그리고 양자 사이에서 환경은 인간에게 어떤 작용을 하여 그 결과 생체 내에 여러 가지 반응을 나타내고, 반면에 인간은 환경에 작용하여 그것을 바꾸려는 반작용을 한다.

가령 결핵은 앞서 인류에게 있어서 최대의 병마였다. 그 병원체인 결핵균은 인류에 작용하여 큰 희생을 강요했으나 이윽고 인류는 이 미생물이라는 환경요인에 대해 항생물질(스트렙토마이신, 가나마이신 등)을 개발하여 반작용을 했다. 그 덕에 인류는 한때 결핵을 정복한 것으로 알았으나 사실은 그 동안에 결핵균 쪽도 항생물질에 대한 저항력을 강화하여 다시 인류에 대해 작용하기 시작했다. 그 결과 현재 또다시 결핵이 유행하게 되었다. 이 사례는 인간과 환경과의 작용 · 반작용의 좋은 예라고 할 수 있다.

(2) 환경의 분류

환경은 인간의 탄생과 더불어 존재한 것으로서 양자의 관계는 오래전부터 많은 연구가 있어 왔고, 환경의 분류에 대해서도 연구자의 입장, 견해, 영역 등에 따라 여러 가지로 분류되고 있는데 여기서는 그 몇 가지만을 소개하기로 한다.

■ 내부환경과 외부환경

프랑스의 생리학자 베나르(C. Bernard)는 인체의 세포에 영양과 산소를 공급하거나 체온을 일정하게 유지시키는 혈액이나 체액 등을 내부환경이라 하고, 인체 외부의 조건을 외부환경이라고 했다. 그리고 이 외부환경의 변화에 대해 생체 각부의 기능에는 안정화 작용이 생긴다는 것을 시사했다.

이러한 생각은 미국의 생리학자 캐넌(W. B. Cannon)에게 계승되어 호메오스타시스라는 학설을 확립시키는 기초가 되었다. 즉 인간은 물론 모든 생물은 외부환경과 관계를 맺으면서 이에 따라 자신의 내부환경을 일정하게 유지하는 성질, 곧 항상성을 갖는다. 그러나 항상성에도 일정한 한계가 있어, 대응할 수 없는 큰 환경변화에 대해서는 병적인 상태에 빠지거나 생명의 유지가 불가능하게 된다.

외부환경의 변화에 대해 생체내의 생리기능을 조절하여 생명의 유지를 가능케 하는 현상을 적응이라고 하며, 적응이 단시간 안에 나타나는 경우를 특히 일시적 적응이라 한다. 예컨대 높은 산에 올라가면 고산병에 걸리는 경우가 있는데, 이것은 높은 산에는 산소의 분압이 낮으므로 공급되는 산소의 양이 적기 때문에 일어나는 현상이다. 생체는 이에 대응하여 호흡수가 증가하고 심박수도 늘어난다. 그 결과 섭취한 산소의 양이 많아져 세포와 조직에 중대한 영향을 미치지 않게 된다. 이와 같이 환경의 변화에 적응하여 생체는 항상성을 유지하게 된다.

이에 대해 장기간에 걸친 외부환경의 변화를 만나게 된 결과 서서히 적응이 형성되어 그것이 어느 기간 동안 지속되는 경우를 순화라고 한다. 가령 산소의 분압이 낮을 때 체내의 산소 운반능력을 높여 장기간에 걸쳐 이에 대응할 때는 적혈구 수의 증가, 즉 헤모글로빈의 양이 증가한다. 마라톤 선수가 고지 트레이닝을 계속하는 이유도 바로 여기에 있다. 하지만 다 같은 순화라도 2종 이상의 환경요인의 변화에 대응하여 일어나는 경우와 1종만의 환경요인에 의한 경우와는 엄밀히 구별해야 한다.

■ 의식주 환경

인간의 실생활 면에서 환경을 다루는 가정학에서는 '가정생활을 중심으로 한 인간생활에 있어서 인간과 환경과의 상호작용에 대해 인적 · 물적 양면에서 자연, 사회, 인문의 모든 과학을 기반으로 하여 연구하여 생활의 향상과 함께 인류의 복지에 공헌하는 실천과학' 이라 정의하고 있듯이 인간과 환경과의 상호작용을 중요한 대상으로 삼고 있다. 이 상호작용을 인적 · 물적 양면에서 보면 환경은 사람과 사물, 사람과 사람의 관계라는 두 가지 측면을 갖게 된다.

의식주에 있어서 생활의 재료는 물적 환경이고 그 생활의 재료는 조직이나 기업 등의 인간관계 가운데서 생산되고 그 소비도 사람과 사람의 관계에서 행해진다. 따라서 가정학에서는 자연환경의 오염이나 파괴 등의 물적인 면만으로는 환경의 취급이 불충분하다.

인간생활에 있어서 의식주 환경은 자연적 환경도 인공적 환경도 20세기 후반에 접어들면서 크게 변화했다. 그것은 인간이 계속해서 의식주의 쾌적성, 편리성, 기호성 등을 추구했기 때문이다. 그런데 의환경의 경우 섬유의 원료가 천연적인 것보다도 합성섬유가 점유하는 비율이 높아지고 더구나 의류의 대량생산, 대량소비로 진전되어 소비 후의 폐기처리 문제가 커다란 환경문제로 발전했다. 의류의 재활용도 큰 과제가 되었다. 최근에는 유아나 노인이 사용하는 대량의 종이 기저귀의 처리문제도 등장했다.

식환경의 경우 종래에는 우리나라 사람의 주식이던 쌀의 소비가 크게 줄어들고 그 대신 유제품이나 육류가 증가했다. 이 현상은 영양이란 측면에서 보면 바람직한 일이지만 환경오염의 한 원인이 되었다. 우리나라에서 자급자족이 가능한 것은 쌀 정도이고 밀, 콩, 옥수수 등의 농산물뿐만 아니라 유제품이나 육류의 대부분도 수입에 의존하는 실정이 되고 말았다.

이러한 변화와 병행하여 식품의 보존성과 기호성이 요구되어 이 때문에 식품의 제조와 가공 과정에 사용되는 식품첨가물이나 혼입하는 식품 오염물질 등이 식환경에 커다란 문제를 일으키게 되었다.

주환경도 예외가 아니어서 지난 반세기 동안에 크게 변모했다. 우리나라 국민의 수요는 단지 주거면적의 확대만이 아니라 생활의 합리화, 서구화를 추구하는 경향을 띠기 시작했다. 그 배경에는 가사노동으로부터 여성의 개방화와 함께 가족 구성원 각각이 프라이버시를 존중하는 풍조가 있었다. 이러한 의식은 주택산업에서 기술혁신을 초래했다. 한편 고령자나 장애자에 대응하는 주택이 요구되어 주택은 사회복지의 기반이라는 인식을 낳게 했다.

■ 문화적 · 사회적 · 자연적 환경

한편 유엔환경계획(UNEP)에서는 환경을 자연환경과 생활환경으로 양분하고, 우리나라의 환경정책기본법에서는 자연환경과 인간환경으로 분류하고 있다. 그러나 이러한 것들만이 환경을 대표하는 것은 아니다. 음악이나 회화, 조각 등의 예술, 문학이나 철학, 심리학 등의 학문, 종교 등의 문화적 환경 또는 정신적 환경 역시 인간생활에는 불가결한 요소가 된다[표 1－1]. 또한 인간은 혼자서만 살아갈 수 없다. 인간의 일생을 통하여 어려서는 가정이 있고 장성해서는 학교, 직장, 이웃, 자치단체, 국가 등의 사회 안에서 많은 사람들과 접촉하고 사람과 사람의 관계를 맺어 나간다. 이것을 사회적 환경이라 할 수 있다[그림 1－1].

[표 1－1] 환경의 구성

<table>
<tr><td rowspan="13">환경</td><td rowspan="3">문화적 환경</td><td colspan="2">음악, 그림, 조각 등의 예술</td></tr>
<tr><td colspan="2">문학, 철학, 심리학 등의 학문</td></tr>
<tr><td colspan="2">종교</td></tr>
<tr><td rowspan="3">사회적 환경</td><td colspan="2">가정, 학교, 직장, 농어촌, 도시</td></tr>
<tr><td colspan="2">정치, 경제, 행정, 국제 관계</td></tr>
<tr><td colspan="2">교육, 직업, 인구, 빈곤, 범죄 등</td></tr>
<tr><td rowspan="6">자연적 환경</td><td rowspan="2">물리적 조건</td><td>온도, 습도, 빛, 방사선</td></tr>
<tr><td>소리, 진동, 압력, 기후 등</td></tr>
<tr><td rowspan="3">화학적 조건</td><td>대기중에 포함된 무기 · 유기 화합물</td></tr>
<tr><td>수중의 무기 · 유기 화합물</td></tr>
<tr><td>토양중의 무기 · 유기 화합물</td></tr>
<tr><td>생물적 조건</td><td>미생물, 모든 동식물</td></tr>
</table>

자연적 환경은 다시 물리적 환경, 화학적 환경 및 생물적 환경으로 구성되어 있으며 이 세 가지 부차적인 환경은 더 많은 환경요인을 포함하고 있다. 예컨대 물리적 환경에는 온도, 습도, 빛, 소리, 압력 등의 요인이 있고 생물적 환경에는 미생물, 동물, 식물, 인류 등의 요인이 포함된다.

그러나 일반적으로 환경이라고 하면 자연적 환경을 지칭하는 것으로 이해하고 있다. 물론 이것은 단락적인 발상이고 극히 편의적인 해석이기는 하지만 가장 일반적으로 통용되는 습관이므로 이 책에서는 특별한 경우를 제외하고는 환경은 자연환경을 의미하는 것으로 기술하려고 한다.

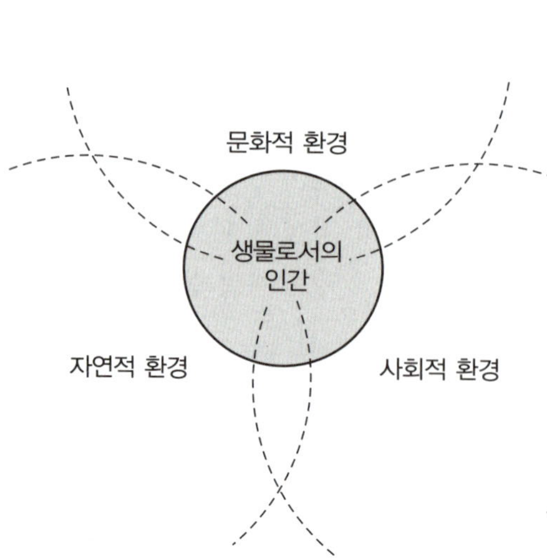

[그림 1-1] 환경의 상호관계

인류를 포함한 모든 생물은 예외 없이 이들 환경요인의 작용을 받고, 거꾸로 이들에 대해 반작용을 하면서 살아가고 있다. 환경의 작용이 생물의 적응력을 초월할 정도로 강렬하면 생명을 유지할 수 없다. 환경의 작용에는 단일한 환경요인의 변화에 의하는 경우도 있으나, 복수의 요인이 동시에 작용하여 상승적으로 강력한 작용이 되는 경우도 적지 않다.

2 지구 환경이 안고 있는 문제들

1980년대부터 크게 부각된 지구 환경문제는 그 피해와 영향이 한 나라에 국한되지 않고 국경을 넘어 지구 전체로 퍼지는 환경문제를 의미한다. 여기에는 지구 온난화, 오존층의 파괴, 산성비 등을 비롯하여 열대우림의 파괴, 야생 생물종의 감소, 사막화, 해양오염 등이 있다. 또한 각종 오염과 폐기물, 소음 등 이른바 공해라 불리는 피해가 발생하여 생활환경에 막대한 영향을 미치고 있다.

여기서 공해에 대해 잠시 설명을 가하기로 한다. 현재 일반적으로 널리 쓰이고 있는 공해라는 용어는 영어의 public nuisance를 번역한 것으로 그 내용은 영국의 environmental hazard, 미국의 environmental pollution에 해당한다. 공해라는 용어의 유래는 일본의 공해대책 기본법에서 '사업 활동 기타 인간의 활동을 통해 일어나는 상당한 범위에 걸친 대기오염, 수질오염, 토양오염, 소음, 진동, 지반침하 및 악취로 인해 인간의 건강 또는 생활환경에 관계되는 피해가 발생하는 것' 이라고 정의한 데서 비롯되었다. 그러나 우리나라에서는 전문용어나 환경관계의 법률용어로는 사용하지 않고 환경오염이란 말을 쓰고 있다. 따라서 이 책에서도 공해라는 용어는 사용하지 않기로 한다.

그런데 환경오염은 개별적으로 발생하는 것이 아니라 서로 영향을 미치면서 전체적으로 지구환경을 오염 또는 파괴하고 있는데, 그 각각에 대해서는 각 장(章)에서 자세히 설명하기로 하고 여기서는 몇 가지만 개략적으로 열거하기로 한다.

(1) 지구의 온난화

지구에서는 태양으로부터의 열이 지면에 방출될 때 대기가 이불과 같은 역할을 하고 있다. 이불 역할을 하는 기체는 온실가스 효과라 불리는 것인데 여기에는 수증기, 이산화탄소, 메탄 등이 있다.

오늘날 온실가스 효과의 하나인 이산화탄소의 증가가 크게 문제되고 있다. 공장, 화력발전소, 자동차 등에 쓰이는 석유나 석탄과 같은 화석연료의 연소와 시멘트, 철강을 만들 때 발생하는 이산화탄소가 해마다 증가하고 있기 때문이다. 이에 따라 태양으로부터의 열과 지구에서 나오는 열의 밸런스가 무너져 지구가 급속하게 온난화됨으로써 식물과 동물이 기후의 변화에 적응하지 못하게 되어 멸절하거나, 해수가 팽창하여 빙하가 녹거나 하여 지금까지 육지였던 곳이 바다에 잠기거나 한다. 또한 세계 도처에서 기상변화가 일어나 식량과 음료수가 부족하게 되고 열대지방에서는 말라리아라는 무서운 질병이 세계로 번져나가 많은 사람이 희생되는 등의 영향을 받을 것이 예상된다.

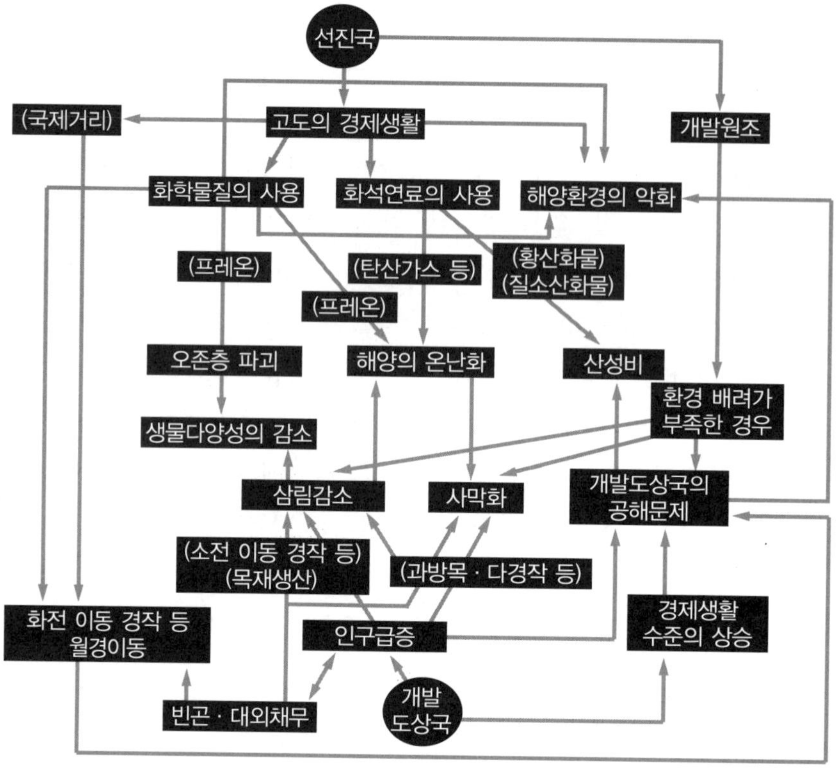

[그림 1-2] 지구 환경문제의 상호관계

(2) 오존층의 감소

지표로부터 약 11~50km되는 성층권에 있는 오존층은 생물에게 유해한 자외선을 흡수하는 역할을 한다. 자외선은 상공에서 오존층에 의해 거의 차단되기 때문에 만약 오존층이 없다면 생물은 자외선으로 인해 멸망하게 될 것이다. 그런데 이 오존층에 구멍이 뚫리기 시작했다는 것이 밝혀졌다. 에어컨의 냉매나 세정제 · 발포제로 널리 사용되고 있는 인공 화학물질인 프레온(Freon)이 오존층을 파괴해 버리기 때문이다. 오존층의 파괴는 피부암의 증가, 백내장이나 각막염의 증가, 면역기능의 저하, 식물의 성장장해 등의 중요한 원인이 되고 있다.

(3) 산성비

빗방울은 낙하하는 동안 공기중의 물질을 용해하고, 공기가 탁하지 않을 경우에도 이산화탄소를 용해하므로 약간의 산성을 띠게 된다. 그런데 산성비란 산업체 등에서 배출되는 황산화물이나 질소산화물 등의 산성 물질을 용해하여 좀더 산성을 띠게 된 것을 말한다.

이 산성비는 대기오염 등과 복합적으로 작용하여 삼림파괴, 호소에서의 어류의 멸절, 식물의 생장에 필요한 토양으로부터 유출물이나 유해물질의 용해 등에 따른 식물의 생장장애와 음료수의 중금속 농도의 증가, 건축물이나 금속의 부식을 일으키게 된다.

(4) 생태계의 파괴

현재 포유류의 4분의 1이 멸절의 위기에 처해 있으며 매일같이 많은 야생 생물종이 멸절되어 가고 있는 실정이다. 여기에 가장 영향을 미치고 있는 것은 개발이나 목재 수출 등으로 인해 일어나는 열대우림의 감소이다. 파괴가 현저할 때는 1년 동안에 우리나라 총면적에 해당하는 열대우림이 소실되기도 했다.

지구상의 육지면적의 7%에 지나지 않는 열대우림에는 지구에 있는 식물종의 반수 가까이가 있는 것으로 예상되고 있는데 그 반수에 달하는 식물종이 아직 미지의 상태로 사라져가고 있는 것이다. 또한 초원이나 목초지도 밭으로 바뀌고 맹글로브 숲은 새우를 양식하기 위한 못이 되는 등 도처에서 자연 생태계가 파괴되어 생물이 사라지기 시작하고 있다.

열대지역에서는 삼림파괴로 인하여 토양의 유출과 사막화가 진행되고 있는 곳도 있다. 온대지역에서도 삼림남벌의 영향으로 황무지가 많아지고 건조지역에서는 관개(灌漑)에 따라 지하의 염분이 지표에 모이는 염해(鹽害)가 광범위하게 일어나 토지가 불모화되고 있다.

사막화는 기온 상승 및 강우량의 감소와 같은 자연요인으로도 일어나지만, 지나친 방목, 경작, 관개, 벌채와 같은 인공적인 요인으로 더욱 가속화되고 있다. 오늘날 세계에서는 1년에 약 600만 ha가 사막화 내지 사막처럼 황폐해지고 있다.

3 지구와 생명의 역사

(1) 지구의 생성

지구환경을 생각하기 위한 기초지식으로 우선 지구의 역사를 개관하기로 한다.

우주의 은하계 한구석에 성간가스와 먼지가 모여 원시태양이 형성된 것은 약 46억 년 전의 일이다. 그 당시 원시태양 주위에는 작은 행성들이 무수히 표류하면서 충돌을 반복하고 있었는데 그 가운데는 충돌에 의해 합쳐진 커다란 것이 성장하기 시작했다. 이것이 원시지구를 비롯한 원시행성이고, 그 원시행성이 오늘날 지구의 조상이다.

원시행성이 성장함에 따라 작은 행성이 가지고 있던 에너지가 우주공간으로 퍼져 나가지 않고 지표가 점점 뜨거워져 드디어 융해하게 됨으로써 불덩어리인 지구가 생성되었다. 지구가 불덩어리였을 무렵 지표는 용암(마그마)으로 덮여 있었다. 이런 상태를 마그마의 바다(sea of magma)라 부른다.

마그마의 바다는 원시지구가 현재의 크기로 성장할 때까지 계속되었다. 충돌하는 작은 행성이 적어지게 되자 지표에서 발산하는 에너지도 적어져 대기의 온도가 내려가고 마침내 어느 순간 대기에 있던 수증기가 섭씨 300도 이상인 고온의 비가 되어 쏟아지기 시작했다. 이에 따라 지표의 온도가 내려가 원시 바다가 생기게 되었다.

갓 태어났을 당시의 지구는 충돌할 때 방출된 작은 행성에 포함되었던 휘발성 가스가 뒤덮고 있었는데, 그 주성분은 작은 행성에서 방출된 이산화탄소로서 전체 성분 중의 약 96%를 점유하고 있었을 것이라 추정하고 있다. 그 밖에도 원시대기에는 질소와 수소가 포함되어 있었으나 오늘날의 대기 중에 있는 산소는 존재하지 않았고, 대기 중의 이산화탄소는 현재의 20배나 되었던 것으로 보인다.

대기 중의 이산화탄소는 바다에 녹아들어 대기의 이산화탄소는 줄어들었다. 이로 인해 대기 중에 가장 많은 기체는 질소가 되었다.

[그림 1-3] 인공위성에서 본 지구

(2) 생명의 탄생과 인류의 등장

■ 생명의 탄생

지구의 역사에서 가장 큰 변화는 생명의 탄생이었다. 지구상에 언제 생명이 태어났는가는 확실하지 않으나 대략 35~40억 년 전의 바다에서였을 것이라 추정하고 있다.

지구가 생성될 당시에는 우주로부터의 자외선이 그대로 지상에 쏟아지고 있어 자외선이 생물의 유전자 등을 파괴할 정도로 높은 에너지를 가지고 있었으므로 생명의 존재를 허용하지 않았다. 그러나 바다는 자외선을 수심 약 10km에 이르기까지 흡수하기 때문에 바다 속이 생물의 생존에는 적합했다. 즉 그 당시의 자연조건에 따라 바다가 생명의 근원이 되었다.

그러한 환경에 지구상에서 가장 오랜 기원을 가진 미생물 등이 생식하고 있었다는 것이 근년에 이르러 확인되었다. 지구상의 생물은 원래 산소가 없이 유기물에서 살아가기 위한 에너지를 얻고 있었다. 지구가 생성된 지 약 20억 년 전까지는 지구상의 대기에 산소는 존재하지 않았다.

그와 같은 지구에 광합성을 행하는 생물이 출현했다. 광합성을 하는 생물은 바다에 녹아 있는 이산화탄소를 흡수하고 산소를 방출했다. 그때까지는 대기의 주성분이 이산화탄소였으나 광합성이 왕성해짐에 따라 급속히 산소가 증가하여 현재와 같이 대기의 주성분이 질소와 산소로 변하게 되었다.

여기에 산소를 받아들여 유기물과 산소로부터 에너지를 얻는 생물이 나타났다. 유기물로부터 에너지를 얻을 때 산소가 있는 것과 없는 것 가운데 산소가 있는 편이 몇 배나 더 많은 에너지를 얻을 수 있다. 이리하여 산소호흡을 하는 생물이 폭발적으로 진화해 나갔다. 또한 대기 중의 산소를 바탕으로 한 오존층이 형성되자 생물에 유해한 자외선이 오존층에 흡수되어 버렸다. 이리하여 지구환경은 크게 변화했다. 수억 년 전 생물 가운데 바다에서 육지로 올라오는 것이 나타나게 되었다.

■ 인류의 등장

약 240만 년 전에 인류의 직계 조상인 호모 하빌리스가 출현하여 돌을 아무렇게나 깨뜨려 만든 석기를 사용했다. 그리고 약 170만 년 전에 호모 에렉투스(원인)가 나타나 복잡한 석기를 만들어 쓰고 불을 사용하게 되었다. 또한 약 100만 년 전에는 호모 에렉투스가 아프리카 대륙에서 세계 각지로 퍼져나가게 되었다.

호모 에렉투스가 도구를 만들어내는 작업은 손과 두뇌의 활동을 활발하게 하고, 불의 사용은 추위나 다른 동물로부터 몸을 보호하는 동시에 음식을 부드럽게 하여 턱의 부담을 경감시키게 되었다.

그러다가 아프리카에 머물러 있던 호모 에렉투스 중에서 호모 사피엔스가 탄생했다. 그것은 지금으로부터 약 20만 년 전의 일로 그들은 이때부터 세계 각지로 이동하여 차차 다양해져갔다. 그리고 약 1만 2천 년 전이 되어 마지막 빙하기가 끝나 기후가 온난해지기 시작했을 때 비로소 인류는 기아의 공포로부터 탈피하는 수단으로 농경과 목축을 시작했다.

아프리카 대륙에 머물러 있을 때 세계의 인구는 약 15만이었을 것으로 추정하고 있다. 그 후 석기와 불을 사용하면서 세계 각지로 퍼져나갔을 무렵에는 약 500만, 농경과 목축을 통해 안정적으로 식량을 공급하는 방법을 발견한 후 약 1만 년 전에는 약 5억에 달했을 것이라고 한다.

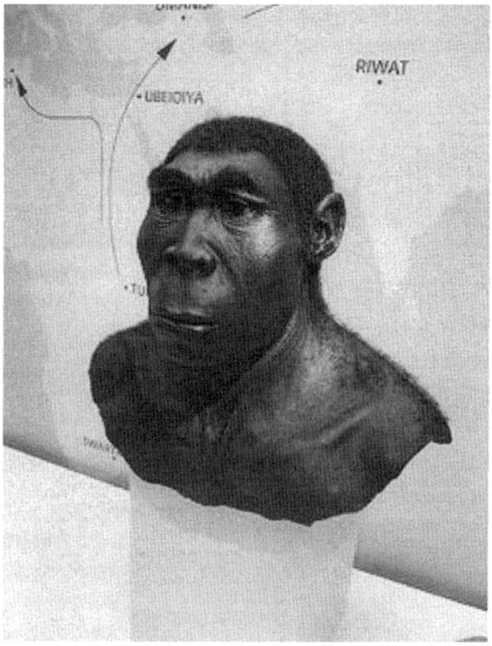

[그림 1-4] 호모 에렉투스

(3) 환경오염의 본격화

농경과 목축생활 이후 환경문제에 있어서 가장 큰 변화는 산업혁명이었다. 18세기 중엽에 이르러 영국에서는 간단한 도구를 사용하여 수공업으로 천을 짜던 방적이, 복잡하고 고도한 기계를 사용하게 됨으로써 양질의 제품을 대량으로 생산할 수 있게 되었다. 그리고 제임스 와트가 증기기관을 개량하게 되자 석탄이 대량으로 사용되기 시작했다.

방적공업으로부터 비롯한 이 산업혁명은 제철업과 교통기관으로까지 파급되어 그 후 대량생산과 대량소비의 시대를 초래하고, 환경문제에서는 매연과 석탄에 함유된 유황의 연소에 따른 황산가스 등의 황산화물, 매연과 같은 대기오염이나 수질오염 등의 문제가 발생하기 시작하여 본격적인 환경오염 시대가 열리게 되었다.

[그림 1-5] 와트의 증기기관

제 2 장

인구와 자원

1. 인구의 증가

(1) 세계 인구 추세

(2) 우리나라의 인구

2. 인구의 수용력과 환경

(1) 인구의 수용력

(2) 인구와 환경

3. 자원과 생활

(1) 식량문제

(2) 광물자원과 바이오 자원

(3) 해양자원

4. 에너지 자원의 이용

(1) 에너지 소비의 현황과 장래

(2) 지구에 남아 있는 에너지 자원

(3) 인류의 에너지 생산과 소비의 발자취

1 인구의 증가

(1) 세계 인구 추세

인류는 탄생한 이후 항상 환경과 관련을 맺으면서 번영을 거듭해 왔다. 인간과 환경과의 관계는 어느 때는 위기에 빠지고 어느 때는 공존을 향해 동적인 평형을 이루어왔다. 인구가 적었던 시대에는 인간과 환경과의 상호작용도 약하고 영향도 적었으나, 인구가 증가하고 인간의 생활양식이 복잡해짐에 따라 서로에게 미치는 영향도 커져 오늘날 심각한 문제를 불러일으키고 있다.

유엔 자료에 따르면 기원전 8세기경에는 세계의 인구가 약 500만 명이었는데 서력기원 초기에는 2억 5천만 명, 1650년경에는 5억에 달했다고 한다. 또 1850년경에는 10억, 1920년경에는 20억, 1975년에는 40억, 1995년에는 56억 8700만 명에 이르렀으며 2007년 7월 현재의 집계에 의하면 무려 66억 7000만 명에 달하고 있다. 이와 같은 증가 추세를 보면 세계의 인구가 5억에서 10억으로 배가하는 데 200년이 걸렸고 10억에서 20억에 도달하는 데 80년이 걸린 것에 비하여 20억에서 40억으로 배가하는 데는 불과 40년이라는 단기간이었음을 알 수 있다([표 2-1]).

[표 2-1] 세계 인구 추이

년	통계인구(100만 명)
기원전 7000-6000	5-10
서기 원년	200-400
1650	470-545
1750	629-961
1800	813-1,125
1850	1,128-1,402
1900	1,550-1,762
1950	2,515
1960	3,022
1970	3,696
1980	4,404
1990	5,266
2000	6,055

현재 인구 증가율은 평균적으로 1.7%로서 1970년의 2.1%를 고비로 하여 서서히 감소하는 경향이 있으나 그래도 계속 인구가 증가하고 있다는 점에서는 다를 바가 없다. 그 중에서 50% 이상은 개발도상국에서 이루어지고 있다. 개발도상국 중에는 급격히 경제성장을 이룩하고 있는 나라도 있지만 환경대책이 미흡한 나라가 많다.

유엔의 인구동향 자료에 따르면 2007년을 기준으로 중국의 인구가 13억 3000만 명으로 단연 세계 제1위이고, 다음이 인도로서 11억 7000만 명이다. 이 두 나라가 세계 인구의 38%를 차지하고 있다. 이어서 미국, 인도네시아, 브라질, 파키스탄, 방글라데시, 나이지리아, 러시아, 일본의 순으로 나타났다. 우리나라의 인구 순위는 1950년에 24위였으나 2007년에는 26위가 되었다. 지역적으로는 아시아가 세계 인구의 60.4%를 차지하고 미국과 유럽이 각각 2.7%이며 라틴아메리카가 8.4%, 북아메리카가 5.1%이다.

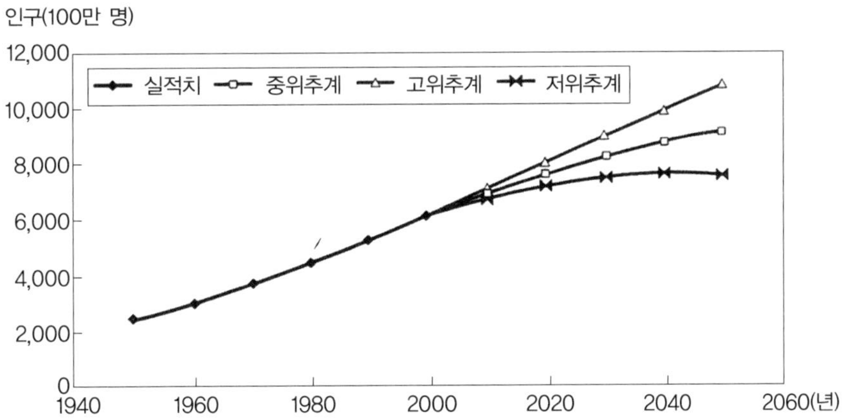

(word Population Prospects : The 1998 Revisio에서)

[그림 2-1] 세계 인구의 추세

선진국과 개발도상국을 불문하고 인구는 도시에 집중하는 경향이 있다. 현재 선진국에서는 70% 이상의 인구가 도시에 거주하고 있고 개발도상국은 30~40%이지만 2050년경에는 선진국과 마찬가지로 60% 이상의 인구가 도시에 집중될 것으로 추산하고 있다.

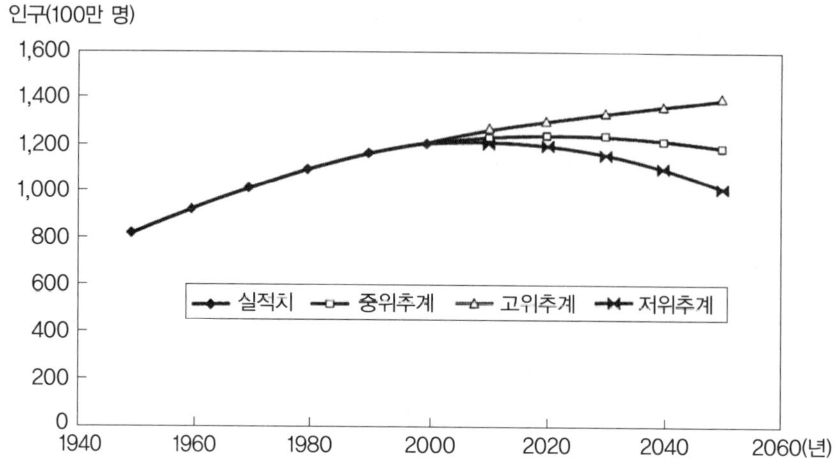

(word Population Prospects : The 1998 Revisio에서)

[그림 2-2] 2050년까지의 선진국 인구 추이

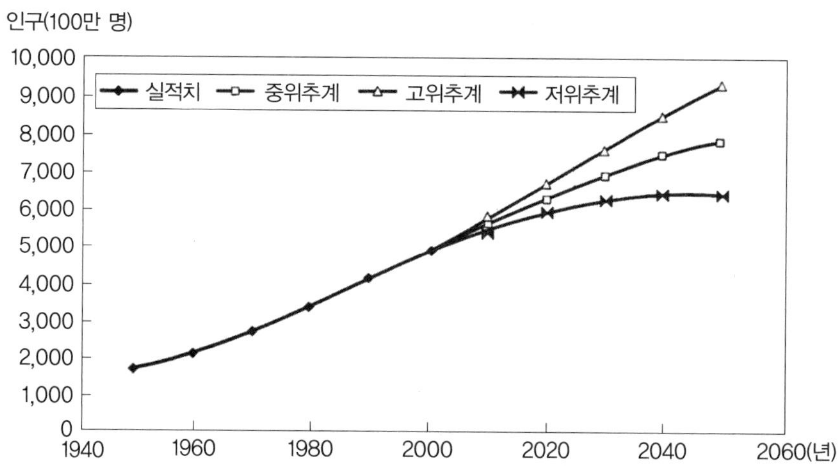

(word Population Prospects : The 1998 Revisio에서)

[그림 2-3] 2050년까지의 개발도상국 인구 추이

인구 증가의 원인으로는 인류가 일정한 장소에 정주하게 되면서부터 농경을 하여 그 결과 안정된 식량공급이 가능해진 탓이라고 할 수 있다. 또 하나의 원인은 산업혁명으로 동력을 사용한 대량생산이 가능해지는 동시에 생활의 근대화가 이루어졌기 때문이다. 이로 인해 지금까지의 열악한 생활환경을 개선할 수 있게 되었다. 예를 들면 노동환경이나 위생환경의 개선, 질병대책이나 사회보장 등의 제도와 시설이 충실해져 오늘날과 같은 인구 증가를 초래하게 되었다. 그러나 생활의 근대화는 환경을 오염시키고 파괴하는 원인이 되기도 했다.

(2) 우리나라의 인구

우리나라는 조선시대 이전에는 인구에 대한 기록이 없어 알 수 없고 조선시대 초기에 이르러는 약 700만 명이었을 것으로 보인다. 그러나 이것도 조세와 부역을 면하려고 호구조사를 피하는 등 여러 가지 요인으로 인해 40% 이상이 누락되었을 것이다. 중기에는 약 1000만 명, 말기에는 약 1300만 명인 것으로 나타나 있다. 그 동안의 인구 추이를 보면 출산율은 연평균 4~5%로 매우 높았지만 사망률도 3~4%로서 전형적인 고출산·저사망 현상을 나타내어 인구가 점진적으로 성장하는 시기였다.

일제가 우리나라를 강점한 이듬해에 조선총독부가 조사한 바에 따르면 당시의 인구는 1300만 명으로 나타났으나 이것도 상당수가 누락된 것으로 판단되어 학계에서는 1720만 명 정도였을 것이라고 추정하고 있다. 그 후 현대적인 인구조사를 한 1925년에는 1900만 명, 1930년에는 2105만 명, 광복 직전인 1944년에는 2590만 명으로 1911년에 비해 2배가 증가했다.

광복 후에는 남북 분단으로 남한에서는 급격히 인구가 늘어나고 한편으로는 6·25 전쟁으로 많은 사망자가 나오는 등의 변화가 있었음에도 출생률은 4~4.5%를 유지하여 1960년에는 2490만 명에 달하고 1970년에는 3110만 명으로 늘어났다. 그러자 정부에서는 인구 억제정책으로 가족계획을 강력히 추진하여 증가율이 잠시 주춤했다. 그런데 1980년대에 접어들면서부터는 사회적·경제적 발전에 따라 가족을 적게 가지려는 가정이 많아져 출생률 2~3%, 연평균 증가율은 1.6%로 낮아진 한편 노령인구의 증가로 1980년대 중반에는 선진국 수준인 0.6~0.7%에 육박하기 시작했다. 한편 사망률의 저하로 평균수명은 1993년의 63.1세에서 2000년에는 75.9세로 12.8세나 연장되어 이에 따라 우리나라도 고령화 사회(총인구에 비해 65세 이상의 인구가 7% 이상인 사회)로 진입하고 머지않아 고령사회에 접어들 것으로 전망되어 국력의 저하라는 새로운 문제를 껴안게 되었다. 2008년 현재 우리나라의 65세 이상의 노인

층은 501만으로 전체 인구의 10.3%에 육박한다. 참고로 말하면 2007년의 남북한 총 인구는 7200만으로 남한이 4800만, 북한은 2400만으로 세계인구의 1.1%를 차지하고 있으며 남한의 경우 인구밀도는 방글라데시, 대만에 이어 세계 제3위에 이르고 있다.

[표 2-2] 우리나라의 인구 추이

(단위 : 천 명)

연도	추계인구			인구증가율 (%)	성비(여자100 명당 남자수)	인구밀도 (명/km²)	북한인구
	계	남	여				
1995	45,093	22,705	22,338	1.01	101.4	454.3	21,542
1996	45,525	22,925	22,600	0.96	101.4	458.4	22,470
1997	45,954	23,148	22,805	0.94	101.5	462.4	21,809
1998	46,287	23,296	22,991	0.72	101.3	465.6	21,941
1999	46,617	23,458	23,159	0.71	101.3	468.8	22,081
2000	47,008	23,341	23,341	0.84	101.4	472.6	22,175
2001	47,343	23,507	23,507	0.71	101.4	475.6	22,253
2002	47,640	23,656	23,656	0.60	101.4	478.4	22,369
2004	48,082	24,117	23,965	0.44	101.5	480.2	22,697
2005	48,135	25,228	23,907	0.21	102.1	480.6	22,912

2 인구의 수용력과 환경

(1) 인구의 수용력

지구는 어느 정도의 인구를 수용할 수 있을 것인가. 인간의 생물학적 번식력은 환경의 제어인자가 없다고 하면 지수 함수적으로 증가한다. 그러나 사람의 지수 함수적 증가는 무한히 계속되는 것이 아니라 인구의 증가를 억제하는 환경의 압력, 즉 환경저항을 받게 된다. 환경저항이란 예컨대 인구의 증가에 따른 식량의 부족, 물의 부족, 거주공간의 부족 등을 가리킨다. 이러한 환경저항이 인구 증가에 브레이크로 작용하여 이윽고 인구 증가를 정지시키고 시간의 경과와 함께 일정한 수를 유지하게 만든다.

이때의 인구를 그 지역의 인구 수용력, 또는 인구 지지력이라고 한다. 인구의 증가가 급격했을 때는 그 반동으로 인구의 감소도 급격히 일어나기 쉬우나 인구 수용력이 완만해지면 그 후의 인구 증가도 완만하게 된다.

그러면 인구 수용력은 어떤 조건에서 정해지는 것일까. 그것은 에너지 자원의 이용 정도에 달려 있다고 할 수 있다. 가령 농경에 종사하면서 자급자족하는 집단에 대해 생각해보면, 식량의 생산량과 그 주민의 에너지 소비량이 균형 관계로 대체적인 인구 수용력을 추정할 수 있다. 그러나 현대사회는 분업이 극도로 진행되어 식량생산에 있어서도 경작지만 있으면 조건이 충족되는 것이 아니라 비료, 농약, 농기구, 농업에 관한 지식, 그 밖의 많은 요인이 관여하게 된다. 이렇게 생각하면 에너지 자원의 이용정도에는 생활환경 전반을 고려하지 않으면 안 된다.

근년의 인구 격증을 보면 지구의 인구 수용력에는 한계가 있는 것처럼 생각된다. 이것은 인간의 생물학적 번식력이 강화되었다기보다도 환경저항이 감소되었기 때문으로 여겨진다. 인류는 생활에 불편한 환경저항을 감소시키는 방향으로 노력하여 오늘날의 번영을 초래했다. 그 결과 인구 폭발에 견딜 수 있는 수용력의 한계를 상승시켰던 것이다. 예를 들면 식량의 생산성을 높이기 위해 경지의 확대, 토양의 개량, 작물 품종의 개발, 유전자 재조합, 그 밖의 이와 관련된 많은 농업 개발에 힘을 기울여왔다. 그러나 한계치의 상승을 한없이 계속할 수는 없다. 에너지 자원이나 거주공간 등의 한계가 있기 때문이다.

인구 증가에 관련된 요인으로서 지난 100년간의 급격한 인구 증가는 출생율의 상승보다도 사망률의 저하에 원인이 있다고 할 수 있다. 사망률의 저하는 선진국들, 특히 영국에서는 18세기 중반부터 시작되었다. 그러나 개발도상국에서는 제2차 세계대전 후에야 겨우 그 경향이 보이기 시작했다.

사망률 저하의 요인은 생활환경의 개선이 크게 작용했는데 특히 질병의 연구와 치료법의 확립, 의료시설의 정비 등에 의한 바가 많다. 개발도상국에서도 점차 경제발전을 이룩하고 사회조직을 충실히 하며 위생시설을 정비함으로써 사망률 저하가 이어지고 있다.

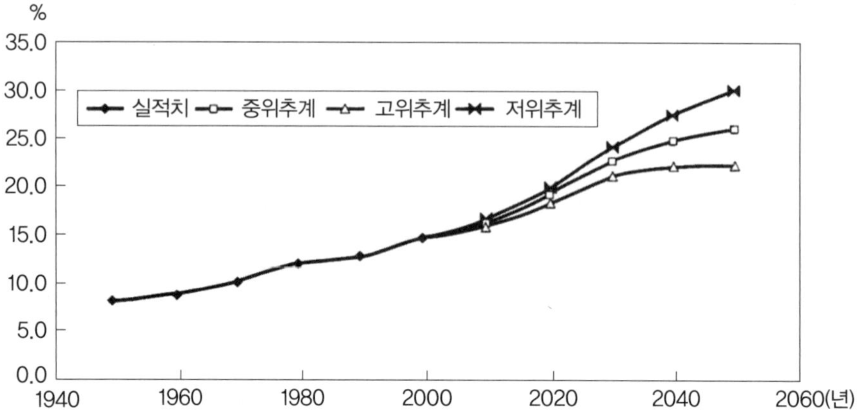

(word Population Prospects : The 1998 Revisio에서)

[그림 2-4] 선진 지역의 노년 인구(65세 이상) 비율 추이

(2) 인구와 환경

인구가 증가하면 환경에 어떤 영향을 미치게 될 것인가. 얼른 생각할 수 있는 것은 식량과 주거공간이 인구증가에 대응할 수 있을까 하는 문제이다. 세계 전체에는 130억ha의 토지가 있으나 농업용지는 그 38%에 지나지 않는다. 더구나 이 용지는 농업에만 이용하는 것이 아니라 여러 다용목적과 경합관계에 있다. 우리나라의 경우에도 경제발전에 따라 농업용지, 삼림, 원야 등이 감소하고 도로, 건설용지 들이 확대되고 있는 실정이다. 이것은 농림업(1차 산업)으로부터 제조업(2차 산업)과 서비스업(3차 산업)으로 산업구조가 바뀐 증거이다.

국제연합식량농업기구(FAO)는 세계 117개국의 식량생산을 바탕으로 하여 2000년의 지역별 인구 수용력을 산정했다. 각각의 지역에서 추정되는 농업기술의 수준에 따라 예상 인구의 몇 배까지 식량을 공급할 수 있는가를 나타낸 것이 [표 2-3]이다. 여기에 따르면 동남아시아를 제외한 중간 정도의 농업기술 밑에서는 식량부족이 발생하지 않는다.

[표 2-3] 2000년의 지역별 인구 수용력 추정

(예상 인구에 대한 비율)

저위	1.6	0.7	3.5	1.4	1.3	1.6
중위	5.8	0.9	13.3	2.6	2.3	4.2
고위	16.5	1.2	31.5	6.0	3.3	9.3

(단위 : 천 명)

(Pearce Warford : 1993, p.157에서)

그런데 여기서는 농업생산과 관계되는 각종 요인에 대해서는 고려하지 않고 있다. 이 추정에서는 농업기술의 레벨이 큰 비중을 차지하고 있으나 농약과 화학비료 등의 환경오염과 잔류 영향에 대해서는 어떻게 생각하는지, 또 농업생산에 결정적인 영향을 미치는 기상이나 농업용수의 영향을 고려하지 않고 있다. 뿐만 아니라 선진 제국의 대부분과 우리나라는 농림 축산물과 에너지 자원을 수입에 크게 의존하고 있는데, 이것은 다른 나라의 토지를 간접적으로 이용하고 있는 것이 된다. 생산물의 수입에 요하는 시간과 방법, 혹은 정치적 정세에 의해 공급이 중지될 위험성도 있을 수 있다. 그 밖의 여러 가지 요인을 생각하면 FAO의 자료만으로 인구의 증가에 대응할 수 있는 식량이 충분하다고 낙관할 수는 없다.

인구의 증가에 따라 주거공간의 확대가 필요해질 뿐더러 가옥이나 건축물의 자재와 연료의 수요도 많아진다. 이 때문에 삼림을 채벌하거나 원야 개발에도 손을 대어 주거지의 확대와 식량증산을 위해 사용하게 된다. 그리하여 삼림과 전답은 황폐하여 수자원의 부족을 초래하고 한편으로는 하천의 범람을 가져오는 결과가 된다.

인류의 자원 소비량은 생활수준의 향상에 따라 증대한다. 이것을 최소화하기 위해서는 1인당 자원 소비량을 삭감하거나 총인구를 감소하는 방법이 바람직하다. 그러나 당장 효과를 나타내는 것은 1인당 자원 소비량을 줄이는 일이다. 자원의 소비에 있어서는 정도의 차이는 있으나 환경에 어떤 영향을 미치는 것만은 피하지 않으면 안 된다.

[표 2-4] 1996년도 세계의 에너지 소비량

(단위 : 100만 톤)

	소비량(석유 환산)	1인당 소비량(석유 환산)
선진 지역	55,22억 톤	4,83톤
개발도상 지역	37,95	0,82
세계 전체	93,17	1,62

(세계은행 World Development Indicators 1999에서)

1970년에 에리히(P. R. Ehrlich와 A. H. Ehrlich) 등은 저서에서 지구상의 인류는 이미 과잉상태가 되어 언젠가는 기아현상이 도래할 것이라고 지적했다. 이 때문에 식량증산을 추진하면 결국 환경의 파괴를 초래할 것이고, 자동차의 보급과 농약 등의 대량 이용도 마찬가지의 결과를 낳게 될 것이라고 말했다. 즉 에리히 등은 지구환경 보전의 기본적인 과제는 인구증가의 억제에 있다고 결론을 내렸다.

이에 대해 커머너(B. Commoner)는 환경 파괴와 오염의 원인은 인구의 증가보다도 과학기술의 발전이 초래한 높은 수준의 생활양식에 있다고 지적했다. 현대사회를 지탱하는 에너지의 소비는 선진국일수록 많아 세계의 20%인 인구가 전체 에너지의 70%를 소비하고 있다. 개발도상국의 에너지 소비도 차차 증대하고 있으나 아직 선진국의 20% 정도에 지나지 않는다.

인구의 증가와 과학기술의 발전이 초래한 높은 수준과의 사이에는 유기적인 관련이 있는 것이어서 어느 쪽이 환경오염의 주된 원인인지는 결론을 내릴 수 없으나 인구의 증가가 요인이라는 점만은 분명하다.

3 자원과 생활

(1) 식량문제

토지는 가장 기본적인 식량자원의 터전이다. 인간이 식량자원을 확보하기 위해서는 제한된 토지를 이용하여 농산물의 생산 활동을 최대화시켜야 한다. 그러나 오늘날 토양의 오염과 침식, 지하수의 고갈, 토양 영양분의 감소, 다른 용도로의 농토 이용 등으로 농지는 식량 수요를 만족시키지 못하고 있는 실정이다. 인간은 이 문제를 해결하기 위해 비료와 농약의 투입, 영농기술의 개발, 농업의 기계화, 종자개량 등을 통해 농업 생산량을 증가시키고 있다. 그 결과 곡물 생산량은 현저하게 증가되었으나 인구 증가율을 따르지 못해 1980년대에는 인구 증가율에 따른 1인당 곡물의 양은 도리어 7%나 감소되었다. 이러한 사실은 곡물의 증산은 앞으로도 도저히 인구의 증가를 따르기가 어렵다는 것을 시사하고 있다. 이러한 현실을 감안하여 식량의 상대적인 감소를 해결하는 방안의 하나로 등장한 것이 녹색혁명(Green－Revolution)이다.

녹색혁명은 1941년부터 미국의 록펠러 재단이 주도하여 개발도상국의 농업수확량의 효율화를 도모하기 위해 시도한 활동으로, 그 결과 작물의 품종개량과 화학비료 및 농약을 이용한 농업이 세계적으로 보급되어 대량으로 생산된 저렴한 농작물을 세계가 이용할 수 있게 되었다. 그러나 개발도상국에서는 미국 등 선진국이 가지고 있는 농업기술이 없어 현상을 유지할 수 없어 현재 세계의 농가에서는 효율적인 수확을 얻기 위해 해마다 신품종 씨앗, 화학비료, 농약을 농업기업으로부터 대량으로 사들이고 농기구 회사로부터 대형 농기구를 구입하지 않을 수 없게 되었다. 따라서 자연상태에서 재배된 농산물보다 많은 자본투자를 통해 생산된 부자연한 산물일수록 상품가치를 지니게 되었다.

또 개발도상국에서는 자국의 식량을 생산해야 하는데도 불구하고 경제적으로 고수익을 올릴 수 있는 커피콩 등 환금작물(換金作物)의 재배를 현저하게 확대시킨 탓에 강대한 자본을 가진 선진국의 기업에 의한 광대한 농장이 출현했다. 한편 효율적인 농업이 불가능한 소작농은 높은 수익을 얻을 수 없기 때문에 감소의 길을 걸을 수밖에 없었다. 그리하여 인도 같은 개발도상국에서는 소작농민이 대량으로 빈민으로 전락하여 큰 사회문제가 되었다.

앞으로는 더욱 안정되고 높은 수확을 얻기 위한 작물이나 미생물 농약에 유전자 재조합 기술을 도입하여 보급하리라는 것이 예상되고 있다. 또 아직 해결되지 않은 에너지 문제와 생태계에 대한 영향을 신중히 평가해야 할 것이다. 한편 화학비료와 농약을 사용하지 않은 유기농법으로 재배한 고부가가치의 농작물이 일종의 안전을 테마로 한 브랜드가 되어 높은 상품가치를 얻고 있다. 개발도상국에서 식량부족으로 고

민하는 사람들과는 전혀 다른 면에서 화학물질에 의한 오염이 선진국 사람들에게 불안감을 증폭시키고 있는 것도 확실하다.

녹색혁명이 과학기술의 발전에 의한 인구문제의 해결법이라고는 하지만 장기적인 안목으로 볼 때 그 성과는 심히 의문시된다. 식량증산이 환경부하와 그 영향이라는 벽에 부딪치게 되기 때문이다. 즉 토질의 약화와 지하수의 고갈, 염해(鹽害) 등으로 인해 증산에 방해가 되기 때문이다. 지금으로서는 증산의 혜택을 받고 있으나 앞으로는 어떻게 될 것인가, 이러한 농업이 지속 가능할 것인가라는 현실 앞에서는 아니라고 할 수밖에 없다. 인구와 식량의 딜레마 문제는 식량과 환경의 딜레마라는 또 다른 문제가 있다는 것을 잊어서는 안 된다.

(2) 광물자원과 바이오 자원

자원에는 광물로 산출되는 금속이나 유전에서 산출되는 석유와 천연가스 같은 에너지 자원, 농수산물 등 생태계 일부의 생물을 통해 얻는 바이오 자원 등이 있다.

광물자원은 분리와 추출 과정을 거쳐 인간에게 이용되는 물건으로 제조되고 이것이 다시 폐기물이 되는 일정한 방향으로의 물질순환을 지상에 확산시키고 있다. 에너지 자원은 소비를 통해 소멸되지만 자연 에너지와 같이 항상 재생되는 것이다. 한편 바이오 자원은 인간이 지속성을 생각하지 않고 무계획적으로 이용하면 소멸하나 과학적 근거에 따라 관리하면 재생이 가능한 자원이다.

광물자원인 철, 구리, 니켈, 알루미늄 등이나 석유자원은 계속 사용할 경우 고갈하게 된다. 이 고갈의 시기를 연장하기 위해서는 제품의 감량화, 재활용 등이 필요하다. 공업에서 중요한 금속이 되고 있는 귀금속이나 니켈, 아연 등은 30년 정도가 지나면 입수 가능성이 적어질 것이 예상되는데, 앞으로 공업생산에 미치는 영향이 매우 클 것이다. 원재료의 공급 가능성이 낮아지면 가격이 높아질 것이기 때문에 재활용 시장의 활성화가 필요하게 된다.

삼림은 세계의 육지 면적에서 약 30%를 차지하고 있는데 선진국에서는 약간 증가하는 경향이 있는 반면에 개발도상국에서는 감소되는 경향이 지속되고 있다. 국제연합식량농업기구(FAO)에서는 10년마다 세계의 삼림을 조사하고 있는데 2001년에 발표한 2000년의 세계 삼림면적은 38억 6000만 ha였다. 1990년의 조사에 따르면 세계의 삼림면적 상실은 연간 1350만 ha로, 식림과 조림 및 경작지 포기에 의한 삼림면적의 증가도 있으므로 실질적인 삼림면적 상실은 약 9000만 ha로 추산되고 있다. 1990년부터 95년까지는 1130만 ha여서 삼림 감소의 속도는 완만하다.

[표 2-5] 광물자원 원료의 입수 가능성

원료명	매장이 확실하거나 가능성 높은 것 (단위 1000t)	1996년의 세계 채굴량 (단위 1000t)	입수 가능 연수
보키사이트	22,983,000	114,000	202
납	63,400	2,912	22
구리	311,500	11,006	28
니켈	35,814	1,051	34
아연	143,200	7,283	20
주석	7,190	196	37
철	68,880,000	549,000	125
크롬	1,496,000	12,000	127
망간	875,600	8,000	113
코발트	11,615	23	499
몰리브덴	5,645	128	44
니오브	4,513	16	282
탄탈	25	0.4	65
바나듐	7,480	35	213
텅스텐	2,244	32	70
금	37	2.3	17
은	288	15	19
플라티나류	57	0.3	198

(3) 해양자원

바닷물 성분은 인간의 혈액과 유사하다. 바닷물에 녹아 있는 염분의 조성은 염화나트륨이 약 68%, 염화마그네슘이 약 14.4%, 황산나트륨이 약 11.4% 염화칼슘이 약 3.2%이다. 용해되어 있는 것 가운데는 금과 우라늄도 있으나 극히 농도가 낮기 때문에 저렴하게 농축할 수 있는 기술이 개발되지 않는 한 이용할 수 없다. 또한 해저의 망간 단괴(團塊)에는 망간이 약 20%, 철이 약 10%, 구리와 니켈 및 코발트가 각각 0.3% 함유되어 있다. 그러나 이 해저자원도 이용하기 위해서는 경제적인 농축기술의 개발이 필요하다.

한편 어업자원은 어업기술의 향상으로 물고기를 비약적으로 많이 잡을 수 있게 되었다. 위성을 이용하여 물고기 떼를 탐색하고 저인망을 이용하여 해양의 생태계 전체를 파괴할 수도 있다. 그러나 마지막 한 마리까지 포획하는 일은 피하지 않으면 안 된다. 가령 참치나 새우, 게 등은 급격히 수가 줄어들고 있으며 고래 같은 것은 멸종의 위기에 처해 있다.

4 에너지 자원의 이용

(1) 에너지 소비의 현황과 장래

지구환경을 좌우할 수도 있는 1차 에너지의 소비에 대해 알아보기로 하자. 1차 에너지란 석탄, 석유, 천연가스 등의 화석연료와 수력, 태양광, 풍력, 지열 등의 자연 에너지 및 원자력 에너지 등을 가리킨다. 우리가 일상적으로 사용하는 전력, 등유, 가솔린, 도시가스 등은 2차 에너지라고 하며 이들은 1차 에너지를 원료로 하여 전환, 가공하여 생성할 것을 말한다.

먼저 국제에너지기구(IEA)에 의한 '세계 에너지 수요의 자원별 추이 예측'을 나타내면 [그림 2－5]와 같다. 이에 따르면 1997년부터 2020년까지의 세계 총에너지 수요량은 57%나 증가할 것인데 석유, 석탄, 천연가스, 원자력 등의 소비량이 모두 증가할 것으로 예측하고 있다. 그 상대적인 비율은 천연가스가 22%에서 26%로 증가하는 반면 온실효과가 높은 석탄과 석유는 각각 26%에서 24%, 41%에서 40%로 감소할 전망이다.

또 그 지역별 예측도([그림 2-6])를 보면 총수요 신장율의 절반 가까이가 아시아 지역이 차지하고 있다. 세계의 에너지 수요가 점하는 선진지역(OECD)의 비율은 1997년의 55%에서 2020년에는 44%로 저하하고 아시아 지역의 비율은 21%에서 30%로 증대할 것이 예상되는데 특히 중국과 인도의 증가가 두드러질 것이라고 한다.

온실효과 가스 농도의 감소와 안정화를 목적으로 한 기후변동 기본협약이나 교토의정서는 선진국의 온실효과 가스 배출량의 수치 목표를 선정한 것이지만, 앞으로는 개발도상국의 온실효과 가스에 대한 대책도 중대한 초점이 될 것이다.

원자력의 온실효과 가스의 발생은 화석연료에 비해 상대적으로 적다고 한다. 이것은 우라늄 원료의 채굴과 정제, 시설의 건설과 운영 및 처분, 사용이 끝난 핵연료나 방사성 폐기물의 처리 및 처분 등의 과정에서의 발생도 고려한 것이지만, 실은 그 이상으로 이러한 모든 과정에서 생기는 방사선 물질 등에 의한 지구환경에 대한 부하가 중대한 문제가 된다. 또한 일단 체르노빌 사고와 같은 큰 사고가 일어나면 넓은 지역에 걸쳐 돌이킬 수 없는 심각한 환경파괴를 초래한다. 이러한 환경문제와 안정성 문제, 경제성의 문제 등으로 인하여 많은 나라에서는 원자로의 증설이 없고 낡은 원자로의 수명이 다할 시기에는 원자력은 감소하게 될 것이다. 원자력이 발생시키는 방사성 물질은 온실효과 가스의 저하 효과를 줄이는 대신에 보다더 가혹하게 지구환경에 대해 부하를 초래하는 것이기 때문에 많은 나라에서는 화석연료의 대체 에너지로 생각하지 않고 있다. 또한 수력이나 최신의 화력에 비해 발전효율이 나쁘기 때문에 전기출력의 약 2배나 되는 재이용 불가능한 열을 환경에 방출하는 부정적인 측면도 있다. 방사성 오염에 대해서는 제10장에서 다시 자세히 다루기로 한다.

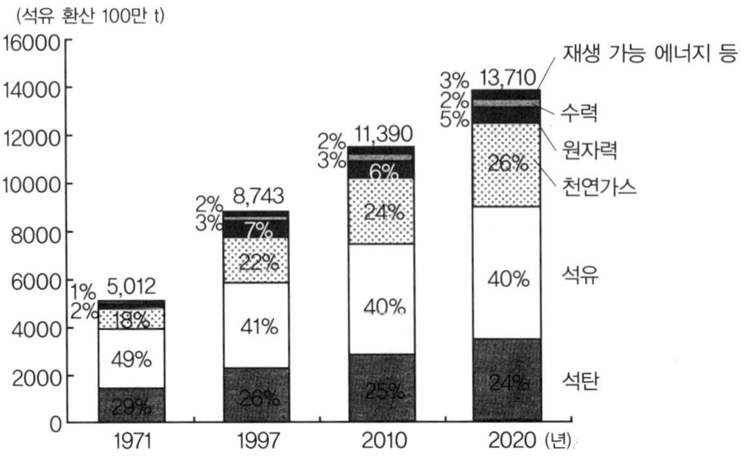

(IEA/Wordl Energy Outlook 2000에서)

[그림 2-5] 세계 에너지 수요의 자원별 추이 예측

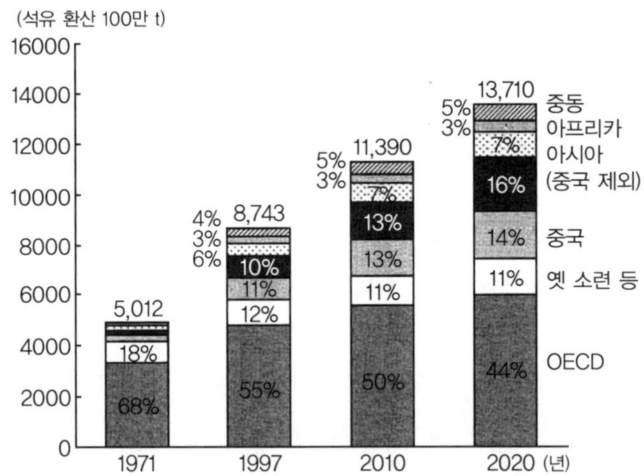

(IEA/Wordl Energy Outlook 2000에서)

[그림 2-6] 세계 에너지 수요의 지역별 추이 예측

(2) 지구에 남아 있는 에너지 자원

1950년대에는 앞으로 20년이면 석유가 남지 있기 않게 된다고 했으나 1970년대에도 석유는 고갈되지 않았다. 또 1970년대에는 앞으로 30년 정도가 한계라고 했지만

2000년에도 없어지지 않았고 현재는 석유의 가채연수, 즉 채굴할 수 있는 햇수는 앞으로 약 40년이라고 한다. 그렇다면 이번에는 정말 40년 후에 석유가 없어지게 될 것인가.

석유의 가채연수란 세계에서 확인할 수 있는 석유의 확인 매장량을 현재의 연 생산량으로 나눈 것이라 정의하고 있다. 앞으로 확인 매장량이 증가하지 않고 현재의 연 생산량으로 소비되어 간다면 가채연수가 지난 뒤에는 석유가 정말 없어지게 된다. 그러나 실제로 확인 매장량은 지금까지 증가되는 경향이기 때문에 석유는 가채연수를 훨씬 초과하고 있다.

그렇다면 확인 매장량이 늘어나는 것은 어떤 이유에서일까. 원래 확인 매장량이란 이미 발견되어 있는 유전으로부터 현재의 채굴기술과 채산상으로 인류가 자원으로 회수할 수 있다고 '확인' 한 매장량이다. 지금까지 확인 매장량은 채굴기술의 향상에 따라 대폭적으로 증가해 왔다. 또한 석유 탐사기술의 비약적인 발전에 따라 새로운 유전이 잇따라 발견되어 확인 매장량이 크게 늘어났다. 기술적 요인 이외에도 석유회사나 산유국이 석유가격을 내리지 않게 하기 위해 과소하게 신고하는 정치적 요인도 있다.

가채연수는 현시점에서 확인되어 있는 매장량과 연간 생산량이라는 이미 알고 있는 양으로부터 산출하는 것이므로 간단히 계산할 수 있는 편리한 기준이지만 장래의 고갈을 예측하기에는 부적절한 양이다. 확인 매장량과 아울러 이미 알려져 있는 유전과 추측할 수 있는 미발견의 석유자원과 앞으로의 기술에 따라 체산 면에서 추가로 채굴이 가능한 양을 예측하여 합산한 것이 석유의 '자원량' 이다. 그리고 자원량을 연간 생산량으로 나눈 것이 석유의 고갈 연수가 된다.

이 자원량의 산출에는 불확실성도 있으나 고갈연수는 가채연수보다도 자원의 고갈을 보다 정확하게 나타낸다. 1998년 세계에너지회의가 조사한 결과에 의하면 석유의 고갈연수는 약 90년이 된다. 다만 석유 소비가 앞으로 증가하여 연간 생산량이 늘어나게 된다면 고갈연수는 이보다 단명할 것이다.

한편 석탄의 경우는 가채연수가 275년, 고갈연수는 1545년이 되고 천연가스는 가채연수가 83년, 고갈연수가 247년이다. 앞으로 천연가스를 자원으로 한 메탄 하이드레이트(methane hydrate)의 실용화가 기대되는데 이산화탄소 다음으로 온실효과 가스가 발생하는 메탄이 채굴 때 다량으로 방출될 우려가 있기 때문에 개발에는 신중을 기할 필요가 있다.

(3) 인류의 에너지 생산과 소비의 발자취

에너지란 그리스어의 에네르게이아(일하는 능력)에서 파생된 말이다. 에너지에는 그 형태로 보아 운동이나 위치 에너지, 열과 전기 및 화학반응 에너지, 원자핵 에너지 등 여러 가지가 있다. 이들 에너지는 서로 전환이 가능하므로 이것을 잘 활용할 수는 있으나 그 총량은 보존되어 있어 일정량밖에 사용할 수 없다. 또한 항상 어느 정도는 열의 손실을 초래할 수밖에 없다. 전력은 1차 에너지를 발전기로 전기 에너지로 전환시키지만 발전방식의 차이에 따라 그 효율은 30～60% 정도여서 40～70%를 열로서 손실한다.

다음에 인류가 에너지를 이용한 역사를 간단히 살펴보기로 한다.

① 불의 이용과 장작의 연소 에너지 : 약 50만 년 전에 인류는 불의 이용법을 발견하여 연소(화학) 에너지로서 이용했다. 장작을 태워 난방과 요리에 사용하고 불을 이용하여 토기, 도구, 철기 같은 것을 만들어 고대문명을 발전시켰다.

② 농업과 인력, 가축력, 자연력 : 약 1만 년 전에 인류는 농경과 목축업을 시작하여 인력과 소나 말 같은 가축의 힘을 농경의 동력원으로 삼았다. 풍력과 수력 등 자연력의 에너지도 활용되어 문명이 급속도로 발전해 나갔다.

③ 산업혁명과 석탄, 증기기관 : 16세기에는 석탄의 연소 에너지를 이용하기 시작했다. 1765년에는 와트가 증기기관을 발명했는데 이 증기기관의 발명으로 생산력이 대폭적으로 향상되었다. 와트는 지금까지 동력원이 주역이었던 말에 비해 몇 배나 더 많은 일을 한다는 사실을 나타내기 위해 단위 시간당 일의 단위로 마력(말이 단위 시간당 하는 평균적인 일=약 735.5W)를 제창했다. 이것이 와트(W)의 기원이다.

석탄이 풍부한 영국에서 산업혁명이 일어나 석탄 에너지가 상용으로 쓰이게 되어 급속한 근대산업의 발전을 초래하여 '상용 에너지' 시대의 막이 올랐다.

④ 석유 에너지 혁명 : 1859년에 미국에서 새로운 석유채굴 방식이 개발되어 석유는 대량생산 시대에 돌입했다. 그리고 1950년에는 중동과 아프리카에서 큰 유전이 발견되어 에너지의 주역은 석탄에서 석유로 옮겨져 그 소비량은 교통, 운수, 화력, 산업용 연료, 동력, 난방 연료, 석유화학 제품의 원료로 비약적으로 증대했다. 그러나 두 차례에 걸친 오일쇼크를 거치면서 원자력과 천연가스의

이용이 증가하게 되었다.

⑤ 선진국과 개발도상국 : 화석연료를 상업용으로 사용하는 것은 인류의 40% 정도인 선진국 사람들이고 60%나 되는 개발도상국 사람들은 주로 농경용 에너지를 쓰고 있다. 즉 장작, 인력, 가축력, 자연력과 같은 비상업용 에너지를 사용하고 있다. 따라서 1인당 에너지 사용량은 선진국과 개발도상국 사이에 큰 차이가 있고 이 차이는 해마다 더 벌어지고 있다.

제 3 장

생태계의 위기

1. 생태계의 원리

(1) 생태계란

(2) 생태계의 구성요소

(3) 생태계의 작용 · 반작용 · 상호작용

(4) 생태계의 에너지와 물질순환

(5) 생태계에 있어서의 종(種)

(6) 생태계로 본 지구환경의 위기

2. 삼림의 파손

(1) 삼림이 인간생활에 미치는 영향

(2) 삼림파손의 현황과 원인

(3) 삼림의 보호와 회복

3. 사막화 현상

(1) 사막화와 그 원인

(2) 사막화 방지를 위한 노력

1 생태계의 원리

(1) 생태계란

지구의 생물권에는 동물, 식물, 미생물로 이루어지는 네트워크가 형성되어 있어 서로 밀접한 관계를 맺으면서 생활하고 있다. 동시에 주위의 무기적인 환경과도 물질적으로나 에너지 면에서 긴밀하게 결부되어 거의 일정한 상태(평형상태)를 유지하고 있다. 가령 물질이나 에너지는 식물의 광합성, 동식물의 호흡, 미생물 등에 의한 유기적인 분해 등에 의해 무기적 환경과 생물 사이를 끊임없이 이동하고 있다. 이와 같은 생물들 사이에 이루어지는 물질과 에너지의 순환과 아울러 주위의 환경까지를 포함한 시스템을 생태계라 한다.

생태계는 자연 경관에 따라 삼림 생태계, 초원 생태계, 해양 생태계, 하천 생태계 등으로 분류된다. 그러나 물질이나 에너지의 흐름으로 보아 항상성을 가진 생물군과 무기적 환경으로 이루어지는 계(系)가 있다면 그 규모에 관계없이 생태계로 간주하여, 비가 내린 후의 물웅덩이에서부터 생물권 전체를 아우른 지구 생태계에 이르기까지 여러 가지 레벨에서 취급하고 있다. 오늘날에는 지구 생태계를 가장 큰 단위로 하여 각각의 지역 생태계를 그 서브시스템으로 생각하는 경향이 강하다.

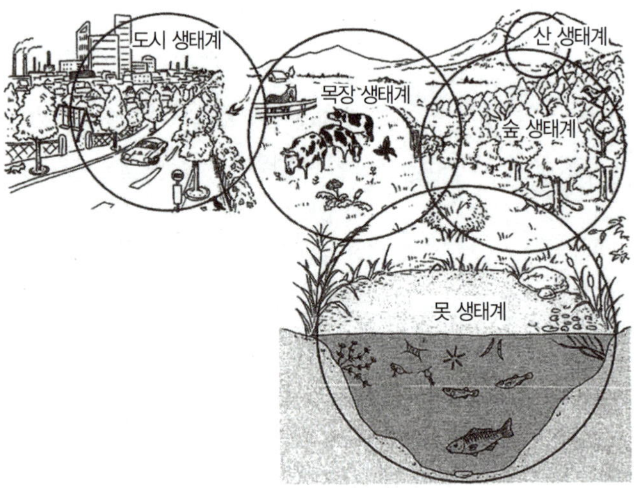

[그림 3-1] 여러 가지 생태계

(2) 생태계의 구성요소

생태계는 생물군집과 무기적인 환경으로 이루어진다. 그리고 생물군집은 여러 종류의 개체군(같은 종인 개체의 모임)으로 형성되고, 무기적인 환경은 빛(밝기, 파장, 명암), 기온, 물, 대기(산소, 이산화탄소, 바람), 토양(무기물, pH, 흙의 알갱이) 등으로 이루어진다([그림 3-2]).

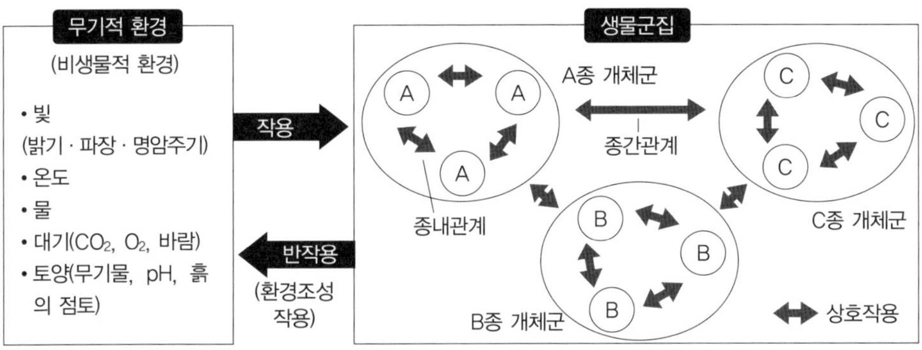

[그림 3-2] 생태계의 구조

생물군집의 개체군은 생태계의 기능에 따라 독립 영양생물과 종속 영양생물로 분류할 수 있다. 독립 영양생물은 생태계의 에너지를 받아들이는 입구, 즉 태양의 빛 에너지로 유기물을 합성하여 생물이 이용 가능한 에너지로 변환하는 역할을 담당하고 있으므로 생산자라고도 부른다. 육상에서는 녹색식물이, 해양에서는 식물 플랑크톤이 그 대표적인 것이다.

한편 종속 영양생물은 생산자가 만들어낸 유기물에 직접 또는 간접적으로 의존하고 있는데, 이것은 다시 소비자와 분해자로 나누어지지만 양자 사이에 뚜렷한 구별은 없다. 다만 소비자는 일반적으로 동물을 지칭하고 분해자는 토양 동물과 균류, 세균류를 가리킨다. 대부분의 토양 동물과 균류, 세균류는 소비자의 측면도 가지고 있으나 생물의 사체와 배설물에 포함되어 있는 유기물을 분해하여 생산자가 이용할 수 있는 무기물로 되돌리는 역할을 하고 있기 때문에 다른 소비자와 구별하여 분해자라 불리는 경우가 많다([그림 3-3]).

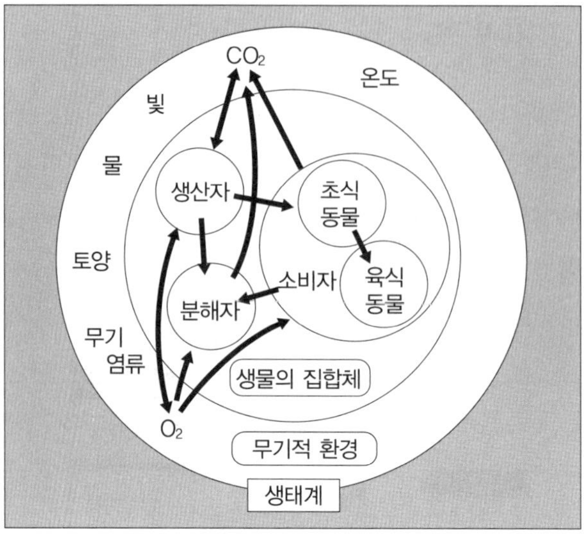

[그림 3-3] 생태계의 구성

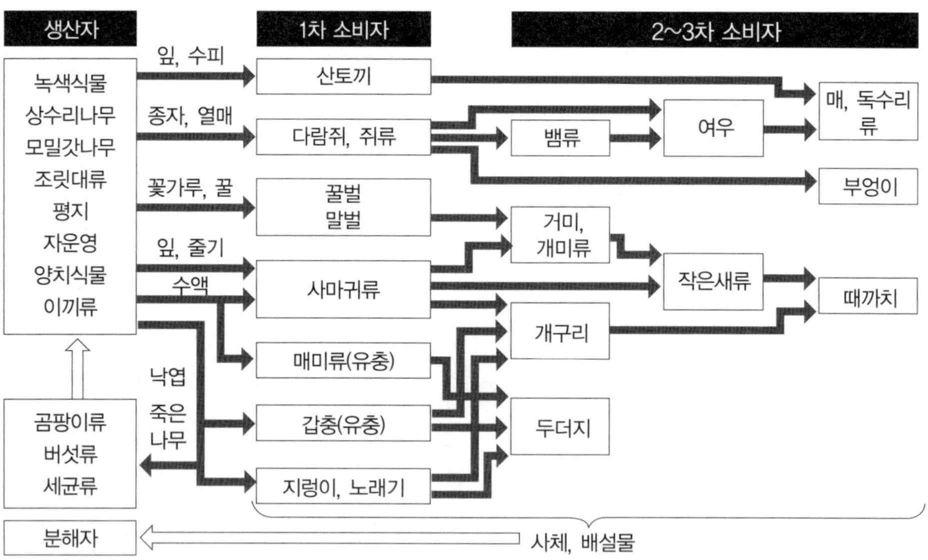

[그림 3-4] 삼림 생태계의 먹이사슬

생물군집의 각 개체군은 먹느냐 먹히느냐의 관계에 따라 사슬 모양으로 이어져 있다. 이것을 먹이사슬 또는 먹이연쇄라고 한다. 그런데 이 먹느냐 먹히느냐의 관계에 주목하면 소비자를 1차 소비자, 2차 소비자, 3차 소비자로 구별할 수 있다. 1차 소비자는 식물을 먹는 초식동물이고, 2차 소비자는 1차 소비자를 먹는 육식동물이며, 3차 소비자는 2차 소비자를 먹는 대형동물이다. 이와 같이 소비자는 여러 가지 영양단계로 나눌 수 있다.

식물에 의해 고정된 태양 에너지와 물질은 먹이사슬에 따라 단계적으로 이행하는데, 이 식물연대에 있어서의 각 단계를 영양단계라고 한다. 그런데 실제로는 각 영양단계에는 각각 많은 종류의 생물이 존재하고 있고 또한 잡식성인 것이나, 육식동물 중에도 두 가지 이상의 영양단계에 걸친 것도 있어 생태계의 먹이 관계는 단순한 사슬의 집합이 아니라 매우 복잡하게 얽힌 그물 모양을 하고 있다([그림 3-4]).

(3) 생태계의 작용 · 반작용 · 상호작용

지구 각 지역의 생태계는 일조 시간, 강수량, 기온 등의 무기적인 환경에 따라 서로 다른 구조를 가지고 있고 이 무기적인 환경에 의해 어떠한 개체군이 서식하느냐가 결정되며 이에 따라 그 지역의 생물군집을 형성한다. 이와 같이 무기적인 환경이 생물군집이 서식할 장소를 결정하는 것을 생태계의 작용이라 한다.

그리고 생물군집은 그 형상, 생물군집의 규모, 대사(代謝) 등에 의해 무기적인 환경에 영향을 끼치고 그 결과 지금까지와는 다른 무기적인 환경이 유지된다. 이것을 생태계의 반작용이라고 한다. 또한 생물군집 사이에는 먹느냐 먹히느냐의 관계가 아니라 경쟁, 공생, 기생 등의 관계가 작용하고 있다. 이것을 생물군집 사이의 상호작용이라고 한다.

(4) 생태계의 에너지와 물질순환

생물이 살아가기 위해서는 에너지가 필요하고 생태계를 구성하는 생물도 어딘가에서 에너지를 얻고 있다. 이 에너지를 얻는 방법은 크게 세 가지로 나누어진다.

독립 영양생물은 광합성을 통해 태양으로부터 에너지를 얻어 생활한다. 클로로필 등의 색소체를 함유한 식물이 여기에 해당하는데 생태계에서는 생산자의 위치를 차지한다. 두 번째는 종속 영양생물로서 다른 생물로부터 영양을 얻는 방법을 택하고 있다. 즉 다른 생물을 먹음으로써 에너지를 얻고 있는데, 소비자가 여기에 해당한다. 세 번째는 같은 종속 영양생물이면서도 체표면에서 영양을 흡수하여 에너지를 얻고 있다. 세균이나 균류 등 미생물이 이것으로서 분해자라 불리고 있다.

에너지는 생산자로부터 1차 소비자로, 그것을 먹는 2차 소비자, 다시 그것을 먹는 3차 소비자로 먹이사슬에 따라 옮겨간다. 이와 같이 하여 생물이 에너지를 이용하여 생활하게 되면 에너지는 최종적으로 열로 변한다. 이 열은 생물이 사용하지 않으므로 생물 사이의 에너지 흐름이 가늘어져 마지막에는 생산자가 받아들인 에너지는 모두 열이 되어 생태계에서 떠나버린다. 생태계에서 볼 때는 열이 일방적으로 흐르는 것이 된다.

한편 물질의 흐름을 보면 무기적인 환경의 무기물질은 생산자에 의한 광합성을 통해 탄수화물, 단백질, 지질 등 여러 가지 유기물로 바뀌어 먹이사슬을 통해 소비자에게 흘러가고, 분해자가 배설물이나 사체의 유기물을 흡수하여 최종적으로 무기물로 되돌린다. 이러한 물질의 흐름은 에너지와 유사하지만 일방적인 흐름이 아니라 모든 물질이 생태계 안에서 순환하는 특징을 가지고 있다.

(5) 생태계에 있어서의 종(種)

해비태트와 니치

생물군집을 생산자, 소비자, 분해자 등 기능집단으로 나누어 생각하면 시스템으로서의 자연 전체를 대국적으로 이해할 수 있다. 그러나 생물군집을 구성하는 기본단위는 어디까지나 종(種)의 개체군이고, 그 각각의 기능집단은 다양한 개체군의 복잡한 상호관계 속에서 성립하고 있다. 생태계에 있어서 종은 각각 특유한 생활양식을 가지고 일정한 규칙성을 가지고 생태계 안에 배열되어 각각의 역할을 담당하고 있다.

생태계에서 종의 위치를 나타내는 개념에 해비태트(habitat)와 니치(niche)가 있다. 해비태트는 서식하는 장소를 말하는데 생태계에서 종의 공간적 위치를 가리키는 개념이다. 니치는 공간적 위치 외에 무엇을 먹느냐 하는 영양적 위치, 언제 활동하느냐 하는 시간적 위치, 또는 온도나 습도나 염분농도와 같은 여러 가지 환경 속에서의 위치를 고려하는 좀더 포괄적인 의미로 사용하고 있다. 니치는 종에 따라 다르며 같은 지역에서 같은 자원을 이용하는 복수의 종은 존재하지 않는 것으로 알려져 있다.

종의 구성

생물군집을 형성하는 종은 생태계에 따라 여러 가지이고 종류도 서로 다르다. 그러나 어떤 생물군집에서 특정한 그룹의 생물군을 추출하여 종류와 개체수를 조사해 보면 종의 조성에는 일정한 규칙성이 있다는 것을 발견할 수 있다. 대부분의 경우 전체 개체수의 반수 이상, 때로는 80~90%를 점유하는 것은 특정한 몇 가지 종에 국한되어 있다. 이것을 우점종(優點種)이라 부른다.

다시 말해서 생물군집은 제한된 몇 가지 우점종과 여러 종의 희귀한 종에 의해 구성되어 있다. 우점종은 현존하는 양이 많고 생태계의 성질에 강한 영향력을 미치고 있으므로 우점종을 파악하면 그 생태계의 특성을 어느 정도 알 수 있게 된다.

종의 다양도

일정한 지역에 서식하는 종의 수를 종의 밀도라고 하는데 이 밀도가 높은 생물군집은 복잡한 것이라 생각하기 쉽다. 그러나 군집의 복잡성은 종의 수만으로 결정되는 것이 아니라 개체수나 현존하는 양과도 관계가 있다. 구성하는 종과 개체수가 완전히 같은 생태계가 있다고 해도 우점종이 현저한 경우와 구성하는 종의 개체수가 비교적 균형을 이루고 있어 우점종이 확실하지 않은 경우가 있는데 후자는 전자에 비해 더 복잡한 생태계이다. 생물군집의 복잡성은 구성하는 종의 수와 개체수의 균형성에 의해 결정되는 것이다. 군집의 복잡성을 수량적으로 표시할 경우 이것을 종의 다양도(多樣度)라고 한다.

여러 생태계의 다양도를 조사하여 비교해 보면 다음과 같은 일반적인 원칙을 이끌어낼 수 있다.

① 고위도 지방으로 갈수록 종의 다양도는 낮아진다.
② 환경이 혹독한 곳일수록 종의 다양도는 낮아진다.
③ 외딴 섬은 본토에서 멀어질수록 종의 다양도가 낮아진다.
④ 인간생활은 종의 다양도를 저하시킨다.

일반적으로 말해서 종의 다양도는 생태계의 안정성 유지와 관계가 있다고 할 수 있다. 그 이유의 하나로 종의 다양도가 높으면 그만큼 먹이사슬의 그물눈이 복잡해지고 구조적으로 안정된다는 점을 들 수 있다. 삼림을 손상시키는 해충의 이상 발생은 단일한 식재를 하는 인공림에서 종종 발생하고 있는데 자연림에서는 그렇게 많이 발생하지 않는다. 또 가장 다양도가 높은 삼림인 열대우림에서는 생물의 이상 발생이 거의 발견되지 않는다.

(6) 생태계로 본 지구환경의 위기

미묘한 균형을 이루며 구성되어 있는 자연 생태계는 무기적인 환경과 생물군집의 상황변화에 따라 새로운 균형을 이루려고 재구성되고 있다. 이 변화가 작을 때는 지구 규모의 생태계는 균형이 유지되지만 그 변화가 빠른 속도로 진행되면 생태계의 파괴로 이어진다.

수백만 년 전에 인류가 지구상에 탄생했을 때부터 인간도 생태계의 안정성에 의존해 왔고 필연적으로 생태계의 일원으로서 생활해 왔다. 수렵과 채집으로 살아온 인류는 자연환경을 변화시켜 인공화시켰으나 그것을 최소한으로 억제하고 있었다. 그러나 약 1만 년 전에 시작된 정주생활과 농경은 자연환경의 개변을 촉진했다. 인간은 생태계의 구속에서 탈피하여 새로운 인공 시스템을 만들어 서식 지역을 확대하면서 개체수를 증가시켰다. 그런데도 사회의 기반이 농경인 한에서는 이 변화는 생태계 시스템의 테두리 안에서 벗어나지 않았다.

그런데 산업혁명을 계기로 하여 석탄이나 석유 등의 화석연료에 의존한 공업화는 자연 생태계와는 전혀 다른 에너지, 물질순환계를 형성했다. 이 근대문명의 마이너스적인 유산이 대규모적인 환경파괴와 환경오염이다.

앞서의 지구는 여러 가지 개체군이 모여 이들이 다양한 관계로 맺어지는 생물군집을 가진 '풍요로운 생태계' 였다. 그러나 인류라는 개체군이 행하는 반작용으로 무기적인 환경을 변모시키고 또한 무기적인 환경이 인류를 포함한 생물군집에 작용함으로써 생태계를 구성하는 개체군을 감소시키고 먹이사슬이 단순하고 물질순환이 불완전한 지구 생태계를 만들어내고 있는 것이다.

인류도 서식하는 생물종의 하나라는 관점에서 복잡한 생태계를 지키는 것이 개체군으로서의 인류를 포함한 생물종을 보전하는 길이라는 인식을 깊이 가져야 한다. 그렇지 않으면 개체군으로서 인류의 존속이 위협당하는 날이 그리 멀지 않을 것이다.

2 삼림의 파손

(1) 삼림이 인간생활에 미치는 영향

삼림에서 산출되는 목재는 건축자재나 제지의 원료가 될 뿐만 아니라 개발도상국에서는 연료로서 필요 불가결한 에너지원이 되고 있다. 또한 삼림은 빗물의 저수지라 일컬어진다. 특히 열대 우림지역에서는 수목이 빗물의 70% 이상을 빨아들이고 있다. 그리고 지상에 떨어진 낙엽이나 마른 나뭇가지는 미생물에 의해 분해되어 틈새가 넓은 스펀지 모양의 퇴적된 구조가 된다. 이 틈새에 빗물이 저장되어 대번에 하천으로 흘러들어가는 일이 없이 천천히 배출되기 때문에 하천의 유량이 거의 일정하게 유지된다. 이것을 수자원 함양기능이라 부르는데, 물의 안정된 공급이나 홍수방지를 위해 인류에 크게 공헌하고 있다.

삼림이 지구적인 규모로 작용하고 있는 기능은 증산작용과 그 결과로 생긴 온도조절 작용이다. 지구에 내려온 태양 에너지의 약 70%는 증산작용에 사용되어 대기와 지표를 덥게 하는 데 약 30%가 사용된다. 그러므로 삼림의 감소는 지표의 열이나 물의 균형에 큰 영향을 끼쳐 지구적 규모의 기후변화를 초래할 가능성을 생각하게 만든다.

또 삼림은 광합성 작용을 통해 대기 중의 이산화탄소를 흡수한다. 열대림은 '지구의 허파'라 일컬어지듯이 탄소의 순환에 커다란 기능을 발휘한다. 그런데 열대림은 지구상에 현존하는 식물의 약 50%를 차지하고 있으므로 이산화탄소량의 흡수가 방대하다고 할 수 있다. 따라서 삼림의 파손으로 수목으로부터 방출되는 대량의 이산화탄소가 지구 온난화를 가속화시킬지도 모른다. IPCC(기후변동에 관한 정부 간 패널, 1991)에 의하면 삼림파손으로 해마다 21톤의 이산화탄소가 방출된다고 한다. 이것은 화석연료의 연소로 인한 이산화탄소 방출량의 30~40%에 해당한다.

(2) 삼림파손의 현황과 원인

지구상에는 각 지역에 적합한 삼림이 분포되어 있는데, 이 삼림이 현재 여러 가지 원인으로 인해, 예컨대 자연적 요인이나 인간의 활동 등으로 말미암아 차차 파손되어 가고 있다. 국제연합식량농업기구(FAO)의 발표에 따르면 1990년부터 1995년 사이의 5년 동안에 소실된 세계의 삼림면적은 약 5630만 ha에 달하여 1년에 1130만 ha가 소실되고 있다고 한다.

이 5년 동안에 걸친 삼림면적의 증감을 보면 선진국에서는 878만 ha가 증가하고 있는데 비해 개발도상국에서는 6515만 ha(연평균 1303만 ha)가 감소하고 있으며([그림 3-5]), 특히 열대지역 개발도상국의 삼림감소가 현저하게 나타나고 있다. 발전도상국 중에서도 열대지역이 아닌 나라에서는 1990년부터 5년 동안에 삼림감소 면적은 연평균 43만 ha이지만 열대지역의 나라에서는 1259만 ha에 달하고 있다.

열대림 감소의 원인으로는 농지로의 전용, 비전통적인 이동식 화전경작, 연료를 위한 과도한 벌채, 부적당한 상업용 벌채, 과도한 방목 등을 열거할 수 있다. 그 중에서도 이동식 화전경작은 열대림 감소의 가장 큰 원인이 되고 있어 전 세계의 약 45%를 차지한다. 지역별로 보면 열대 아메리카가 35%이고, 열대 아프리카는 70%, 열대 아시아에서는 49%가 이동식 화전경작에 의한 것이다.

열대지역에 사는 선주 민족은 오랜 동안에 걸쳐 이동식 화전경작을 해왔으나, 열대림 감소는 이들 선주 민족에 의한 것이 아니라 새로 도시나 농촌에서 유입된 사람들과 난민들이 행한 무질서한 화전경작, 또는 수출용 작물의 재배를 목적으로 한 화전경작에 원인이 있다. 그들은 지력(地力)이 회복되기 전에 다시 삼림을 불태우기 때문에 다시는 삼림이 원상태로 회복되지 않고 있다.

열대지역의 개발도상국에서는 지금도 연료를 나무에 의존하고 있다. 연료에 사용되는 나무는 증가하는 경향이 있으므로 연료용 나무의 과잉 벌채는 불가피하다. 농지로의 전용이나 과도한 방목도 인구증가에 대한 식량 확보의 방법이어서 이를 억제하기란 용이한 일이 아니다. 대규모의 상업적 벌채는 선진국의 목재 수요에 부응하기 위한 것이므로 열대림과는 깊은 관계가 있다. 상업용 목재 벌채에는 대형 기계를 도입해야 하고, 목재 운반을 위한 도로를 개설해야 하므로 이로 인해 열대림 파손이 더욱 가중되고 있다.

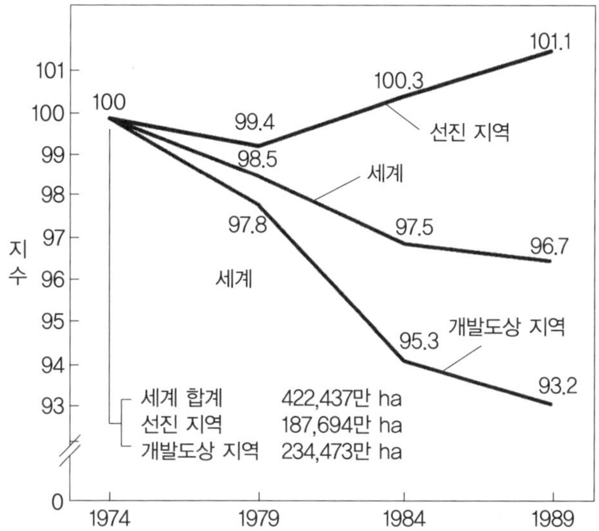

(FAO Yearbook Production 1990에서)

[그림 3-5] 세계 삼림면적의 추이

이와 같이 열대림 파손의 배경에는 지역 주민의 빈곤, 인구의 증가, 토지제도 등 사회적 · 경제적 원인이 복잡하게 뒤얽혀 있다.

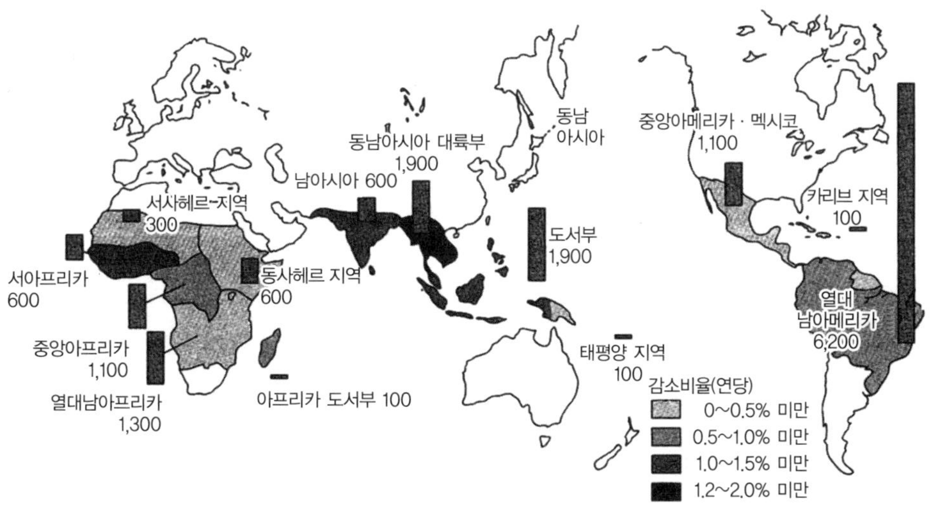

[그림 3-6] 각 지역의 열대림 감소 상황

(3) 삼림의 보호와 회복

1970년에 접어들면서부터 삼림보호의 필요성이 인식되기 시작하여 1980년대 후반에는 국제적인 기관을 중심으로 하여 여러 가지 구체적인 대책이 마련되었다. 그 중의 하나로 FAO는 '열대림 행동계획'을 발표하여 열대 목재림의 생산국과 소비국이 협력하여 열대림 보존과 지속 가능한 경영과 이용을 목적으로 활동하기 시작했다.

1992년에 개최된 지구 정상회담(환경과 개발에 관한 국제회의)에서는 '삼림원칙 성명'을 채택했다. 이것은 삼림에 관한 최초의 세계적 합의로서 그 후 삼림에 관한 국제회의나 각국 삼림정책의 기본이 되었다. 이 삼림원칙 성명에는 ① 전 세계의 사막을 대상으로 하여 삼림의 환경과 개발 문제를 종합적으로 검토할 것, ② 삼림의 다양한 기능의 보존과 지속 가능한 개발이 중요하다는 것, ③ 개발도상국에 대한 국제협력이 필요하다는 것 등이 포함되어 있다. 그리고 1996년에는 지구 정상회담에서 채택한 아젠다 21 및 삼림원칙 성명을 토대로 하여 전 세계의 삼림보존과 지속 가능한 삼림경영이 논의되었다.

열대림은 그곳 주민에게 있어서는 연료 등 생활에 불가결한 주요자원이다. 그러므로 열대림의 보호는 자연 상태의 열대림으로서 유지하기 위한 것과 자원으로서 벌채하여 이용할 것으로 구분하여 장기적인 삼림정책과 효과적인 토지이용을 고려하지 않으면 안 된다. 그리고 자원으로서 벌채한 후에는 반드시 식림을 의무화하여 소비된 삼림과 식림을 통해 조성한 삼림과의 균형을 유지하면 자연 상태의 열대림을 벌채하지 않고도 장기간에 걸쳐 유지할 수 있다. 그러기 위해서는 식림을 위한 수종(樹種)에 관한 조사연구, 국제적인 경제원조, 식림의 실천적 지속적인 노력이 불가결하다.

3 사막화 현상

(1) 사막화와 그 원인

1994년에 파리에서 체결된 사막화방지협약(UNCCD)에 의하면 사막화란 '건조, 반건조(半乾燥) 및 습윤 지역에 있어서 여러 가지 요인(기후변동과 인간의 활동을 포함)으로 일어나는 토지의 열악화' 라고 정의하고 있다. 일반적으로 생각할 때 사막화는 토지의 건조화라고 보기 쉬우나 이 조약에서는 보다더 광범위하게 토지의 열악화를 지적하고 있다. 그러므로 사막화에는 토양의 침식이라거나 토지의 염화(鹽化) 등도 포함된다.

유엔환경계획(UNEF)의 보고(1991년)에 의하면 전 세계에는 61억 ha의 건조지가 있는데 그 가운데 9억 ha는 매우 건조한 지역, 즉 사막이다. 나머지 52억 ha는 건조, 반건조 및 습윤 지역으로서 경작이 가능한 건조지이다. 그러나 경작이 가능한 지역의 약 70%, 즉 전체 육지의 약 25%에 해당하는 36억 ha는 사막화의 영향을 받고 있다. 이들 지역의 나라 대부분은 개발도상국인데 여기에 세계인구의 약 6분의 1에 해당하는 9억이 살고 있다.

사막화되고 있는 면적이 가장 넓은 지역은 아시아 대륙이고 다음이 아프리카, 남아메리카의 순이다. 경작이 가능한 건조지를 점유하는 사막화 지역의 비율은 아프리카가 최대인 81.8%를 차지하고 그 다음이 아시아이다.

그렇다면 지구 사막화의 원인은 어디에 있는 것일까. 지구의 사막화는 지난날 두 번에 걸쳐 발생했다고 한다. 약 5000년 전과 약 3000년 전이다. 이것은 모두 지구기후의 한랭화 시대에 해당한다. 기후가 온난한 시기에는 사하라 사막, 메소포타미아의 저지, 인더스 평원 등이 모두 풍요로운 초원이었다. 그러나 사막화가 진행되자 인간은 물과 풀을 찾아 큰 강가에 가서 목축과 농업을 시작하게 되고, 마침내 목축민족과 농경민족이 혼합하여 이것이 도시문명을 낳는 계기가 되었다.

세 번째 사막화는 20세기 후반에 시작되었다. 이것은 그 이전의 사막화와는 양상이 다른 지구 온난화 시기에 발생했다. 그 원인으로는 두 가지를 생각할 수 있다. 첫째는 지구적 규모로 일어나는 대기 순환의 변동에 따라 건조지역이 이동한 것을 들 수 있다. 사하라 사막 남부에서는 1968년에 한발이 발생하여 그 후 회복되는가 싶었으나 1982~1984년에 20세기 최대의 한발을 만나게 되었다. 둘째는 인위적인 요인이다. 20세기의 사막화는 기후의 요인보다도 오히려 이것이 사막화의 최대 요인이라 할 수 있다. 개발도상국에서는 방목이 성행했다. 인구증가에 따라 가축도 많아져 초원의 재생을 뛰어넘은 방목이 행해져 초원은 나지가 되고, 또한 농경지에서는 토지의 휴경기간을 단축시키지 않을 수 없게 되었다. 그 결과 지력이 저하되어 식물의 생육조건이 악화되고, 또한 인구 증가에 따라 연료용 나무의 과잉 벌채가 행해져 사막화의 진행에 박차를 가하게 되었다([그림 3-8]).

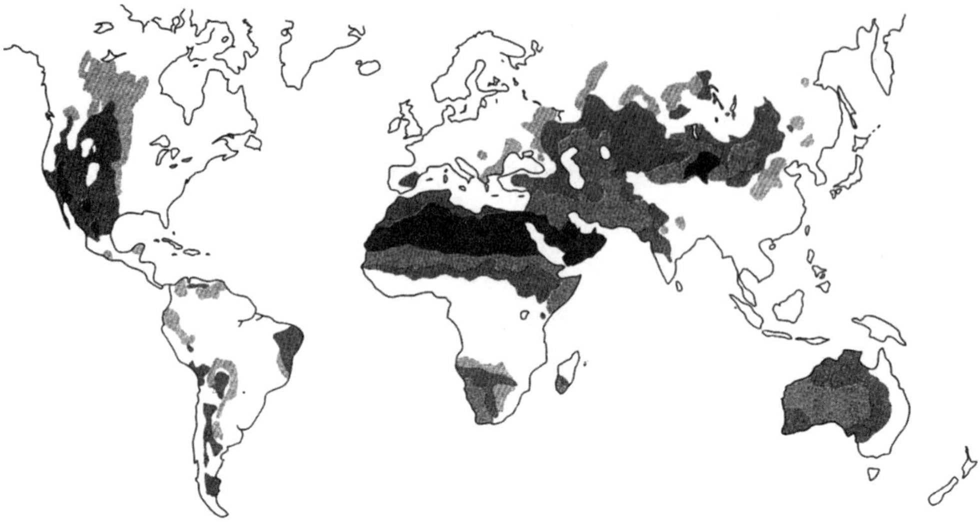

(UNEP/GCSS.III/3 : "Status of desertification and implementation of the united nations plan of action to combat desertification" GOVERNING COUNCIL Third Special Session Nairobi, 3-5 February 1992에서)

[그림 3-7] 세계의 건조지역

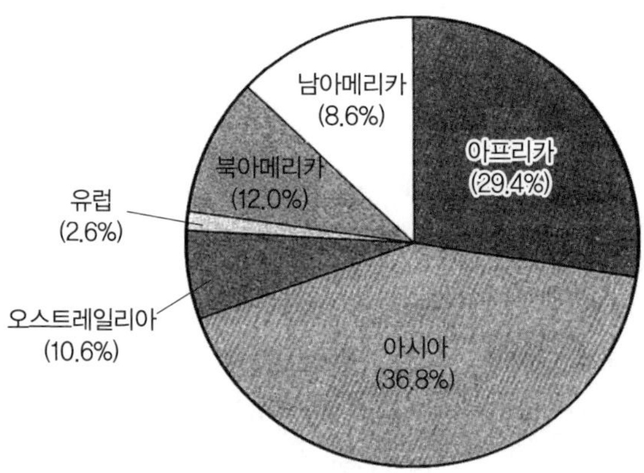

[그림 3-8] 건조지역에 있어서 사막화 지역의 비율

이와 같은 인위적 요인의 배경에는 지역주민의 빈곤과 인구의 증가라는 경제적 사회적 요인이 사막화 문제를 복잡하게 만들고 있다. 일단 사막화가 시작되면 이것이 원인이 되어 다시 사막화가 확대된다는 악순환이 일어난다. 사막화된 토지의 복원에는 막대한 노력과 시간, 그리고 비용이 필요하다.

(2) 사막화 방지를 위한 노력

1968~1973년, 아프리카의 사하라 지역에 심각한 한발이 발생하자 1977년 유엔총회에서는 사막화방지회의가 열려 이 회의에서 '사막방지 행동계획'을 채택했다. 그런데 사막화 방지의 조직은 일단 정비되었으나 이 계획을 실천하기 위한 사회적, 정치적인 제도의 결함과 자금부족 등으로 인해 사막를 저지하지는 못했다.

이런 상황에서 사막화방지회의는 1994년 6월까지 '사막화방지협약'을 체결하도록 유엔총회에 요청하게 되었다. 그 후 심각한 한발과 사막화에 직면한 나라의 사막화 방지 및 한발에 의한 영향 완화를 목적으로 한 사막화방지협약은 1994년 6월에 유네스코 본부에서 서명이 이루어져 1996년 12월부터 발효되었다. 1999년 현재협약에 체결한 나라는 우리나라를 비롯하여 145개국이다.

실제로 사막화 방지에는 그 지역의 녹화가 효과적이다. 사막의 녹화에는 물이 필요하고 이 물은 사막에서도 입수하기가 가능하다. 물은 지하수로부터 얻게 되는데, 만약 지하수가 깊을 경우에는 지하 댐을 만들어 수위를 높이는 일도 가능하다. 또 하나는 염수의 담수화로서 현재 '전기 투석법' '역침투법' 등의 기술이 쓰이고 있다. 그러나 이 기술을 응용하기 위해서는 대량의 에너지가 필요하기 때문에 저렴한 에너지원을 확보하는 것이 중요하다. 따라서 태양광 에너지의 이용이나 태양전지의 개발이 기대되고 있다.

담수를 입수한 후에는 토양의 보존성을 높이는 방법이 필요하다. 현재 이를 위해 보수제(保水劑)로서 고흡수성 수지를 토사와 섞어 점적관개(点滴灌漑) 등을 통해 물을 유효하게 사용하는 방법이 개발되어 있다.

또한 토양을 개량하기 위해 피트(peat)가 사용된다. 피트는 물이끼나 물가의 식물 등이 퇴적한 것인데 보수성과 보비성(保肥性)이 뛰어나 사막의 알칼리성 토양을 중화시키는 작용도 한다. 피트는 세계적으로 널리 분포되어 약 5000억 톤이나 매장되어 있다고 한다. 그러나 저렴한 운송법이 과제가 되고 있다.

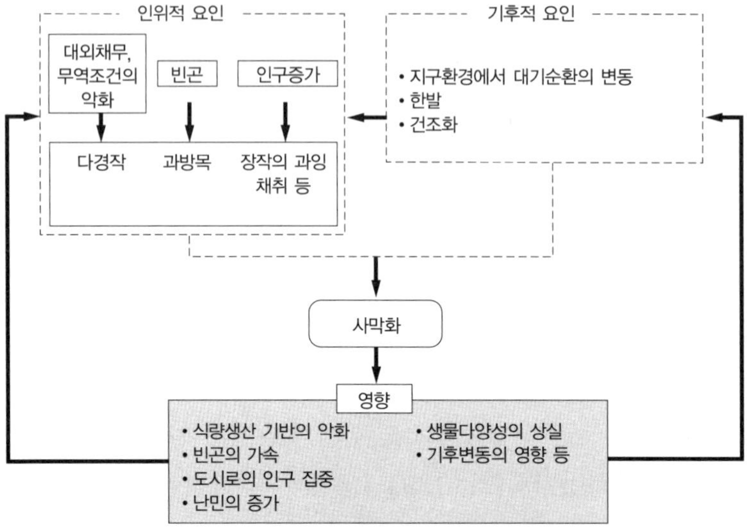

[그림 3-9] 사막화 문제의 구도

각지의 사막에는 각각의 지역에 가장 적합한 식물종에 의한 녹화를 고려하지 않으면 안 된다. 예컨대 물의 이용효율이 높고 온도변화에 강하며 광합성 능력이 뛰어난 식물일수록 적당하다. 따라서 사막 녹화를 위한 식물종의 선택이 중요한 요소가 된다.

제 4 장

지구의 온난화

1 지구의 온난화 경향

(1) 지구는 온난화하고 있는가?

■ 지구 온난화에 대한 관심

지구 온난화가 세계의 관심을 끌게 된 것은 최근의 일이다. 20년 전까지만 해도 지구의 한랭화를 우려하고 있었다. 그것은 지구의 기온변화를 과거 수십만 년의 스케일로 볼 때 지구가 일정한 주기로 빙하기와 간빙기를 반복하고 있고 현대는 가장 기온이 온난한 상태라고 해석할 수 있기 때문에 앞으로 빙하기로 접어들게 될 것이라는 것이 그 근거였다.

그러나 과학의 세계에서 지구 온난화 연구의 역사는 깊다. 이미 1870년에는 프랑스의 푸리에(J. Fourier)가 대기에 의한 온실효과를 지적하고 1860년경에는 아일랜드의 틴달(J. Tyndall)이 인간의 경제활동 등에 의해서 일어나는 대기조성의 변화가 지구의 온난화를 초래할 가능성이 있다는 것을 지적했다. 또한 1896년에 덴마크의 아레니우스(S. A. Arrhenius)는 인간의 활동에 의해 대기 중의 이산화탄소가 증가하면 지구의 기온에 영향을 미친다는 것을 지적하고, 대기 중의 이산화탄소가 두 배로 되면 평균기온이 5~6℃ 상승한다는 계산을 내놓았다.

1950년대에 접어들자 에너지의 대량소비에 따른 이산화탄소 농도의 증가를 경고하는 움직임이 나타나기 시작하여, 미국 하와이의 마우나로아 관측소에서 대기 중의 이산화탄소의 농도를 측정했다. 1970년대가 되면서부터는 각지에서 심각한 대기오염 문제가 제기되어 환경에 대한 문제가 관심을 모으게 되었다. 산성비나 오존층 파괴, 해양오염, 사막화, 열대림의 감소 등 한 나라만으로는 해결할 수 없고 국경을 초월하여 협력해야 하는 문제가 발생하여 지구환경 문제에 관한 국제회의가 열리게 되었다. 이러한 시대의 흐름 속에서 1985년에 '기후변동에 관한 과학적 지식을 정리하기 위한 국제회의'가 오스트레일리아에서 열림으로써 지구 온난화가 일약 주목을 끌게 되었다.

마우나로아 관측소에 의한 이산화탄소 농도 데이터는 급격한 이산화탄소 농도의 상승을 나타내고 있는데, 이 조사 결과는 세계에 위기감을 호소하게 되어 과학적인 사실의 해명과 국제적인 논의가 동시에 급속도로 진행되었다.

■ 지구 온난화의 현황

최근 우리나라에서 일어나고 있는 여름이 무덥고 겨울이 따뜻한 현상은 기상변화이기는 하나 이상기온이라고 할 수 없을 만큼 해마다 반복되고 있는 실정이고, 세계 각지에서도 농작물이나 사람에게 해를 끼치는 큰 기상변화가 발생하고 있다. 예컨대 미국의 대한발(1988년)이나 방글라데시의 대홍수(1988년) 등이 그 대표적인 것이라 할 수 있다. 이들 기상변화의 원인으로는 자연적인 것과 인위적인 것으로 나누어 생각할 수 있다. 전자의 경우는 엘리뇨(El Nino)띠 형상, 화산 폭발, 빙설 면적의 변화, 기류의 변화 등이고, 후자는 이산화탄소 등에 의한 온실효과, 삼림파괴, 사막화 등이 있다.

엘리뇨 현상이란 남미의 페루 앞바다에 있는 태평양 동부 적도 지역의 해수온도가 평상시보다 상승하는 현상으로 이것이 반년 내지 1년 동안 계속된다. 이에 따라 동태평양의 해수온도가 평년에 비해 2~3℃ 높아져 그 결과 동태평양의 적도 상공에 있는 대기가 따뜻해져 상승기류가 발생한다. 그리고 이 기류가 아열대 지역에 하강하여 고기압을 발달시키고 이것이 북태평양의 저기압을 밀어올려 우리나라 부근을 따뜻한 공기로 뒤덮게 된다. 이와 같이 이상기온이나 기후변동은 여러 가지 요인이 복잡하게 얽혀 일어나는 것이라고 할 수 있다.

실제로 지구가 온난화하고 있는가 하는 것을 통계적으로 보면, 1998년도에 있어서 세계의 연평균 지상기온의 평년차는 +0.82℃로서 과거 119년 동안 최고에 이르고 있다. 장기적으로 보면 세계의 연평균 지상기온은 100년 동안에 약 0.6℃ 상승하고 우리나라의 기온은 1.5℃ 상승하고 있다.

(2) 지구의 온도와 온실효과

그러면 우리가 살고 있는 지구 표면의 온도는 어떻게 결정되는 것일까?

태양의 온도는 태양 자신의 핵융합 반응으로 정해지는 것이지만 지구의 온도는 그렇지 않다. 물론 지구의 내부에는 고온의 마그마가 존재하고 있으나 이것만으로는 도저히 지구의 온도를 유지할 수 없다. 지구의 온도를 결정하는 것은 태양광의 에너지이다. 그러나 태양광 에너지를 이용하여 지구의 온도를 측정했을 경우 계산상으로는 −18℃가 된다. 우리가 알고 있는 지구의 평균온도는 15℃ 정도이므로 이 수치와는 거리가 멀다. 이 차이가 바로 온실효과에 의한 것이다.

온실효과란 대기를 가지고 있는 행성 표면에서 나오는 복사에너지가 대기에서 빠져나가기 전에 흡수되어 그 에너지가 대기에 남아 기온이 상승하는 현상을 말한다.

이 온실효과에 대해 알아보기 위해 태양과 지구 및 우주공간에서 행해지는 열에 대해 생각하기로 하자. 태양은 대단한 고온이고 매우 큰 에너지를 우주공간에 방출하고 있다. 그 중의 일부가 지구에 도달하여 지표의 온도를 높인다. 이 따뜻해진 지표는 그 에너지를 적외선으로서 방출한다.

이산화탄소 등 온실효과 가스에는 적외선을 흡수하는 성질이 있다. 이 때문에 지구에서 우주로 방출되려고 하는 적외선은 온실효과 가스에 흡수되어 대기의 온도를 높인다. 그 결과 지구는 −18℃인 눈과 얼음의 세계가 아니라 생물이 살기에 적합한 현재의 온도를 유지할 수 있게 되는 것이다([그림 4−1]).

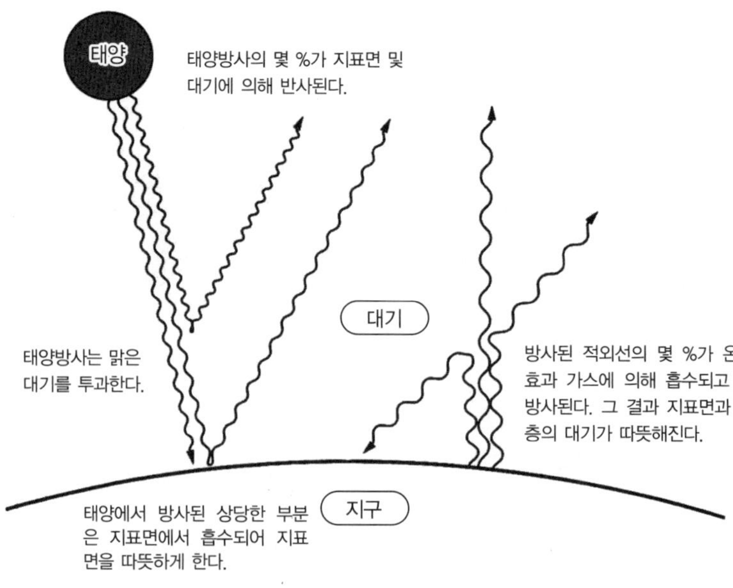

[그림 4−1] 온실효과의 메커니즘

온실효과는 지구 가까이에 있는 행성의 온도로서도 설명할 수 있다. 예컨대 금성은 두꺼운 이산화탄소의 대기층이 있기 때문에 표면온도는 약 500℃이다. 만약 온실효과가 없다고 하면 현재의 온도보다도 약 500℃나 낮아질 것이라고 예측하고 있다. 화성은 대기권이 극히 엷기 때문에 그 표면온도는 온실효과가 없는 경우와 거의 비슷하다. 지구의 대기권은 두께가 화성과 금성의 중간으로서 그 표면온도는 약 15℃이다. 가령 혼실효과가 없다고 하면 지구의 평균기온은 −18℃가 된다.

지구의 표면온도는 태양의 일사 에너지와 지구표면으로부터 우주로 방출되는 열방사 에너지와의 균형으로 결정된다. 즉 태양이 지구에 내려오는 에너지의 대부분은 대기를 거의 그대로 통과하는 가시광선이다. 가시광선의 에너지로 지표가 더워지면 지표로부터 적외선이 방사된다. 적외선 에너지는 가시광선과는 달리 대기 중의 온실효과 가스라 불리는 기체를 만나 대기를 덥게 한다. 더워진 대기의 열 가운데서 일부분은 우주로 방사되지만 다른 일부는 지표를 향해 방사된다. 이 때문에 지표는 태양의 일사 에너지와 함께 대기로부터의 열방사에 의해 더워지게 된다. 이것이 온실효과가스에 의한 지구 온난화 시스템이다. 그러므로 온실효과는 대기 중의 온실효과 가스 농도에 비례하여 지표에 방사되는 에너지의 양이 증대한다.

(3) 온실효과 가스와 지구 온난화 지수

온실효과는 인류에게 없어서는 안 될 것이므로 지금의 상태를 유지하면서 더 이상 변화하지 않도록 하는 것이 이상적이다. 다시 말하면 원래 자연이 구비하고 있는 온실효과 가스 농도를 그대로 유지하면서 인간의 활동으로 변동하는 분량을 억제하지 않으면 안 된다. 그런데 온실효과를 가진 물질로는 이산화탄소를 비롯하여 수증기, 메탄, 일산화질소, 오존, 프레온 등이 있으나 문제가 되는 물질과 그렇지 않은 물질이 있다.

[표 4−1]은 문제가 되는 주된 온실효과 가스의 성질과 용도를 정리한 것이다. 이 가운데서 지구 온난화 지수(GWP)란 가스에 따라 서로 다른 온실효과를 비교하는 데 쓰이는 지수이다. 이산화탄소의 온실효과를 1로 했을 경우의 비율을 표시하여 그 값이 클수록 온실효과가 크다.

[표 4-1] 주요 온실효과 가스

	CO_2	메탄	아염화질소	CFC-11	HCFC-22	CF_4
산업혁명 이전의 농도	280ppmv	700ppbv	275ppbv	0	0	0
1994년의 농도	358ppmv	1,720ppbv	312ppbv	268pptv	110pptv	72pptv
지구 온난화 지수(100년) (각 온실효과 가스가 100년간에 미치는 온난화의 효과(CO_2를 1로 했을 때)	1	21	310	3800	1500	6500

지구 온난화를 고찰할 때는 어느 시점에 있어서 일정량에 대한 절대치의 크기(에너지, 온도) 외에 그 가스가 어느 정도의 기간 동안 대기 중에 머물면서 영향을 끼치는가 하는(시간) 등 양쪽 요소를 고려할 필요가 있다. 지구 온난화 지수에는 양쪽 요소가 기간적 누적량의 형태로 표시되어 있어, 일정량의 가스가 대기 중으로 방출되었을 때 100년의 타임스케일에 걸쳐 어느 정도의 온실효과에 영향을 주는가를 나타낸다.

지구 온난화 지수와 각 가스의 배출량을 고려하면 온난화에 대한 각 가스의 영향을 비교할 수 있다. 가장 배출량이 많은 정체 기간(수명)이 긴 이산화탄소가 영향의 60%를 차지하고 이어서 메탄이 20%이다. 이산화탄소는 지구 온난화 지수는 낮으나 그 양이 막대하여 산업혁명 이후 계속해서 지속적으로 배출되었기 때문에 그처럼 높은 피해율을 차지하게 되었다.

(4) 이산화탄소 - 대표적인 온실효과 가스

대기 중의 이산화탄소는 고정되어 있는 것이 아니라 항상 해양과 생물권 사이에서 교환이 행해져 형태를 바꾸면서 지구상을 순환하고 있다. 이러한 순환을 이산화탄소 중에 포함된 탄소의 단위로 나타낸 것이 탄소의 순환이다(그림 [4-2]).

식물은 광합성을 통해 대기 중에서 이산화탄소를 흡수하고 그 식물을 동물이 먹으며 호흡함으로써 다시 대기 중으로 이산화탄소를 배출한다. 또 해양 중에서는 해수에 녹아 있는 이산화탄소를 식물 플랑크톤이 흡수하고 이것을 동물 플랑크톤이나 해양 식물이 먹어 호흡 등을 통해 배출한다.

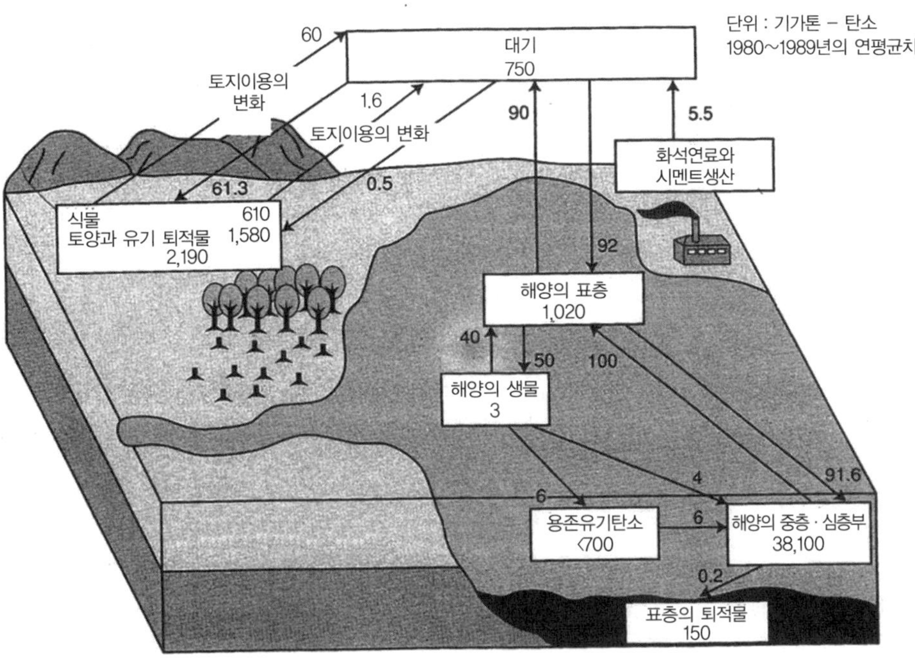

IPCC 제3차 보고서 1995에서

[그림 4-2] 탄소의 분포와 순환

이러한 활동의 결과로도 대기 중의 이산화탄소는 증가하지도 감소하지도 않는 상태를 유지했으나, 산업혁명 이후 인간의 활동으로 그 균형이 무너지고 있다. 즉 화석연료의 연소와 시멘트 생산에 수반되는 화학반응에 의해 대기 중으로 이산화탄소가 방출되고, 또 토지이용의 변화에 따라 삼림 등의 이산화탄소 저장고가 감소됨으로써 대기 중에 이산화탄소가 체류하게 된 것이다.

대기 중의 이산화탄소 농도는 산업혁명 이후 계속 증가하고 있다. 산업혁명 이전에는 거의 변하지 않고 280ppm 전후의 농도를 유지하고 있었으나 산업혁명 이후 급격히 증가하여 2000년에는 368ppm에 이르고 있다. 만약 현재와 같이 해마다 약 1.3ppm의 비율로 증가한다면 2030년에는 약 450ppm, 2080년에는 약 550ppm에 도달하게 된다.

세계의 이산화탄소 배출량은 거의 일정한 비율로 증가하고 있는데 특히 공업화가 앞선 선진국의 배출량이 많다. 국제에너지기구(IEA)의 조사에 의하면 선진국이 약 60%, 개발도상국이 약 40%로서 선진국의 인구가 세계의 약 20%라는 점을 감안하면 선진국이 개발도상국에 비해 배출량이 6배나 많다는 것을 알 수 있다. 최대의

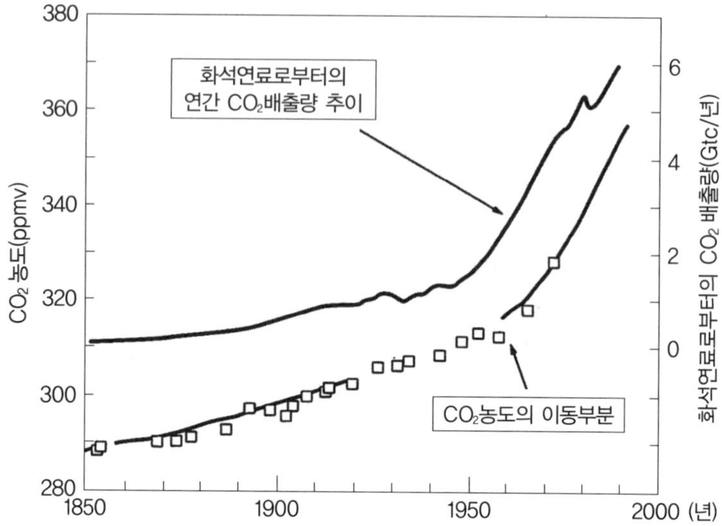

IPCC 제2보고서에서

[그림 4-3] 1861~1994년의 이산탄화탄소 농도와 배출량

배출국은 미국으로 세계의 약 21%를 차지하고 있으며 1인당 배출량도 가장 많다. 우리나라의 배출량은 1.65%로 1인당 배출량으로 비교하면 세계 제10위로 많은 편에 속한다.

이산화탄소 이외의 온실효과 가스는 존재하는 양이 적지만 온실화 지수를 비교하면 매우 많기 때문에 이들 온실효과는 이산화탄소와 같은 크기가 될 것으로 생각한다. 즉 2030년에는 이산화탄소가 현재의 2배가 되는 것과 같은 온실효과를 가질 것으로 예상하고 있다.

온실효과 가스가 지금과 같은 증가율로 진행한다면 2030년에는 지구의 기온이 1.5~3.5℃ 상승할 것으로 보인다. 참고로 말하면 19세기부터 지금까지의 기온상승은 평균 0.3~0.5℃였다. 따라서 인류는 일찍이 경험하지 못한 급격한 기온상승에 직면하게 될 것이다.

2 지구 온난화의 영향

(1) IPCC 평가보고서

기후변동에 관한 정부 간 패널(IPCC)는 정부 관계자와 전문가가 참가하는 국제적인 기관으로 온난화 대책에 기여하기 위해 지구 온난화에 관한 정보를 종합하여 보고서를 작성하고 있다. IPCC가 설립된 1980년대 후반에는 온난화에 대한 정보가 적고 온난화가 실제로 일어날 것인지 의문시되고 있었다. 이에 온난화에 대한 정보를 수집하여 그것이 얼마나 신뢰할 수 있는지 평가할 필요가 있었다. 이러한 요청에 의해서 태어난 IPCC는 과학과 정치가 혼재하는 곳이고 그 보고서는 국제적으로 합의된 가장 권위 있는 정보로 취급되고 있다. 이에 여기서는 주로 2001년의 제3차 보고서의 내용을 소개하면서 지구 온난화의 영향을 살펴보기로 한다.

■ 지구 온난화의 실제

지구 온난화를 생각할 때는 장기적인 기후 변화를 고려하여 판단하지 않으면 안 된다. 오랜 시대의 데이터는 정기적으로 측정되고 있지 않으므로 수목의 연륜, 산호, 얼음 속에 갇혀 있는 고대의 공기 등을 통하여 추측할 수밖에 없다. 그 결과 ① 지구의 기온은 변화하고 있다. ② 지표의 평균기온은 상승하고 있다. 20세기의 기온은 과거 1000년의 어느 세기보다도 크게 변화하고 있으며 20세기 중에 약 0.6℃ 상승했다. ③ 1970년대 이후의 평균기온은 10년당 0.15℃씩 상승했다. 기온의 급격한 상승은 자연계의 변동으로는 설명할 수 없고, 인간의 활동에 의한 온난화가 이미 시작되었다는 증거가 있다. ④ 20세기 동안에 해면의 수위는 0.1~0.2m 상승했다.

기온의 변화는 지리적으로 한결같지 않다. 해양보다도 육지의 변화가 많고 북반구 쪽이 더 변화가 큰 경향이 있다. 해양에서는 비록 기온의 상승은 적지만 해양이 저장한 열량이 증대하고 있으므로 따뜻해진 물의 효과와 고위도 지역이나 고지에 있는 물이 녹는 효과로 말미암아 해면의 수위가 상승하고 있다. 또 북극의 해수 감소와 산악 빙하의 후퇴도 확인되고 있다.

기온의 상승은 수분의 증발을 촉진하므로 비를 많이 내리게 하는 효과를 가지고 있다. 물의 양은 지구 전체로서는 증가하고 있으나 그 영향은 지리적으로 한결같지 않다. 북반구 중에서 고위도 지역의 대부분과 열대지역에서 강수량의 증가를 보이는 한편, 아열대지역에서는 강수의 감소가 관찰되고 있다. 원래부터 건조한 지역에 다시 건조화가 진행되고 그렇지 않은 지역에서는 강수량이 증가하는 경향이 있다. 건조지역에서의 한발 문제는 심각하다. 한편 강수량이 증가한 지역에서는 일시적으로 비가 많이 내려 재해의 위험성이 높아지고 있다.

■ 온난화의 예측

앞으로 온난화는 어떤 영향을 미칠 것인가? IPCC는 이 의문에 대답하기 위해 세계의 인구, 경제 성장, 에너지 소비에 관한 장기적인 시나리오를 만들어 2100년까지의 온실효과 가스 배출량, 대기 중에 있는 온실효과 가스의 농도, 기온, 해면의 상승을 예측하고 있다. 제3차 보고서에 따르면 2100년에는 지상의 평균기온이 1.4~5.8℃ 상승할 것이라고 한다.

또한 이어서 발표한 제4차 보고서에 의하면 화석연료에 의존한 대량소비 사회가 이어질 경우 21세기 말에는 지구의 평균온도가 6.4℃, 해수면은 59cm 상승할 것으로 예측하고 있다. 그리고 5℃ 상승하게 되면 뉴욕이나 도쿄 등 세계의 주요도시가 수장되리라고 내다보고 있다. 뿐만 아니라 극지방의 얼음은 앞으로 10년 동안에 2.7% 감소하고 북극의 빙하는 21세기말에 완전히 녹아 없어질 것이라고 한다. 또 폭염과 집중 호우, 태풍, 허리케인 등이 보다더 빈발하여 위험이 가중되리라고 예측하고 있다.

한반도는 100년 후 기온과 강수량이 서울은 현재의 서귀포의 기온처럼 변하고, 2100년에는 해수면이 1m 가량 상승하여 한반도의 1.2%인 2643m 정도가 침수할 것이라 내다보고 있다(2005년의 기상연구소 자료). 이로 인해 남북한 총인구의 2.6%에 달하는 125만 6천 명이 삶의 터전을 잃고 연안면적의 침수로 124만 명의 이재민이 발생할 것으로 예상하고 있다.

[표 4-2] 기온변화 후의 지역별 영향 예측

지역	영향
아시아	• 히말라야 산의 빙하 용해는 홍수와 산사태, 수자원 파괴를 증가시키며, 특히 대부분 지역은 수자원이 부족할 것으로 전망 • 남, 동 아시아의 인구가 많은 해안지역은 바다와 강으로부터 위험에 크게 직면
도서지역	• 작은 섬들은 해수면 상승으로 해안 침식과 같은 해안 상태가 악화되어 관광 지역의 매력을 감소시킬 가능성이 있음
극지역	• 주된 생물리학적 결과로 빙하의 확장과 두께 감소, 해빙, 영구 동토층 팽창 정도 및 깊이 변화, 자연 생태계의 변화 등이 있음 • 북극 거주지역에 대해, 설빙권에는 긍정적, 부정적 효과가 있을 것임 • 양극지역에서 특정 생태계와 거주지역은 기후변화에 대해 종의 적응이 낮아지면서 취약해질 수 있음
북미 서부	• 유속이 감소하여 현재 수자원의 수요는 2020년 이후 만족될 수 없으며, 연어는 서식지를 잃게 됨
남미 브라질 동부	• 2050년대까지 지하수의 70% 이상 감소
벵갈 만 지역	• 온도가 2℃ 상승할 때마다, 방글라데시에서는 연간 최고치를 방출하여 홍수지역이 적어도 25% 이상 증가
유럽	• 2070년까지 수력발전의 전기 생산 잠재력은 70%까지 감소
아프리카 소말리아 인근지역	• 질 좋은 물 공급과 위생 인프라가 없는 지역으로, 폭우로 인해 병원균 증가

(환경부, 『환경백서』 2007년에서)

또한 해수면의 기온상승은 비브리오균 등 미생물의 증식을 일으켜 해수나 수산물을 통한 질병 발생의 가능성을 증대시키고 있다. 뿐만 아니라 기온이 2℃ 상승했을 때 난대기후가 중부지방까지 확대되고 4℃ 상승했을 때는 남한지역의 대부분이 난대기후, 남부의 해안지역은 아열대 기후로 변화할 것이 예상된다. 그리고 평균기온이 6℃ 상승하게 되면 21세기 말에 한반도는 기존의 삼림생물이 고사하거나 고립되는 등 멸종의 위기에 처할 것이라고 한다.

아울러 2042~2051년 사이에 여름철이 고온인 날씨가 50일 이상으로 늘어나고 주기적으로 300명 이상이 사망할 것이라고 한다. 또한 전국의 벼 생산량 감소는 14.9%인 10a당 80.2kg 정도가 감소할 것으로 추산하고 있다.

[표 4-3] 기후변화 후 우리나라의 영향 예측

부분(분야)	영향
농업/축산	- 작물재배 가능기간은 연장, 작물재배 가능지역도 북상 및 확대 - 재배작목이 다양화되고 작목선택의 폭이 커짐 - 벼의 품질 저하 및 생산량 감소, 적응품종과 재배방법에 상당한 변화 필요 - 맥류의 안전재배지대 북상 및 수량 증가, 가뭄 및 동해 발생 - 채소류는 종류에 따라 생산량 증가 또는 감소 - 난지과수(감귤, 유자, 참다래 등) 재배확대가 일반화, 현재 주작물인 온대 과수(사과, 배, 복숭아, 포도 등) 재배는 어려움 발생 - 병해풍 및 잡초 발생 증가 - 집약적으로 사육하는 가축에 대한 열 스트레스 증가
대기질	- 기후변화와 에어러솔의 피드백으로 구름 생성에 영향을 미치고 있는 기체상, 입자상 변환 과정에 매우 중요한 영향을 줌 - 중국의 사막화가 가속될 것으로 예측되면서 발원지로부터 황사의 장거리 수송에 의한 피해 예상
원예 · 임업 (산림)	- 남부 해안지역의 동백나무가 서울을 포함한 중부 내륙지역까지 생육이 가능 - 한라산 정상 부근의 고산식물 8종(눈향나무, 돌매화나무, 시로미, 들쭉나무, 구름송이풀, 구름체꽃, 구름떡꽃, 솜다리)이 멸종 가능성 제시 - 기온 2℃ 상승시 난대기후대가 중부지방까지 확대, 4℃ 상승시 남한지역 대부분이 난대기후, 남부 해안지역은 아열대기후대로 변화
해양보전 및 수산업	- 제주도를 중심으로 한 남해안 해면 상승이 두드러짐(제주도 연간 0.4~0.6cm 정도의 상승 추이를 보임) - 해수면 기온 상승은 비브리오균 등 미생물의 증식을 일으키고 해수나 해산물을 통한 질병발생의 가능성을 증대 - 한류성 어종 사라지고 열대성 어류 증가
산업 부문 총괄	- 기온 상승과 극한 기온 사건들에 의해 건강과 다양한 질병의 발병 영향으로 의료 및 의약 산업, 발전 시설, 가스와 석유 생산 산업, 보험, 부동산, 건물과 건축 산업에 영향 - 기후변화는 새로운 시장과 사업 기회 및 고객 요구의 변화 등의 긍정적 효과도 있으나 여름에 냉각을 위한 물 공급 문제와 같은 부정적 효과도 있음
보건	- 2032~2051 동안 기후변화로 인해 여름철 고온인 날 수 증가로 초과사망자 수 증가 - 오존 100ppb 증가 때마다 사망자 3-10% 증가 - 오존과 일산화탄소는 폐암의 위험을 각각 2.04, 1.46배 높임 - 기후변화에 따른 수질오염이 암, 심혈관계, 생식기계 질환을 유발
생태계	- 평균기온이 약 2℃ 상승함에 따라, 남한 저지대의 상록활엽수림과 낙엽활엽수림이 북위 40도까지 북상하고, 남해안과 서해안 식생이 아열대로 변화 - 서해에서는 냉수성 어종이 자취를 감출 것으로 예측 - 쌀 수량은 남부와 중부에서 3~4% 감소하는 반면, 북북지역에서는 증가 - 한라산 정상 부근의 고산식물 8종 지구온난화에 따라 멸종가능성 예측

관광/레저	- 눈이 내리는 기간 단축과 적설량의 감소로 인하여 눈 관련 산업(스키 관광 산업)에 부정적 영향 - 기온 상승에 따른 에너지(연료) 사용료 증가로 인한 관광비용의 증가
수자원	- 전반적으로 한강 유역이 위치해 있는 북쪽 유역들에서는 유출량이 증가하고, 남쪽에 위치한 낙동강 및 섬진강권에 위치한 유역들에서는 다소 감소할 것으로 전망 - 5대강 권역별 월별 변동성을 분석한 결과 대체적으로 가을(9월~11월)과 겨울철(12월~2월)은 유출량이 증가하고 봄철(3월~5월)과 여름철(6월~8월)에는 감소할 것으로 전망
재해	- 금강유역에 대한 홍수피해액 예측 결과 1970~2000년을 기준으로 2011~2040년에는 최고 169.1%, 2051~2080년에는 최고 291.5% 증가 - 해수면 상승으로 범람 가능 면적 약 2,643km^2(전체 면적의 1.2%), 취약지역 거주인구 125만 명 정도가 피해 예상

(환경부, 『환경백서』 2007년에서)

(2) 지구 온난화의 영향과 리스크

기온이 상승했을 때 기상이나 생태계에 어떤 영향이 나타날 것인가 하는 것은 확실하게 알 수 없다. IPCC가 발생 가능성이 높다고 평가한 영향으로서는 대략 다음과 같은 것이 있다.

■ 홍수와 고조(高潮)

지난 100년 동안에 지구의 평균기온은 0.3~0.5℃ 상승했는데 이로 인해 해수의 팽창과 빙하의 용해가 이루어져 해면의 수위는 10~25cm 상승했다고 한다. 현재로서는 영향이 크지 않으나 100년 후에 지구의 평균기온이 1.5~3.5℃ 상승한다고 하면 해면은 15~95cm 상승한다. 그러므로 표고가 낮은 나라는 국토의 대부분을 상실할 가능성이 있고 그 이외의 지역, 예컨대 나일 강 하구나 갠지스 강 하구의 방글라데시 등은 광대한 경작지를 잃고 많은 사람이 땅에서 쫓겨나게 된다. 몰디브 등 태평양의 산호초 섬들도 큰 피해를 입게 된다. 피해를 입을 가능성이 있는 인구는 9200~11800만 명으로 현재의 2배 이상이 될 것이라고 한다.

■ 건강에 미치는 영향

온난화의 진행에 따라 열대의 풍토병이 우려된다. 세계보건기구(WHO)에 의하면 동남아시아, 아프리카, 중남미를 중심으로 약 20억 명이 말라리아의 위험에 직면해 있다. 즉 연간 3~5억 명이 감염되고 150~270만 명이 사망하고 있는 것이다. 그런데 기온이 2~5℃ 상승하면 말라리아의 위험지역은 약 20% 확대되어 환자는 연간 5000~8000만 명 증가할 것이라고 한다. 평균기온이 3℃ 상승하면 현재의 온대지역이 말라리아 분포지역이 되어 우리나라도 위험지역에 들어가게 된다.

■ 식량 생산

대기 중의 이산화탄소 농도가 현재의 두 배가 되면 광합성이 활성화되어 농작물의 수확은 약 30% 증가한다. 한편 대기의 온도가 상승하여 작물의 최적온도를 초과하면 성장이 너무 빨라져 태양광을 받는 시간이 적어져 수확량이 적어진다. 그러나 벼는 개화시기에 최고기온이 36℃ 이상인 날이 계속되면 수정이 되지 않아 고온장해가 발생한다. 또 이산화탄소의 농도가 두 배가 되면 기온이 34~35℃라고 해도 고온장해를 일으킨다는 것이 증명되었다.

■ 식생(植生)

일반적으로 고등식물에 있어서 그 식생의 이동거리는 1년에 약 1km라고 하므로 온난화의 격변에 식생이 견디지 못하여 많은 식물이 사멸할 것이다. 삼림면적의 3분의 1이 고사할 것으로 예측하고 있다. 기온의 상승이 10년 동안에 0.1℃ 이하라면 생태계는 큰 혼란이 없이 적응할 것이라고 한다. 그러나 현재의 상승속도는 그것을 웃돌고 있다. 그리고 식생은 온난화에 의한 직접적인 피해만이 아니라 기온상승에 따르는 병충해의 대대적인 발생으로도 붕괴한다. 또한 식생의 피해 때 대량의 이산화탄소가 발생하여 상승적으로 온난화의 피해를 증대시킨다.

■ 수자원

온난화에 의한 영향 가운데서 크게 문제가 되는 것의 하나는 강수량의 변화와 토양의 수분량 등의 물 순환이다. 이들 변화는 농업생산에 직접 영향을 미친다. 강수량은 대기 중의 이산화탄소 농도가 현재의 두 배가 되면 지구 전체의 평균 강수량은 7.1~1.5% 증가할 것으로 예측하고 있다. 이 강수량의 증가는 지구 전체에 균등한 것이 아니라 국지적으로 증가하기 때문에 홍수나 한발이 자주 발생하기 쉽다.

미국항공우주국(NASA)의 예측에 의하면 비가 많은 지역인 적도 부근에서 우량이 더욱 증가하고 그 양쪽의 아열대에서는 우량의 변화가 적거나 반대로 감소 경향이 있다고 한다. 온대지방에서는 고위도 쪽에 강수량이 증대한다. 이와 같은 강수량의 지역적 변화는 토양의 수분량에 큰 영향을 미친다. 지구의 온난화에 의해 증발량과 유수량도 증가하기 때문에 어느 지역의 토양은 건조하고 어느 지역의 토양은 습윤해지느냐 하는 것을 정확하게 예측하기란 곤란하다.

3 지구 온난화 방지를 위한 국제적 협력

(1) 온난화 방지 논의

1992년 5월 유엔총회에서는 지구 온난화를 방지하기 위한 협약을 채택했다. 이것이 '기후변동에 관한 국제연합 기본협약'(The United Nations Framework Convention on Climate Change;UNFCCC)이고, 같은 해 6월 브라질의 리우 데자네이루에서 열린 '환경과 개발에 관한 유엔회의'(UNCED)에서 이 협약에 대한 각국의 서명이 시작되어 1994년 3월에 발효되었다. 우리나라는 1993년 12월에 세계에서 47번째로 가입했으며 2006년 11월 현재 190개국이 비준했다.

지금까지 온난화 방지를 위한 국제회의에서는 온실효과 가스의 배출 억제와 삼림의 보호 및 증대가 각국의 경제개발과 밀접하게 관계되어 있기 때문에, 그 교섭과정에서 항상 개발도상국은, 대기 중의 온실효과 가스 농도의 상승은 산업혁명 이후 선진국의 경제활동과 풍요로운 생활이 원인이므로 선진국이 그 책임을 져야 한다고 강조하면서 개발도상국도 선진국과 마찬가지로 개발의 권리를 인정받아야 한다고 주장했다. 이에 대해 선진국은 지구 온난화에 관해 경제사회 개발이 개발도상국의 우선

과제이고 '지속 가능한 개발'을 지원하기로 약속했다. 이러한 과정을 거쳐 지구 온난화 방지를 위한 첫 번째 국제적인 룰이 UNFCCO이다.

이 협약에서는 '대기 중의 온실효과 가스의 농도를 안정화시키는 것'을 궁극적인 목적으로 삼아 그러기 위한 당면과제를 결정하여 선진국만이 1990년대 말까지 이산화탄소 배출량을 1990년 수준으로 억제한다는 등 선진국에 더 많은 의무를 부과했다. 또 경제와 사회 개발, 빈곤 박멸이 최우선 과제라는 것을 원칙으로 정하여 기후의 변동으로 개발도상국이 받게 될 영향에 적절히 대응하기 위해 선진국의 자금원조나 기술이전, 인재육성 등을 행하기로 규정했다.

그러나 이 협약은 기후변동의 원인을 제거하기 위해 누가 무엇을 할 것인가 하는 것을 정한 이른바 '테두리'만을 제시한 것이었다.

(2) 교토 의정서 채택과 발효

교토 의정서 채택

1995년 3월 독일의 베를린에서 UNFCCO 체결국이 제1차회의(COP)를 개최했다. 이 회의에서는 누가(어느 나라가) 언제까지 무엇을 얼마까지 줄일 것인가 하는 것을 1997년까지 정하기로 결의했다. 이것을 '베를린 맨데이트(mandate)'라고 하며 제3차회의(COP3)에서 구체적인 방법(후의 교토 의정서)을 정하기로 체결국 사이에 합의를 보아 세계가 온난화 대책에 나서는 첫걸음이 되었다.

베를린 맨데이트에서 약속한 대로 1997년 12월에 일본의 교토에서 COP3가 열렸다. 이 회의는 회의가 연장될 정도로 각국의 격렬한 외교교섭이 전개된 끝에 결국 '교토 의정서'를 채택했다.

이산화탄소의 삭감은 각국의 에너지 수요 및 경제활동과 밀접히 관계되어 있는 문제이므로 국익을 좌우한다. 이 때문에 정치적인 쟁점이 되어 교토 의정서가 본래의 목적과는 동떨어진 외교교섭상 타협의 산물이었다는 것은 의정서의 발효가 발효될 때까지 7년을 소비하고 그 동안에 체결국 회의의 합의가 난항을 겪었다는 것만으로도 분명히 알 수 있다. 교토 의정서의 개요는 [표 4-4]와 같다.

[표 4-4] 이산화탄소 방지기술 대책

- CO_2 대책기술
  - CO_2의 방출억제
    - 에너지절감
      - 에너지의 이용효율 향상
        - 에너지의 변환, 수송, 저장효율 향상
          - 고효율 발전
          - 초전도
          - 리튬
          - 산업, 민생, 수송분야의 에너지 절약
          - 에코, 에너지 도시 시스템
      - 리사이클
    - 저탄소 연료로의 전환
      - 천연가스 이용
    - 비화석에너지 개발
      - 자연에너지
        - 태양열
        - 태양광
        - 풍력
        - 수력
        - 지열
        - 해양에너지
        - 바이오마스(폐기물 발전을 포함함)
        - 고용암체 발전
        - 우주태양광 발전
      - 원자력, 핵융합
      - 신에너지
        - 원료전지
        - 수소에너지
    - 화석연료에서 탄소제거
      - 연소 전의 탄소제거
      - 탄소연소 가스에서 CO_2 제거
        - CO_2의 고정화 유효 이용
          - 생물의 CO_2 고정화 유효 이용
          - 화학적 CO_2 고정화 유효 이용
        - CO_2의 격리
          - CO_2 지중격리
          - CO_2 해양격리
  - 대기로부터 CO_2 제거
    - 식림 ── 사막 이용
    - 해양으로의 흡수 촉진 ── 산호초 이용

■ 지연되는 교토 의정서의 발효

교토 의정서는 선진국에 대해 법적 구속력이 있는 온실효과 가스 삭감 목표를 정한 역사적인 성과를 남겼으나 그 메커니즘의 운영 룰, 온실효과 가스의 흡수원으로서의 삼림의 취급, 개발도상국에 대한 지원, 삭감 목표를 달성하지 못했을 때의 조치 등의 세부내용은 뒤로 미루어졌다. 이에 1998년 제4회 COP4가 아르헨티나의 부에노스아이레스에서 열려 2000년의 제6회 COP6 때까지 교토 의정서의 자세한 룰을 결정하기로 한 '부에노스아이레스 계획'이 채택되어 본격적인 교섭이 시작되었다.

그러나 세부적인 내용을 정하는 교섭이 난항에 부딪히고 특히 네덜란드의 헤이그에서 열린 제6회 COP6에서는 삼림의 이산화탄소 흡수량의 산정을 둘러싼 논의에서 교섭이 결렬되어 휴회라는 형식으로 회기를 끝맺고, 이듬해인 2001년 7월에 독일의 본에서 재개된 COP6에서 교도 의정서의 골격에 대해 겨우 포괄적인 합의에 도달했다.

이리하여 같은 해 모로코의 마라케시에서 개최된 제7최 COP7에서 교토 의정서의 통용 룰에 대한 최종합의가 이루어져 각국은 2002년 남아프리카의 요하네스버그에서 열린 '환경과 개발에 관한 정상회담'(WSSD)에서 의정서의 합의를 목표로 한 움직임이 가속화되었다.

이런 움직임 속에서 미국에서 정권이 교체되자 부시 대통령은 미국 정부는 교토 의정서를 비준하지 않겠다고 선언했다. 기후변동 문제는 과학적인 근거가 불확실하고 온난화 대책은 국내경제에 미치는 영향이 크다는 것이 그 이유였다. 미국은 그 대신 독자적인 대책을 세워 온실효과 가스의 배출 삭감에 착수하겠다는 것을 밝혀 세계에 큰 충격을 주었다.

교토 의정서가 발효되려면 의정서에 비준한 나라가 55개국 이상이어야 하고, 의정서에 비준한 선진국의 1990년의 이산화탄소 배출량의 합계가 선진국 전체의 55%를 초과해야 하는 것이었다. 최대의 온실효과 가스 배출국인 미국이 이탈한 것은 미국에 큰 장해가 되었으나, 미국이 없어도 의정서의 발효는 유효하므로 EU 등의 선진국은 미국의 복귀를 촉구하면서 의정서의 비준 · 발효에 박차를 가했다.

2002년 5월에는 EU 제국과 일본이 비준했지만 세계 제3위의 이산화탄소 배출국인 러시아가 비준하지 않아 실현되지 않았다. 러시아의 이산화탄소 배출량은 다른 선진국과는 달리 1990년에 비해 감소하고 있었다. 그러나 지구 온난화 대책에 합류하는 것은 장차 러시아 국내에서의 경제활동에 영향을 미칠 우려가 있다는 지적도 있었기 때문에 러시아는 신중한 태도를 취하고 있었던 것이다. 그러나 최종적으로 러시아는 2004년 11월에 비준하여 교토 의정서를 채택한 지 7년이 지난 2005년 2월에 발효를 보게 되었다.

4 온난화 방지 프로그램

(1) 온난화 방지를 위한 세계의 대응

온난화 대책을 강력하게 추진하고 있는 EU 제국에서는 탄소세의 과세나 세금부담의 경감 · 면제 등을 통한 재생 가능한 에너지의 이용 촉진, 건축물의 에너지 절약 대책, 환경 라벨을 활용한 계몽 등 여러 가지 노력을 기울여 1990년부터 2001년까지 EU 15개국의 온실효과 가스 배출량은 약 2% 경감되었다.

특히 영국과 독일 및 프랑스에서 배출량 삭감이 두드러지게 진행되고 있는데, 영국은 2001년에 '영국 기후변화 프로그램'을 발표하여 2050년까지 60%의 감축을 목표로 하고 있으며, 독일은 80% 삭감, 프랑스는 75%의 삭감에 도전하고 있다.

교토 의정서로부터 탈퇴를 선언한 미국도 2012년까지 18%의 삭감을 목표로 설정하고 온실효과 가스 삭감기술 개발을 위해 연간 50억 달러를 투자할 계획이다. 이는 주로 전기 연료 자동차의 개발, 수소 연료의 개발, 기업의 자발적 감축 목표 설정 및 대책을 지원하는 기후 리더스 프로그램, 수소 에너지 관련 기술 개발을 위한 수소경제 파트너십과 메탄가스를 회수하여 활용하는 메탄가스 파트너십 등을 주요 내용으로 하고 있다. 한편 오스트레일리아는 환경부 산하에 기후변화 전담기관인 온실청을 설립하여 국가 온실가스 전략을 수립하여 기후의 관측, 에너지 이용 등 8개 부문에 걸쳐 86개의 정책을 추진하고 있다.

일본은 교토 의정서가 채택된 1998년 6월에 일본의 지구 온난화 대책 방침을 정한

'지구 온난화 대책 추진요강' 을 마련하여 이후 온실효과 가스 배출 삭감을 추진하고 있다. 이런 움직임 속에서 1999년 4월에는 자동차, 가전제품, OA기기의 에너지 소비 효율의 개선을 추진하는 '에너지 사용의 합리화에 관한 법률' 을 개정하고 '지구 온난화 대책의 추진에 관한 법률' 을 제정했다. 그리고 민간 부문의 대책을 강화하기 위해 지구 온난화 대책 추진법의 일부를 개정하고 오피스 빌딩 등 에너지 절감 추진책 등을 내용으로 하는 에너지 절약법을 개정했으며, 전기 사업자에 대한 자연 에너지의 도입을 의무화하는 '전기 사업자에 의한 새로운 에너지 등의 이용에 관한 특별조치법' 을 재정했다.

민간기업의 차원에서도 기후변화 대응의 가속화가 이루어지고 있다. 예컨대 BP사는 'BP 대체 에너지' 라는 특별 팀을 구성하고 2006년부터 3년 동안 18억 달러를 투입하여 풍력 · 태양 등 대체 에너지 부분에 집중투자를 할 계획이다. 뒤퐁사는 2010년까지 10%의 에너지를 재생 에너지로의 대체와 전기연료 개발 등에 투자를 확대할 예정이며, CT 그룹은 향후 10년 동안에 500달러를 투입하여 기후변화에 대응할 계획을 발표하는 등 세계 각국의 기업들도 대책 마련에 적극적인 기여를 하고 있다.

(2) 온난화 방지를 위한 우리나라의 대응

앞서 보았듯이 우리나라의 이산화탄소 배출량은 세계 제10위로 지속적인 경제성장과 에너지 다소비 구조로 인해 꾸준히 증가하고 있는 실정이다. 온실효과 가스별로 보면 이산화탄소 배출량의 비중은 1990년의 83.2%에서 2004년에는 92%로 증가했고, 메탄은 1990년 이후 농경지 감소 및 폐기물 감축대책의 추진 등으로 인해 연평균 3.9%의 감소를 보이고 있으며, 비중도 1990년의 13.9%에서 2004년에는 4.3%로 크게 줄었다. 온실효과 가스 배출량은 에너지와 산업공정에서 급격히 증가하는 한편 농업과 폐기물 등의 분야에서 지속적으로 감소하고 있는 실정이다.

현재의 산업구조 추세가 그대로 이어지고 획기적인 온실효과 가스 감축 노력이 이루어지지 않는다면 2020년까지 온실효과 가스 배출량의 증가세가 계속 유지될 것으로 보인다. 만약 2010년 기준으로 이산화탄소를 10% 감축시킬 경우 대기오염 물질의 감소, 질병 및 사망률 감소, 농작물의 피해 감소 등으로 인해 51.6달러의 환경 편익이 발생할 것으로 추정된다.

이러한 전망에 따라 우리나라는 1998년에 '기후변화 협약 범정부 대책기구'에 이어 2001년 9월에는 '기후변화 협약 대책위원회'를 설치하여 종합적인 대책을 추진하고 있고, 2007년 7월부터 국무조정실에 T/F 팀을 구성하여 운영하고 있다. 특히 환경부에서는 2005~2007년간 22개 사업에 4조 4천억 원을 투입하여 온실효과 가스 배출권 거래제 도입을 위한 기반 구축, 기후변화 대응용 차세대 환경기술 개발, 하이브리드 등 저공해 자동차 보급 확대, 대기의 온실효과 가스 농도 측정, 기후변화에 따른 생태계 변화 모니터링 등을 추진하고 있다. 또한 '대기환경법' 개정을 통하여 온실효과 가스 배출계수 개발, 관리, 환경 분야의 감축 목표 설정과 관리 등 기후변화에 대응하기 위한 제도적 기반을 마련했다. 한편 2002년부터는 지방자치단체의 온실효과 가스 감축을 위하여 해마다 지방 설명회를 개최하고 있으며, 2005년부터는 지방자치단체의 온실효과 가스 감축대책 참여를 유도하기 위해 지방자치단체의 온실효과 가스 감축 시범사업을 지원하고 있다.

그리고 국내의 산업계에서도 2001년에 대한상공회의소가 주축이 되어 주요 관련업종의 기업과 연구기관, 학계, 전문가들로 이루어진 '산업계 기후변화협약 대책반'을 설치하여 운영하고 있고, 기후변화협약에 대한 대응이 활발한 대기업을 중심으로 석유 에너지 사용의 최소화를 위한 설비투자와 공정의 개선, 대체연료 사용을 추진하고 있으며 업종별 고효율 기기 및 신규설비 투자, 대체원료의 증대, 운영 효율 개선을 통해 온실효과 가스 감축을 위한 노력에 경주하고 있다.

제5장

오존층의 파괴

1. 오존과 오존층

(1) 오존의 생성

(2) 오존층의 탄생

2. 오존층 파괴의 영향

(1) 오존층의 파괴와 오존홀

(2) 오존홀과 지구환경

3. 프레온과 오존층 파괴

(1) 프레온은 꿈의 물질

(2) 프레온의 안전성과 오존층 파괴

(3) 프레온 이외의 오존층 파괴물질

4. 오존층 보호 대책

(1) 비엔나협약과 몬트리올 의정서

(2) 대체 프레온과 그 영향

(3) 프레온의 회수

1 오존과 오존층

(1) 오존의 생성

오존(O_3)이란 명칭은 그리스어의 냄새라는 의미에서 유래한 것으로 3개의 산소원자가 삼각형 모양으로 결합한 분자이다. 우리 생물이 호흡하는 산소(O_2)도 산소원자로 구성되어 있으나 이것은 2개의 산소원자가 결합된 것으로 오존과 산소의 주된 성질은 [표 5-1]과 같다. 오존은 담청색의 기체로서 예컨대 복사기의 내부나 저압 수은등(보라색 빛이 나오는 살균등 등)에서는 산소로부터 오존이 만들어지기 때문에 오존의 냄새를 맡을 수 있다. 오존의 화학적인 성질로는 강한 산화작용이 있고 표백 · 살균 · 탈취 등의 작용을 한다. 또 오존은 생물에 유해한 자외선 등을 흡수하여 지구상의 생물을 보호해 주는 기체로 생각하기 쉬우나 실은 비교적 독성이 강하다.

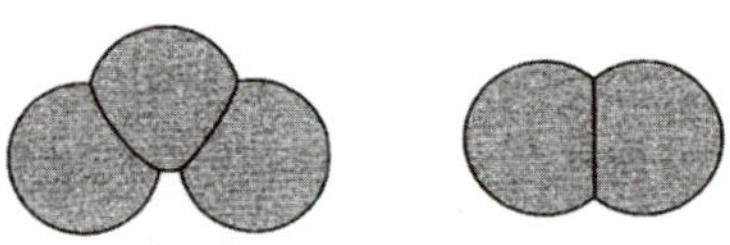

[그림 5-1] 오존과 산소

[표 5-1] 산소와 오존의 성질

	산소(O_2)	오존(O_3)
구성하는 산소원자의 수	2개	3개
분자량	32	48
색, 냄새	무색, 무취	담청색, 특유한 냄새
불점(대기압)	-183℃	-112℃
물에의 용해량(0℃ 대기압)	1.6mg/L	23.5g/L
반응성(산화력)	아주 큼	
빛의 흡수	자외선 중에서 특히 에너지의 높은 빛(파장 240nm 이하)	가시광선과 자외선을 넓게 흡수

[표 5-2] 대기 중의 오존이 생물에 미치는 영향

농도(ppm)	영향
0.01	냄새를 느끼기 시작(익숙해짐), 독성은 없음
0.1	분명히 냄새가 있고 코와 인후에 자극을 느낌
0.2~0.5	3~6시간에 시각 저하
0.5	분명히 상부기도에 자극을 느낌
1~2	2시간이면 두통과 상부기도에 기침이 남, 거듭 흡수하면 만성중독이 됨
5~10	맥박 증가, 몸의 통증, 마취 증상이 일어나고 계속되면 폐수종이 됨
15~20	작은 동물은 2시간 이내에 사망
50	인간은 1시간 안에 생명 위험

지구 부근의 오존 농도는 장소에 따라 다르지만 보통 0.1~0.05ppm이 존재하고 있다. 오존은 0.01ppm 정도이면 냄새가 나기 시작하고 0.1ppm이 되면 냄새를 확실하게 알 수 있게 되어 코나 인후에 자극을 느끼게 된다. 그리고 50ppm을 초과하면 1시간 안에 생명이 위험해진다[표 5-2].

오존은 복사기에서 발생하는 경우도 있고 광화학 스모그로 발생하는 경우도 있는데 산소원자와 산소분자가 결합하는 반응으로 인해 생성된다.

$$O + O_2 \rightarrow O_3$$

산소원자는 일반적으로 단독으로는 존재하지 않지만 안정된 분자에 빛 등의 에너지가 주어지면 발생하게 된다. 그렇다면 오존층의 오존은 어떻게 해서 생기게 되는 것일까? 성층권에는 지표와는 달리 자외선이 풍부하게 존재한다. 그 중에서 파장이 240nm(1nm는 10억 분의 1m) 이하인, 특히 에너지가 높은 자외선이 산소분자에 닿으면 2개의 산소원자가 생겨 이것이 주위에 많이 있는 산소분자와 결합하여 오존이 생기게 된다.

$$O_2 \rightarrow O + O$$
$$O + O_2 \rightarrow O_3$$

오존은 파장이 320nm 이하인 자외선을 성층권에서 흡수하여 지표의 생물을 유해한 자외선으로부터 보호하지만, 자외선을 흡수한 산소원자와 산소분자로 나누어진다. 그러나 이 산소원자가 다시 주위에 많이 있는 산소분자와 곧바로 결합하여 오존을 재생하고 다시 자외선을 흡수할 수 있게 된다.

$O_3 \rightarrow O + O_2$

$O + O_2 \rightarrow O_3$

이와 같이 오존은 자외선을 흡수하면서 분해와 재생을 반복하여 유해한 자외선을 오존층으로부터 지표 쪽으로 통과시키려 하지 않고 있다. 그런데 이대로는 오존이나 산소분자의 분해로 생긴 산소원자가 오존층에 부딪쳐 2개의 산소가 생긴다.

$O + O_3 \rightarrow O_2 + O_2$

이러한 반응에 의해 오존은 조금씩 소실되어 나간다. 이와 같은 과정에 의해 오존의 생성과 소멸이 균형을 이루어 오존의 농도는 일정하게 유지된다. 그러나 오늘날은 프레온 등으로 인해 생기는 염소원자에 의해 붕괴되기 시작하고 있다.

(2) 오존층의 탄생

지구가 탄생했을 무렵의 대기는 물(수증기)과 이산화탄소가 주성분이고 오존은커녕 산소도 존재하지 않았다. 그 대기가 바탕이 되어 지구가 진화해 나가는 과정에서 현재와 같은 대기가 만들어졌다.

지구상에 생명이 등장한 것은 약 38억 년 전이라고도 한다. 태양으로부터의 많은 자외선에 의해 지표에서는 생물이 살지 못하고 유해한 태양 자외선으로부터 보호해 주는 수중에서 생명이 탄생된 것으로 추측된다. 태양 자외선의 영향을 받지 않기 위해서는 수중 10m 정도가 필요했으며 여기에서 광합성이 행해지는 녹색생물이 태어났다. 그 광합성에 의해 만들어진 산소가 조금씩 대기에 스며들어 대기 중의 산소량이 현재의 10분의 1 정도 늘어나자 생물이 번식할 수 있는 범위가 수심 10m까지 퍼져 광합성을 행하는 녹색생물이 나타났다.

그 후에도 대기 중의 산소량은 계속 늘어나 현재의 10분의 1 정도에 이르렀을 때 오존층이 만들어졌다. 지구 전체에 오존층이 만들어진 것은 약 4억 5천 년 전으로서 이것으로 인해 지표에 쏟아지고 있던 자외선이 감소하여 약 4억 년 전에는 식물이 육상으로 진출했다. 그리고 육상의 녹색식물이 존재하게 됨에 따라 광합성으로 만들어진 산소는 모두 대기 중으로 방출되어 대기 중의 산소가 급속히 증가하고 이와 함께 오존층의 두께도 두꺼워져 생물이 생활하기에 알맞은 현재의 지구환경이 형성되었다.

공기 중의 산소나 오존은 생산과 소비의 균형 위에서 유지되고 있다. 현재 문제가 되고 있는 것은 생산과 소비의 균형을 위협하기 시작한, 인간 활동과 관련된 오존층의 파괴이다.

그러면 오존층이란 무엇일까. 대기권은 그 온도에 따라 대류권, 성층권, 중간권, 열권의 넷으로 크게 분류되어 있다([그림 5-2]). 지표 부근(대류권)에서 오존은 0.01ppm 정도이지만 지표에서 멀어질수록 일단은 감소되었다가 차차 많아져서 25km 부근에서 최대가 되어 지표의 약 5배에 달한다. 이 경우 약 15km에서 50km 부근의 오존 농도가 높은 부분을 오존층이라 부른다.

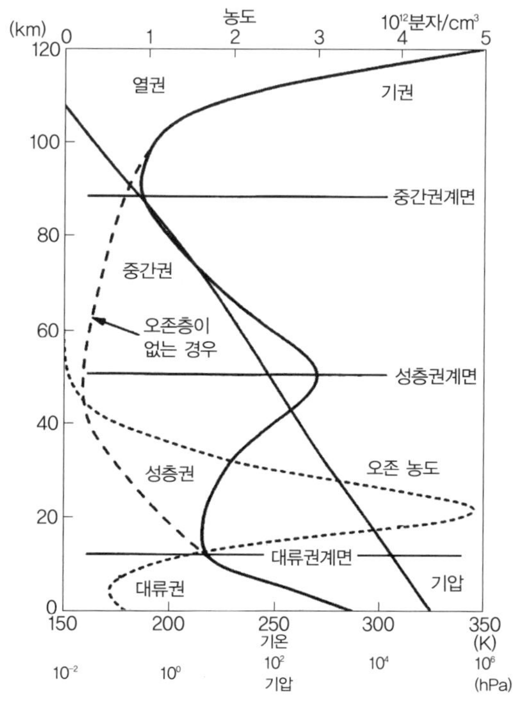

[그림 5-2] 오존의 농도와 대기온도의 변화

오존층의 오존 농도가 지표의 5배 정도라면 별로 많지 않은 것처럼 생각되지만 지표에서 멀어질수록 대기가 희박해지기 때문에(25분의 1 정도) 오존층 중에서 대기의 성분 전체에 점하는 오존의 비율은 지표의 100배 정도인 5ppm 전후가 되고 있다.

지표로부터 대기의 상단(열권)까지 존재하는 기체 모두를 지표와 같은 1기압으로 환산하면 대기의 두께는 약 10km가 된다. 그 가운데서 오존이 차지하는 두께는 3mm 가량이다. 오존은 전체 대기 중 100만 분의 3 정도밖에 존재하지 않으나 지구의 생명을 지키는 중요한 역할을 담당하고 있다.

여담이지만 산소의 분자나 오존이 자외선을 흡수하거나 산소의 원자와 산소의 분자에서 오존을 생성할 때는 열이 발생한다. 그렇다면 만약 오존층이 없어져 오존층이 감소하면 성층권의 온도도 내려가게 되어 지구 전체적인 규모에서 기후변화가 일어날지 모른다.

2 오존층 파괴의 영향

(1) 오존층의 파괴와 오존홀

오존층은 태양광선에 함유된 유해한 자외선을 흡수하는 역할을 하고 있다. 그런데 다음 절에서 말할 프레온이란 물질로 인해 오존층이 파괴된다는 것을 1970년 중반에 미국의 과학자가 지적했다. 프레온은 우리가 생활하는 대류권에서는 매우 안정된 물질이지만 성층권에 도달하면 강한 자외선으로 인해 염소를 방출하고 이것이 촉매가 되어 오존층을 파괴한다. 이대로 오존층의 파괴가 지속되면 자외선이 오존층에서 충분히 흡수되지 않고 지표에 도달하게 되므로 인간을 포함한 생물 전체가 기후변동에 영향을 받을 우려가 있다.

오존층 중의 오존이 감소됨에 따라 오존의 농도가 저하하고 특히 극단적으로 농도 저하가 일어난 곳에서는 마치 구멍이 뚫린 듯한 영역(220 DU. 오존층은 0℃에서 1기압의 상태로 했을 때 1mm를 100 DU라고 정의한다.)이 생겼다. 이것을 오존홀이라고 한다. 오존홀은 영국의 남극연구소가 1977년에 발견했으나 믿을 수 없는 현상이어서 발표를 미루다가 1983년에야 비로소 공식적으로 확인되었다. 그 후 매년 9월부터 11월경에 남극의 상공에서 관찰되고 있다. 이 시기는 남극에서 봄에 해당하며 태양광선이 비추기 시작할 무렵부터 오존층 파괴가 활발하게 일어나 오존홀을 생성하게 된다고 여겨지고 있다(그림 [5-3])

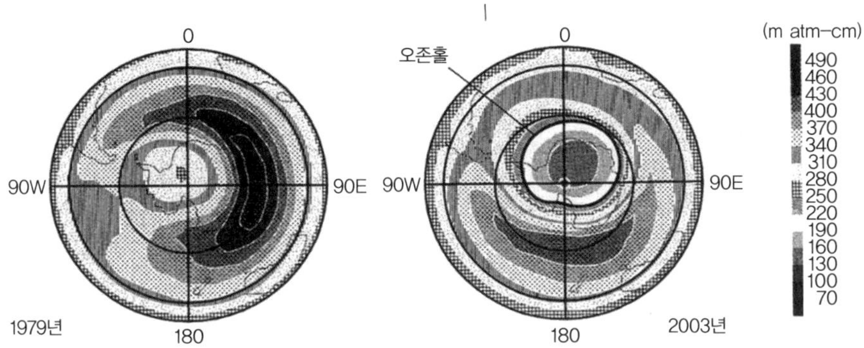

[그림 5-3] 남극 상공의 오존홀(2003년 10월)

오존홀의 면적은 1980년대 전반에 급격히 증가하기 시작하고 그 후에도 서서히 확대되고 있다([그림 5-4]). 2000년에는 최대 규모의 오존홀이 관측되어 화제가 되었다. 장기적으로 보면 지구 전체적인 규모(열대지역 제외)에서 오존량이 감소되는 경향이 있고 고위도일수록 그런 경향이 강하다. 북극 상공에서도 감소 경향이 확인되었는데 1997년 대규모적인 오존층 감소가 캐나다 일부 지역과 시베리아 상공에서 관측되었다.

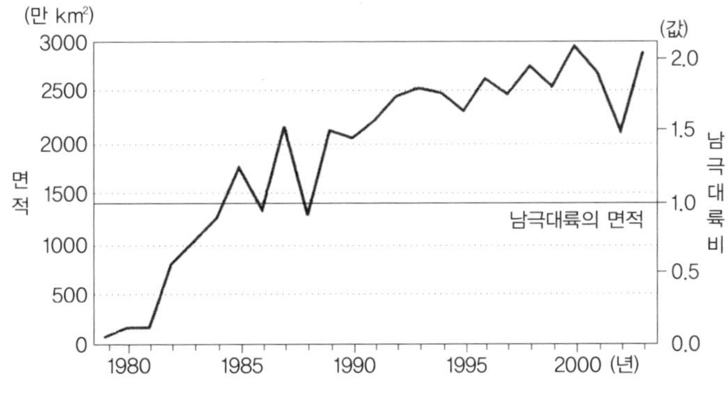

[그림 5-4] 오존홀의 면적 변화

(2) 오존홀과 지구환경

■ 자외선의 증가

지구에 도달하는 자외선의 양은 오존량의 감소에 의해 증가하고 있다. 특히 이 자외선 문제는 오존홀이 확대되고 있는 남반구에서 심각한 문제로 대두되고 있다. 이 지역에서는 1980년대 전반에 비해 자외선의 양이 6~14% 증가했다는 보고도 있다.

자외선은 생물에게 미치는 영향에 따라 크게 세 종류로 분류하고 있다. 자외선 A(파장 380~320nm)는 태양광선 중에 약 15%의 비율로 함유되어 있고 지상에 많이 도달하고 있다. 또 뼈의 성장을 촉진시키는 데 필요한 자외선 B(파장 320~280nm)는 원래 오존층을 통과하는 동안에 흡수되므로 거의 지상에 도달하지 않는 자외선이다. 그리고 자외선 C(파장 280~200nm)는 지상 40km 상공에서 흡수되어 지상에는 전혀 도달하지 않는다(nm는 10억 분의 1m).

그런데 오존층이 감소하면 지상에 도달하는 자외선 B가 증가하게 된다([그림 5-5]). 자외선 B는 동식물의 발육을 방해하는 등 생태계에 영향을 끼치고 인체에 대해서도 피부암이나 백내장과 같은 질병을 발생시키거나 면역기능을 저하시키며 DNA에 영향을 준다. 실제로 오스트레일리아 보건연구소의 발표에 따르면 과거 7년 동안에 피부암 발생률이 두 배가 되었다고 한다. 자외선에 의한 암 발생에는 오랜 시일이 걸리므로 오존의 감소가 직접적인 원인이라고는 생각할 수 없으나 장차 불안의 중요한 요인이 될 수 있다. 유엔환경계획(UNEF)의 보고에 의하면 오존의 10% 감소가 장기간 계속되면 피부암의 발생이 26% 증가하고 백내장으로 인한 실명자가 매년 160~175만 명 늘어날 것이라 추정하고 있다.

유전자의 본체인 DNA는 자외선 C를 잘 흡수한다. DNA가 260nm 부근인 자외선을 쬐면 DNA와 같은 고리 위에 인접한 피리미딘(DNA를 구성하는 시토신과 티민을 총칭하여 피리미딘 염기라고 한다)끼리 결합하는데, 특히 티민끼리 결합하기 쉽고 여기서 생성된 것을 티민 2량체라고 한다. 티민 2량체의 형성이 자외선에 의한 돌연변이나 치사작용의 중요한 원인이라는 것은 이 2량체를 제거하면 돌연변이의 발생과 치사현상이 없어진다는 것으로도 증명이 된다. 피리미딘 2량체는 DNA의 복제나 전사의 장해가 되므로 자외선에 의한 세포치사의 중요한 원인이 된다.

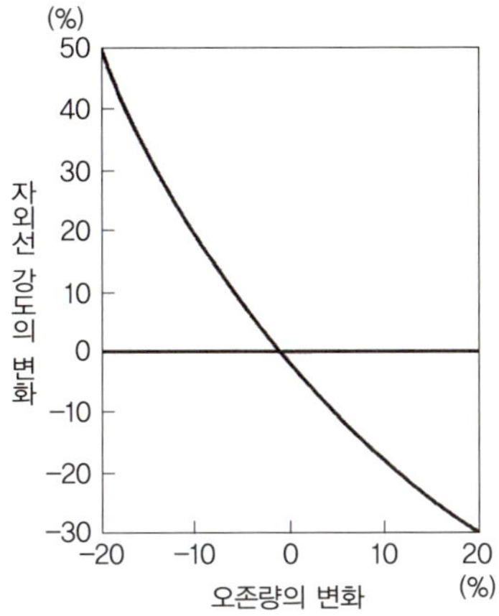

[그림 5-5] 오존의 농도와 B자외선의 강도

한편 DNA와 함께 생물에게 중요한 물질인 단백질은 275nm 부근의 자외선을 잘 흡수한다. 그 결과 단백질의 1차 구조(아미노산 배열)에는 변화가 일어나지 않으나 2차, 3차 구조에서는 불가역적인 변화가 일어나 단백질의 성질이 변한다. 이 때문에 DNA, RNA, 산소 등의 화학구조와 기능에도 변화를 일으켜 생체의 생리작용이 정상 상태를 유지할 수 없게 만든다. 이러한 유전적 · 생리적인 기능은 대장균 등 여러 가지 미생물을 통해 확인되고 있다.

■ 자외선이 생태계에 미치는 영향

앞으로 자외선 증가의 영향은 전 지구적인 규모로 확대될 것이다. 얕은 해역에는 동식물 플랑크톤이 서식하고 있어 이들이 해양 생태계의 베이스가 되고 있는데 유해한 플랑크톤의 증가는 그 플랑크톤에 치명적인 타격을 줄 것이 예상되고 있다. 그리고 플랑크톤을 포함한 해양생물은 해마다 100억 톤 규모로 탄소를 고정시키고 있으므로 자외선 양의 증가는 이산화탄소의 생물화학 사이클에 타격을 주어 지구 온난화를 가속화시킬 가능성이 있다.

또 곡물 등의 농업 생산량에도 큰 영향을 미칠 것이다. 유해한 자외선이 증가하면 성장이 억제되고 광합성의 양이 저하된다는 것이 실험결과 밝혀지고 있다. 그리고 유해한 자외선이 증가하면 대기 중의 이산화질소 등과 반응하여 광합성 스모그 등도 증가할 우려가 있다. 이밖에도 자외선이 많아지면 플라스틱 등이 영향을 입어 커튼이나 가구 등의 변색과 탈색이 진행되는 등 생활에 대한 영향도 있을 것이다. 그리고 오존층의 파괴는 지구적 규모로 기후에 영향을 준다. 예컨대 국지적인 호우, 태풍의 대형화, 한발 등과의 연관을 생각할 수 있다.

어느 나라에서 배출된 프레온이건 오존층 파괴의 영향은 마찬가지여서 그 피해는 세계 전체에 미친다. 국경을 초월한 환경문제라는 것이 오존층 파괴의 큰 특징이라 할 수 있을 것이다.

3 프레온과 오존층 파괴

(1) 프레온은 꿈의 물질

우리가 흔히 프레온이라 부르는 기체는 1928년에 미국의 GM사가 가정용 냉장고의 냉매(冷媒)로 개발한 인위적인 화학물질로 정식 명칭은 풀루오로카본(불소화 탄화수소 : CFC)이다. 종래에는 냉매로 암모니아나 이황화탄소를 사용하고 있었지만 부식성과 독성석이 강했는데 1931년부터는 프레온－11과 프레온－12를 뒤퐁사에서 생산을 개시하여 1950년대부터 이용범위를 확대했다.

프레온은 무수히 많은 종류를 합성할 수 있으나 공업적으로 생산하여 널리 응용할 수 있는 것은 20여 종류이다. 이들은 프레온－11, 프레온－12, 프레온－13과 같이 번호를 붙여 구별한다. 이 숫자에서 1의 자리는 불소의 수, 10의 자리는 수소의 수 플러스 1, 100의 자리는 탄소의 수 마이너스 1을 의미한다. 따라서 메탄(CH_4) 계열의 프레온은 100 자리의 수가 제로이므로 두 자릿수로 나타내고, 에탄(C_2H_6) 계열은 100 자리의 수가 1이 되므로 세 자릿수로 나타낸다.

프레온은 저렴하고 화학적으로 안정되어 있기 때문에 '꿈의 물질' '기적의 화학물질'이라 불리며 20세기에 인간이 합성한 많은 물질 중에서 최고의 화합물이라는 칭송을 들었다. 지상에 도달한 자외선에도 분해되지 않고 휘발성이고 또 불연성(不燃性)이다. 또 금속을 부식시키지 않으며 무미 무취하고 물에 잘 녹아 유기물에 대한 용해성이 높다. 그리고 인체에 대한 독성이 매우 낮고 압력에 따라 기화와 액화를 되풀이하며 기름에 잘 녹는 뛰어난 성질을 가지고 있다. 냉장고나 에어컨디셔너의 냉매, 스프레이 등의 분사제, 쿠션이나 우레탄의 발포제, 정밀부품과 반도체 등의 세정제로도 널리 쓰였다. 그 밖에도 소화제(할론)이나 건축물의 단열재, 토양의 살충과 살균용으로도 사용되었다([표 5-3])

[표 5-3] 용도별로 본 프레온과 그 특징

용도	구체적인 사용 예와 프레온의 종류		특징
냉매	빌딩 에어컨 업무용 에어컨 카 에어컨 가정용 냉장고 가정용 에어컨	CFC-11 CFC115/22 (R_5O_2) HCFC-22 HCFC-22 CFC-12 CFC-12 CFC115/22 (R_5O_2) HCFC-22	액화하기 쉽고 기화열이 커서 파이프 등을 손상시키지 않는다. 인체에는 안전
발포제	쿠션제 냉장고 등의 단열재 포장재, 완충재	CFC-11 CFC-11 CFC-12 CFC-12 CFC-114	불연속이고 저온에서 기화하기 쉽다. 열전도율이 낮은점을 이용
세정제	전자부품의 세정 기계부품의 세정	CFC-113	기름성분은 떨어뜨릴 수 있고 (그러나 플라스틱은 녹지 않음) 비중이 물보다 무겁다.
분사제	에어졸 분사제	CFC-11 CFC-12 CFC-114	작은 입자가 만들어져 입자가 부착하면 프레온은 빨리 기화한다.

(2) 프레온의 안전성과 오존층 파괴

그런데 당초에는 예상도 하지 못했던 사실이 1980년대에 밝혀졌다. 그것은 지상에서 사용한 프레온이 대기권으로 상승해서 성층권에 도달하여 오존층을 파괴하는 중요한 원인이 된다는 사실이었다. 좀더 정확히 말하면 1974년에 논문이 발표되었으나 대기권에 있어서 오존의 반응성에 대한 연구가 부족했기 때문에 오존홀이 관측될 때까지 논의가 계속되었다. 그 원인물질로서는 예컨대 프레온-11, 프레온-12, 프레온-113, 트리클로로에탄 등을 열거할 수 있다.

프레온이 대기 중에 축적된다고 해도 프레온의 농도 단위는 ppt(1조 분의 1)이다. 프레온-12의 농도가 400ppt, 즉 0.4ppb(ppb는 10억 분의 1) 정도이고 그 밖의 유해한 염소 계열의 것을 모두 합쳐도 3ppb 가량일 것이다. 이를테면 50m인 풀(길이 50m, 폭 20m, 깊이 1m)에 잉크를 3ml 정도 떨어뜨려 그것이 풀 전체에 퍼지는 정도의 농도이다. 이 농도로 대량의 오존을 파괴하는 셈이다.

프레온이나 할론(할로겐 계열의 브롬원소를 함유한 가스)이 대기 중에 방출되면 화학적으로 안전하기 때문에 대류권에서는 거의 분해되지 않고 오존층을 포함하는 성층권까지 도달한다(대기 중의 오존은 약 90%가 성층권에 있다). 그리고 성층권에 도달한 프레온이나 할론은 자외선을 흡수하여 분자 안의 C-CL 또는 C-Br 결합이 절단하는 광해난(光解難) 분해를 일으켜 염소원자를 방출한다. 이 염소원자가 촉매 역할을 하여 연쇄적으로 오존을 분해하는 것이다.

이때 1개의 염소원자가 수만 개의 오존분자를 파괴하는 경우도 있다[그림 5-6]). 그 결과 대기 중에 있는 오존의 분해 및 생성의 균형을 무너뜨려 오존층의 감소가 시작된다.

$O_2 + O \rightarrow O_3$ (오존)

$CCl_3F \xrightarrow{\text{자외선}} CCl_2F \rightarrow Cl$
(CFC-11)

$O_3 + Cl \rightarrow ClO + O_2$ (일산화염소)

염소원자는 오존을 연쇄반응적으로 파괴
(고도 40km : 상부 성층권)

$ClO + O \rightarrow Cl + O_2$

정지반응
$ClO + NO_2 + M \rightarrow ClONO_2 + M$
(염화질산은염) (M은 에너지를 받아 넘기는 화학용어)
$Cl + CH_4 \rightarrow HCl + CH_3$

(~~~ 의 물질이 반응성 염소화합물의 리서버 물질로 작용)

[그림 5-6] 오존의 분해 사이클

대기 중에 많이 함유되어 있는 오존층 파괴물질에는 CFC, HCFC(수소를 함유한 CCF인 하이드로클로로르플루오로카본) 등이 있다. 이들은 대기권에서의 수명이나 광분해되는 고도, 분해에 의해 생기는 할로겐의 수나 종류에 따라 오존층에 대한 영향이 결정된다. 일반적으로 대기권에서의 수명은 불소의 수가 많을수록 길고 수소를 포함하는 것은 짧은 경향이 있다.

현재 오존을 파괴하고 있는 프레온은 약 15년 전에 대기권으로 방출된 것이라고 생각된다. 그것은 지금까지 방출된 총량의 약 10%에 지나지 않는다. 현재의 시점에서 프레온의 방출을 완전히 멈춘다 해도 지금까지 방출된 프레온이 앞으로 수십 년 동안에 걸쳐 잇따라 오존층을 파괴해 나가게 된다. 게다가 프레온은 지구 온난화를 촉진하는 온실효과 가스의 하나이기도 하다.

(3) 프레온 이외의 오존층 파괴물질

오존층 파괴물질인 CFC는 1980년대에 규제를 받게 되고 그 대신 수소원자를 함유하는 HCFC 등의 물질을 사용하게 되었다. 수소를 함유하는 프레온이 대기 중으로 방출되면 성층권에 도달하기 전에 OH 래디컬 등의 반응으로 차차 분해되어 마지막에는 이산화탄소, 염소, 불소로 분해되므로 CFC에 비해 오존층의 파괴력이 적어진다고 생각되기 때문이다. CFC의 규제로 1990년대부터는 CFC-12의 대기 중 농도가 북반구에서는 그다지 증가하지 않은 반면에 HCFC 농도는 아직도 증가하는 경향이 있다. 트리클로로에탄은 대기 중에서의 수명이 비교적 짧고 사용의 규제와 함께 농도가 감소되고 있다.

그러나 HCFC 등은 CFC 정도는 아니라고 해도 역시 오존층을 파괴한다. 특히 성층권에서의 HCFC 농도는 증가하고 있기 때문에 이것도 규제 대상이 되어 수소는 함유했으나 염소를 함유하지 않은 HFC(하이드로플루오로카본) 등이 개발되어 대체 프레온이라 불리고 있다. 그러나 이 HFC는 오존층을 파괴하지 않으나 강력한 지구 온난화 물질을 가지고 있으므로 사용의 억제가 진행되어 현재는 논프레온(프레온 계열이 아니고 온난화에도 영향이 없는 물질인 이소부탄 등)이 사용되기에 이르렀다.

4 오존층 보호 대책

(1) 비엔나협약과 몬트리올 의정서

유엔환경계획(UNEF)은 1977년에 오존층 문제 자문위원회를 발족시켜 이듬해 '오존층에 관한 세계 행동계획'을 채택했다. 이에 따라 오존층 보호를 목적으로 하는 '오존층 보호를 위한 비엔나협약'을 성립시키고 오존층에 관한 연구, 조직적 관찰, 법률, 과학 및 기술 협력 등을 결정했다. 2004년 현재 189개국 및 EU가 여기에 비준하고 우리나라는 1992년에 비준했다. 협약의 개요는 다음과 같다.

① 오존층의 변화로 생기는 악영향으로부터 인간의 건강 및 환경을 보호하기 위한 적절한 조치를 취한다.

② 연구 및 조직적 관측 등에 협력한다.

③ 법률, 과학, 기술 등에 관한 정보를 교환한다.

비엔나 협약에서는 오존층의 연구와 보호, 국제적 협력 등 일반적인 의무와 기본원칙 등이 정해져 있을 뿐이어서 프레온 등 오존층 파괴 물질의 구체적인 삭감 계획을 명시하기 위해 마련한 것이 '오존층 파괴물질에 관한 몬트리올 의정서'이다. 1987년 캐나다의 몬트리올에서 열린 회의에서 채택하고 1989년 1월에 발효한 이 의정서에서는 5종의 특정 프레온과 3종의 할론의 생산 및 소비의 삭감에 합의했다.

그러나 오존층에 있어서 오존의 감소가 예상보다 급속히 진전되어 의정서의 내용으로는 불충분했기 때문에 1990년과 1992년에 의정서 협약국 회의를 열어 규제물질 삭감계획을 앞당기고 규제물질의 추가 등을 결의했으며, 1995년의 협약국 회의에서는 삭감계획을 다시 강화하는 한편 개발도상국에 대해서도 오존층 파괴물질의 삭감계획을 성정했다. 현재는 모든 오존층 파괴물질의 생산과 소비가 전폐되기에 이르렀다.

이상과 같은 빈 조약과 몬트리올 의정서의 채택에 따라 우리나라에서도 1991년에 '오존층 보호를 위한 특별물질의 제조 규제 등에 관한 법률'(약칭 오존법)을 제정하고 1999년에 일부를 개정했다. 그 개략은 다음과 같다.

① 특정물질(프레온, 할론 등) 종류마다 생산량과 소비량의 기준한도 등을 정한 기본사항 공표.

② 특정물질 제조자에 대한 제조 허가
③ 특정물질 수출에 관한 신고
④ 사용 사업자에 대한 특별물질 배출억제, 사용 합리화 의무
⑥ 특정물질의 배출억제 또는 사용 합리화를 도모하기 위한 지침의 책정, 공표
⑥ 특정물질을 대체할 물질의 개발촉진에 대한 원조
⑦ 오존층의 상황 등에 대한 관측과 감시
⑧ 오존층에 관한 조사 연구 추진

(2) 대체 프레온과 그 영향

오존층 파괴물질을 전부 폐지했다고 하여 프레온 등의 문제가 모두 해결된 것은 아니다. 프레온은 사실상 우리 생활과 밀접한 필요 불가결한 것이어서 우레탄이나 폴리에틸렌의 발포제, 전자부품의 세정제, 드라이클리닝용 용제, 냉장고나 자동차 및 빌딩 등의 냉매로 널리 이용되어 왔기 때문에 프레온을 대체할 물질이 필요하게 되었다.

대체 프레온으로서 HFC 등이 개발되었다. 이들 제2세대 프레온은 프레온 분자 중 염소의 일부 또는 전부를 수소로 바꾸어 놓은 것이므로 오존에 대한 파괴력이 약하거나 혹은 전혀 파괴하지 않는다. 따라서 이들은 과도적인 대체 프레온의 역할을 담당하고 있다. 그러나 HFC 등의 대체 프레온도 이산화탄소의 수천 배 내지 1만 배 이상의 온난화 물질이라는 것이 밝혀져 지구 온난화 방지 교토 회의에서 삭감대상이 되고 말았다.

결국 대체 프레온 등 프레온과 유사한 구조와 성질을 가진 물질은 모두 오존층을 파괴하거나 지구 온난화를 유발한다는 것이 판명되어 지구 환경에 있어서 악의 존재가 됨으로써 전부 폐지하기에 이르렀다. 이에 프레온을 대신할 것으로서 물, 공기, 탄화수소, 암모니아와 같은 보다더 친환경적인 물질을 이용한 기술이 검토되고 있다.

(3) 프레온의 회수

프레온의 제조나 새로운 이용은 금지되었으나 현재 실제로 사용하고 있는 프레온류에 대해서도 생각할 필요가 있다.

냉장고와 냉동고, 가정용 · 자동차용 에어컨디셔너 등 가운데서 약간 오래 된 것은 프레온이나 대체 프레온이 쓰이고 있기 때문에 이들의 냉매 등을 대기 중에 방출하는 것을 피할 필요가 있다. 이에 프레온류의 회수와 회수된 것을 파괴할 시스템이 필요하다.

우리나라는 앞서 보았듯이 프레온이 대기에 방출되는 것을 금지하고 기기를 폐기할 때는 적정한 회수 및 파괴처리 등을 의무화한 '오존층 보호를 위한 특정물질의 제조규제 등에 관한 법률'을 제정했다. 이에 따라 각종 제품에 존재하고 있는 프레온이나 대체 프레온의 처분방법도 제약을 받게 되었다.

이러한 규제 내지 제약은 지금까지 쾌적하게 살아온 대가라고도 할 수 있다. 어쨌든 그 정도의 불편은 감수하고라도 제품을 버리거나 폐기하는 일을 생각할 필요가 있다. 제품을 만들거나 사용하는 데에는 돈과 자금이 필요하지만 그것을 버리거나 폐기하여 최종적으로는 지구환경을 되돌리지 않으면 안 된다. 그러기 위해서는 자금이 필요하다는 것을 실감할 필요가 있다. 따라서 앞으로는 하나의 제품을 이용할 때 원료를 사용하기 시작하여 지구환경에 되돌릴 때까지 한 제품의 라이프사이클을 고려할 필요가 있다.

제6장

대기오염과 산성비 및 기타

1 대기오염의 뜻과 내력

(1) 대기오염이란

대기를 조성하고 있는 물질의 비율은 대체로 질소가 78%, 산소가 21%, 아르곤이 0.93%, 이산화탄소가 0.03%이고 그 밖에 미량의 일산화탄소, 메탄, 헬륨, 일산화질소, 수소, 크세논, 오존 등이 있다. 그런데 옥외의 대기가 이와 같은 자연적인 조성 비율을 유지하지 못하고 인위적 또는 자연적으로 방출된 오염물질이 과대하게 존재하게 됨으로써 대기의 성분이 변하고 악화되어 인간과 동식물의 생존에 나쁜 영향을 미치는 상태가 될 때 이것을 대기오염이라고 한다.

우리나라에서는 대기오염의 정의를 명확히 내리지 않고 있으나 1990년에 제정한 '대기환경보전법' 에 따르면 '대기오염으로 인한 국민의 건강 및 환경상의 위해를 예방하며 대기환경을 조절하여 관리 · 보전함으로써 국민이 건강하고 쾌적한 환경에서 생활할 수 있게 한다.' 고 밝히고, 대기오염 물질, 가스, 미세먼지, 매연, 검댕, 악취, 특정 대기물질 등 61종을 대기오염 물질로 지정하고 있다. 한편 세계보건기구(WHO)의 정의에 의하면 대기오염은 '대기 중에 인위적으로 배출된 오염물질이 한 가지 또는 그 이상 존재하여 오염물질의 양과 농도 및 지속시간이 지역주민에게 불쾌감을 주거나 해당지역의 공중보건에 위해를 끼치고 인간과 동식물의 활동에 해를 주어 그 생활과 재산을 향유할 정당한 권리를 방해하는' 것이라고 규정하고 있다.

대기오염의 원인은 두 가지로 나누어 생각할 수 있다. 즉 공장 가동, 교통운수의 활동 등으로 인해 생기는 인위적인 원인과 화산 폭발로 인한 연기와 화산재 등 자연적인 원인이 그것이다. 인위적인 오염물질은 연료의 연소, 원자력을 이용한 핵에너지의 발생, 화학반응과 물리적 공정 및 자동차 · 항공기 등의 이동성 오염원에서 발생하고 배출된다. 그러나 가장 주된 원인은 연료를 태울 때 발생하는 여러 가지 오염물질에 의한 것이다. 그 중에서도 황산화물, 질소화합물, 일산화탄소, 탄산가스 등이 큰 비율을 차지한다.

실내의 공기오염은 연소로 발생한 물질이나 담배연기, 오염된 외부의 공기유입 등에 의해 일어나며 최근에는 신축건물에서 사용한 내장재와 바닥재 등의 건축자재에서 유해한 화학물질이 발생하는 경우도 많다. 이 밖에도 악취와 사람의 호흡, 병원성 세균 등이 있다.

우리나라에서는 대기오염의 현황, 인체에 미치는 영향 등을 감안하여 1979년에 아황산(이산화황)에 대한 환경기준을 정하였으며, 순차적으로 [표 6-1]과 같이 7종의 대기오염 물질을 정하였다.

[표 6-1] 우리나라의 대기환경 기준

항목	기준	측정방법
아황산가스 (SO_2)	• 연간 평균치 0.02ppm 이하 • 24시간 평균치 0.05ppm 이하 • 1시간 평균치 0.15ppm 이하	자외선형광법 (Pulse U.V. Fluorescence Method)
일산화탄소 (CO)	• 8시간 평균치 9ppm 이하 • 1시간 평균치 25ppm 이하	비분산적외선분석법 (Non-Dispersive Infrared Method)
이산화질소 (NO_2)	• 연간 평균치 0.03ppm 이하 • 24시간 평균치 0.03ppm 이하 • 1시간 평균치 0.1ppm 이하	화학발광법 (Chemiluminescent Method)
미세먼지 (PM_{10})	• 연간 평균치 50㎍/㎥ 이하 • 24시간 평균치 100㎍/㎥ 이하	베타선흡수법 (β-Ray Absorption Method)
오존 (O_3)	• 8시간 평균치 0.06ppm 이하 • 1시간 평균치 0.1ppm 이하	자외선광도법 (U.V. Photometric Method)
납 (Pb)	• 연간 평균치 0.5㎍/㎥ 이하	원자흡광도법 (Atomic Absorption Spectrophotometry)
벤젠	• 연간 평균치 5㎍/㎥ 이하 (2010년부터 적용)	가스크로마토그래프법 (Gas Chromatography)

주 : 1. 1시간 평균치는 전체 측정수를 1000개로 환산하여 그 999번째의 수의 값이 그 기준을 초과하여서는 아니되고, 8시간 및 24시간 평균치는 전체 측정수를 100개로 환산하여 그 99번째의 수의 값이 그 기준을 초과하여서는 아니된다.
2. 미세먼지는 입자의 크기가 10㎛ 이하인 먼지를 말한다.
(환경부, 『환경백서』 2007에서)

(2) 대기오염의 내력

대기오염은 인류가 불을 사용하게 된 시대부터 조금씩 진행되어 왔다고 할 수 있다. 고대나 중세에는 나무를 연료로 사용하여 그 연기가 공기와 건물을 오염시키고, 짐승을 잡아 그 육류와 모피를 사용하는 과정에서 대기를 탁하게 만들었을 것이다.

대기오염이 현저해지기 시작한 것은 13세기 초부터 영국에서 석탄을 연료로 쓰기 시작했을 때부터이다. 이 때문에 18세기에 이르러서는 런던 의회에서 석탄연료 사용 금지령을 가결했을 정도였다. 18세기 말에 산업혁명이 일어나자 석탄은 이미 가정의 난방용 연료만이 아니라 코크스로서 철을 대량으로 생산하거나 증기기관에 의한 동력원으로도 많이 사용하게 되었다. 이리하여 굴뚝에서 배출되는 매연과 황산화물 등의 산성 배기가스가 만연하면서 스모그에 의한 건강피해와 공해가 발생했다(런던형 스모그). 스모그란 말은 1909년에 영국의 글래스고에서 매연(smoke)과 안개(fog)가 원인이 되어 호흡기 질환으로 인한 많은 사상자를 낸 사건에서 붙여진 이름이다. 인체에 대한 직접적인 영향은 주로 기관지나 폐 등의 호흡기 질환으로서 그 대기오염 대책으로 1926년에는 '공중위생법' 을 제정했으나 전쟁으로 인해 대책은 진전이 없었다.

그러다가 대기오염에 대해 본격적으로 경각심을 갖게 하는 결정적인 일련의 사건이 일어났다. 벨기에의 뮤즈 계곡 사건, 미국의 도노리 사건, 영국의 런던 스모그 사건 등이 그것이다. 뮤즈 계곡 사건은 1930년 12월 벨기에의 뮤즈 계곡에 조성된 공업지대에서 배출된 가스가 지면에 오랫동안 머무르게 되면서 대기 중의 이산화황의 농도가 9.6~38.4ppm에 달하도록 높아진 사건이다. 이 때문에 심장병과 급성폐렴으로 인해 63명이 사망하고 수많은 급성 호흡기 환자가 발생했고 또한 주위의 가축과 조류에도 막심한 피해를 주었다. 도노리 사건은 1948년 미국 펜실베이니아 주의 도노리 공단지역에 다량으로 스모그가 발생한 것인데 이로 인해 주민의 50%에 해당하는 6천여 명이 기침, 호흡곤란, 두통, 구토증 등의 증세를 나타냈다.

그리고 1952년 12월 5일부터 9일 사이에는 영국을 엄습한 안개와 연기가 스모그를 일으켜 런던 시가지에서만도 4000여 명이 사망했으며 1만 2천여 명이 만성폐질환과 호흡장애를 일으킨 이른바 런던 스모그 사건이 발생했다. 이를 계기로 영국은 대기오염의 심각성을 깨닫고 1956년에 '대기오염 청정법' 을 제정했다.

[그림 6-1] 런던의 스모그(빅토리아 시대)

한편 미국에서는 도노리 사건만이 아니라 1943년경부터 서해안의 도시 로스엔젤레스에서 잿빛 스모그가 빈번하게 시가지를 뒤덮어 눈이나 목의 점막에 자극감을 호소하는 주민들이 많이 나왔다(로스엔젤레스형 스모그). 이 유형의 스모그는 자동차 배기가스 중의 질소산화물과 탄화수소가 태양의 강한 자외선에 의해 광화학반응을 일으켜 산화성 물질(광화학 옥시던트)을 형성함으로써 생긴 것이었다. 따라서 런던형 스모그와는 달리 햇살이 강한 여름철에 주로 발생하여 눈에 자극을 일으키는 경우가 많았다. 우리나라에서는 이런 유형의 스모그를 광화학 스모그라 부른다. 이 스모그의 발생조건은 강한 태양광선 외에 지형과 기상조건이 스모그 발생에 적합하다는 것과 자동차의 교통량이 특히 많다는 것이 요인이 되고 있다.

이상과 같은 사건이 일어나자 각국에서는 대기오염에 대한 대책으로 오염물질의 고정 발생원을 법령으로 지정하여 배출기준을 설치하여 사용연료의 질을 규제하며 긴급한 경우에는 조업을 단축시키는 등의 조치를 취하고 있다. 또한 매연이나 카드뮴, 납, 염소와 같은 유해물질은 엄격한 배출기준을 설정하여 규제하고 있다. 광화학적 스모그 대책을 위해서 탄화수소의 배출을 제한하고 옥시던트 개선 등에도 주력하고 있다.

개별적 발생시설을 규제하는 것만으로 환경기준의 달성이 어려울 때는 특정지역을 지정하여 그 일대의 공장에서 나오는 배출총량을 제한하는 방식을 취하고 있기도 하다. 자동차와 같은 이동 발생원에 대해서도 질소산화물, 탄화수소 등 배출가스의 농도를 규제하거나 연료 속의 납이나 황 성분을 감소시키는 등의 방식을 취하고 있다. 그러나 이러한 조치에도 불구하고 현대의 급격한 도시화와 산업화로 인하여 대기오염은 점차 광역화되어 문제가 심각해지고 있다.

2 대기오염 물질

(1) 대기오염 물질의 분류

종래의 대기오염은 황산화물, 질소산화물, 미세먼지 등에 의한 오염이었으나 공업화의 진전과 소비생활의 다양화로 말미암아 대기오염의 양상은 더욱 복잡하게 변해가고 있다. 근년에는 다종다양한 생활 폐기물, 산업 폐기물 등의 소각 때 발생하는 유해물질, 아스팔트 분진, 공중살포 농약 등 잇따라 대기오염 물질이 발생하고 있다.

여러 가지 발생원으로부터 방출된 기체, 분진, 미립자 등으로 인해 대기가 직접 오염될 경우 이것을 1차 오염이라 하고 이러한 물질을 1차 오염물질이라고 한다. 예를 들면 황산화물, 질소산화물, 일산화탄소, 탄화수소 등이 그것이다.

한편 대기 중으로 방출된 오염물질끼리의 상호작용, 오염물질과 대기의 정상성분과의 반응, 또는 이들 물질이 태양광선과 광화학반응을 하여 발생원으로부터 방출된 상태인 것과는 다른 물질이 되어 대기를 오염시킬 경우 이를 2차 오염이라 하고 그 물질을 2차 오염물질이라고 한다. 가령 광화학 옥시던트, 황산미스트, 초산미스트, 유기 에어로졸 등의 입자상 물질, 이들 물질이 비나 안개에 녹아서 생기는 산성비나 산성안개가 그 예이다.

(2) 1차 오염물질

■ 황산화물

황산화물(SO_X)은 예로부터 널리 알려진 대기오염 물질로 황(S)과 산소의 화합물을 총칭하는 명칭이며 일산화황(SO), 아황산가스(SO_2), 삼산화황(SO_3) 등이 여기에 포함된다. 이 가운데 가장 대표적인 것은 SO_2인데 이것은 석유나 석탄 등 화석연료를 태울 때 발생하여 일부가 대기 중에서 산화하여 발생한다. 현재는 각국에서 법률로 환경기준을 정하는 동시에 황의 성분이 적은 화석연료의 사용과 장치의 설치 의무, SO_2의 총량 규제 등으로 대기 중의 농도가 줄었으나 아직도 석탄을 이용하는 나라가 많아 SO_2는 오늘날에도 중요한 대기오염 물질의 하나로 남아 있다.

사람의 기도 안은 습도가 100%이기 때문에 SO_2나 SO_3 등의 수용성 물질은 비강, 인후, 기도 등 주로 상기도벽에서 섭취되어 이들이 조직을 강하게 자극한다. 이 때문에 만성기관지염, 기관지 천식, 폐기종, 천식성 기관지염 등을 일으킨다. 건강한 성인에게 SO_2 단독으로 0.5ppm까지는 영향을 주지 않지만 SO_2, SO_3, 황산미스트, 미세먼지 등이 공존하면 상승효과가 나타나 0.2ppm에서 하루 이틀 안으로 사망한 예도 있다. 우리나라 도시별 이산화황 발생추이는 [표6－2]와 같다.

[표 6－2] 우리나라 주요도시의 연도별 SO_2 발생 추이

(단위 : ppm)

연도 \ 시·도	서울	부산	대구	인천	광주	대전	울산
1992	0.035	0.033	0.040	0.036	0.017	0.022	0.031
1993	0.023	0.028	0.035	0.021	0.014	0.020	0.032
1994	0.019	0.023	0.038	0.022	0.013	0.021	0.030
1995	0.017	0.023	0.031	0.023	0.008	0.017	0.028
1996	0.013	0.022	0.023	0.012	0.009	0.015	0.022
1997	0.011	0.018	0.016	0.013	0.008	0.011	0.019
1998	0.008	0.016	0.014	0.009	0.007	0.009	0.015
1999	0.007	0.014	0.011	0.008	0.006	0.009	0.017
2000	0.006	0.010	0.009	0.008	0.004	0.007	0.013
2001	0.005	0.008	0.008	0.007	0.004	0.006	0.012
2002	0.005	0.007	0.006	0.006	0.004	0.004	0.010
2003	0.005	0.006	0.006	0.007	0.004	0.004	0.011
2004	0.005	0.007	0.006	0.007	0.004	0.005	0.010
2005	0.005	0.006	0.006	0.007	0.004	0.005	0.008
2006	0.005	0.006	0.006	0.007	0.004	0.004	0.007

(환경부, 『환경백서』 2007에서)

■ 질소산화물

질소산화물(NO_X)은 주로 공장이나 자동차에서 연료가 연소할 때 질소 성분이 산화하거나 또는 공기 중의 질소가 고온에서 산화할 경우에 생성된다. 연소할 때 생기는 NO_X의 90%는 일산화질소(NO)로 불길 속에서 수천 ppm의 농도로 존재한다. 대기 중으로 배출되면 태양광이나 오존 등 산성물질의 작용으로 산화하여 이산화질소(NO_2)가 된다.

NO_X의 발생원에는 공장과 소각로 등의 고정 발생원과 자동차 등의 이동 발생원이 있다. 가솔린차에서 나오는 오염물질에는 불완전연소 생성물로 일산화탄소(CO)와 탄화수소(HC)가 있고 완전연소 생성물로 이산화탄소(CO_2), NO_X, 물(H_2O) 같은 것이 있으며, 그 밖에 미량의 입자상 물질과 악취도 포함된다. 한편 디젤차는 많은 산소로 연소되기 때문에 CO나 HC의 배출은 적어도 NO_X가 많고 동시에 SO_2도 배출된다. 그리고 연료와 공기를 별도로 실린더에 보내기 때문에 연소과정에서 부분적인 산소 부족이 일어나 검은 연기와 입자상 물질이 많이 배출되므로 규제 대상이 되고 있다.

NO_2의 독성은 NO의 약 7배이며 헤모글로빈(Hb)과 결합하여 메트헤모글로빈을 생성한다. 이 때문에 기관지계에 장애를 일으켜 기관지염, 기관지 천식, 폐기종 등을 발생시킨다. 사람이 장시간 견딜 수 있는 NO_2 농도는 39ppm인데 25~75ppm이 되면 한 시간 안에 폐렴이나 기관지염, 300~500ppm이 되면 한 시간 안에 폐기종을 일으켜 사망하게 된다는 보고가 있다.

■ 일산화탄소

일산화탄소(CO)는 산소 부족으로 탄소가 불완전하게 연소할 때 발생한다. 지난날 우리나라에서 성행하던 연탄가스 중독은 바로 이 CO의 불완전한 연소가 원인이었다. 이 밖에도 탄광에서의 폭발사고나 지하 공간에 환기가 이루어지지 않았을 때 CO가 축적된다. 또 고온이나 촉매가 있을 경우에는 이산화탄소(CO_2)로 분해된다.

CO는 상온에서는 무색 · 무취하므로 모르는 사이에 중독이 되기 쉬운데 농도가 500ppm인 경우는 한 시간 이내에 증상이 나타나고, 1000ppm이면 현저한 자각증상, 1500ppm이면 죽음에 이르게 된다. 경증일 때는 두통 · 이명 · 현기증 · 구토 등이 생기나 감기 증상과 비슷하기 때문에 대처가 늦어지기 쉽다.

(3) 2차 오염물질

■ 광화학 스모그

광화학 스모그란 공장이나 자동차의 배기가스 등에 함유된 NO_X와 HC가 대기 성분과 함께 태양광선의 작용을 받아 복잡한 광화학 반응을 일으켜 2차적으로 생성된 오존(O_3), 프록시아세틸 나이츠레이트(PAN), 프록시옥시펜졸 나이트레이트(PB_2N), 포름알데히드, 아클로레인 등 환원성 물질의 총칭이다. 그 가운데서 산화성 물질이 대부분이므로 광화학 스모그를 광화학 옥시던트(O_X)라고도 한다.

종래에는 석탄의 연소로 생기는 여러 가지 결과물들이 안개와 섞여 발생하는 잿빛의 '런던형 스모그'였으나 최근에는 자동차 연료와 같은 석유원료의 광화학 반응으로 적갈색 안개가 주종을 이루고 있다. 이것을 '런던형 스모그'와 구별하여 '로스엔젤레스형 스모그'라고 한다. 우리나라의 광화학 스모그도 로스엔젤레스형과 같은 질이라는 것이 증명되고 있다.

광화학 옥시던트의 원인물질인 NO_X 농도가 보합상태일 때는 광화학 스모그가 발생할 가능성이 적지 않다. 특히 여름철에 자외선이 강하고 바람이 약하며 고온다습한 날에 발생하기 쉽다. 식물이 가장 큰 영향을 받아 NO_X에 노출되면 잎이 표백을 한 듯 반점이 생기고 꽃은 노랗게 변색한다. 사람의 건강에 미치는 영향은 눈과 인후의 통증, 눈물, 호흡기도의 자극증상이 생기고 그 밖에 호흡수와 맥박수의 증가, 미열, 두통, 구토, 사지 경직, 경련 등을 호소하게 된다.

광화학 스모그 중에 포함되어 있는 알데히드 계열의 물질 가운데서 50% 이상이 포름알데히드이며 약 5%가 아클로레인인데 이들은 모두 기도점막을 강하게 자극하는 물질이어서 흡입하면 기관지염을 일으킨다.

■ 부유 입자상 물질

부유 입자상 물질(SPM)은 직경 10㎛ 이하의 작은 알갱이로 대기 중에 떠돌아다니는 날림먼지, 매연 등을 총칭하는 말로 자연계에서는 화산 폭발, 토양, 식물의 꽃가루 등이 발생원이고 인위적으로는 공장의 연소공정이나 디젤엔진의 연소 등에 의해 주로 발생한다.

날림먼지는 공중에서 떠돌다가 바람에 의해 운반되어 지표면에 퇴적한다. 공장이나 가정에서 나는 연기에서 생기는 것은 탄소가 주성분이고 그 밖에 식물의 꽃가루와 동물의 배설물, 박테리아 등에 의한 것도 있다. 사막 같은 곳에서는 모래먼지가 바람에 날려 올라가고 화산재는 분화에 의해서 공중에 살포된다. 봄철이 되면 중국의 화북지방과 몽골의 황토지대에서 미세한 모래먼지가 강한 바람을 타고 상승했다가 편서풍에 실려 우리나라에 이동하는 황사현상이 대표적인 날림먼지의 피해라고 할 수 있다.

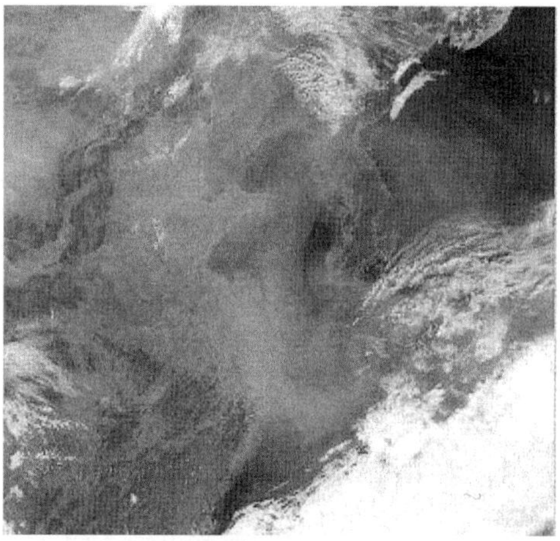

[그림 6-2] 황해와 동해를 뒤덮은 황사(2001년 3월)

날림먼지에는 퓸(fume), 미스트(mist), 연기 등이 있는데 퓸은 가스 상태에서 응축하여 생긴 것을 말하고 미스트는 액체가 증발하고 난 후 응축하여 생긴 것이며 연기는 연소에 의해 생기는 탄화물이다.

매연은 연료나 그 밖의 물질이 연소할 때 발생하는 검댕, 입자 모양의 물질, 황산화물 등을 가리키는 말로, 석탄의 경우 자체에 2~10%의 광물질을 가지고 있는데 이것은 연소 후 소각로에 남아 있거나 연기와 같이 굴뚝 밖으로 배출된다. 그 크기는 입자의 크기 및 굴뚝의 상승기류 속도와 관련이 있다. 일반적으로 공장 굴뚝의 상승기류는 초당 12m로서 직경 0.2㎛ 가량의 입자가 굴뚝 밖으로 배출되지만 이 입자는 공기 중에서 약 15초 이상 머무르지 못하고 낙하한다. 그러나 이것보다 작은 입자는 대기 중에 머무르는 시간이 더 길고 바람에 의해 쉽게 이동하기 때문에 굴뚝 주변의 대기를 오염하는 원인이 되고 있다.

유류는 석탄과는 달리 자체 내에 불연성 성분이 없으므로 완전연소를 할 경우 검댕을 발생시키지 않을 수 있으나 연소장치가 점화되어 유류가 완전히 연소될 때까지 약간의 시간이 걸리기 때문에 연소 초기의 검댕 발생은 불가피하다. 검댕과 입자상 물질은 집진장치 등을 설치하면 배치를 방지할 수 있다.

3 산성비의 성분과 발생

(1) 산성비의 개요

산성비라는 용어는 1872년에 영국의 화학자 로버트 스미스(R. Smith)가 처음으로 사용했다. 그는 산업혁명을 통해 발전한 공업도시 맨체스터의 오염된 공기와 산성을 빗물과의 상관관계로 지적했다. 이와 같이 산성비는 근년에 와서 갑자기 발생한 환경오염이 아니라 장기간에 걸친 인간의 생산 활동의 진전에 따라 현저해진 현상이다.

산성비의 영향은 발생원으로부터 멀리 떨어진 나라에도 영향을 미치는 지구적 규모의 환경오염으로 일컬어지고 있다. 오늘날 산성비는 유럽이나 미국에서만이 아니라 우리나라에서도 현저히 나타나고 있다. 특히 중국에서는 현재에도 많은 석탄을 사용하고 있는데, 그 결과 대기 중에서 발생한 SO_2 등의 산성 가스가 황산이 되어 편서풍을 타고 옮겨와 우리나라에 산성비를 내리게 하고 있다.

정상적인 빗물은 대기 중에 포함된 약 350mm의 CO_2를 포화상태에서 용해하고 있기 때문에 그 pH는 5.6이다. 따라서 일반적으로는 pH가 5.6보다 적은 빗물을 산성비라고 한다. 그러나 대기 중에는 자연 발생원으로부터 생긴 SO_2 등의 산성 가스, 암모니아(NH_2) 및 탄산칼슘($CaCO_2$) 등의 알칼리성 가스나 에어로졸 같은 것이 존재하기 때문에 이들이 빗물에 녹아 정상적인 빗물이라도 pH가 5.6 이하인 것, 또는 5.6 이상인 것이 있다. 이처럼 산성비는 지역적인 여러 조건에 따라 차이가 있다는 점을 주의할 필요가 있다.

미국에서는 이러한 자연 발생원으로부터의 산성 가스를 고려하여 pH 5.0 이하의 빗물을 산성비라고 정의하고 있다. 우리나라에는 이러한 정의가 없기 때문에 pH 5.6을 산성비의 한 기준으로 삼고 있다. 우리나라 빗물의 연평균치는 pH 4.7~5.7인데 이것은 북미나 유럽과 거의 유사한 값이다.

[표 6-3] 우리나라 주요도시의 연도별 강우량 산도

시·도 / 연도	1992	1993	1994	1995	1996	1997	1998	1999	2000	2001	2002	2003	2004	2005	2006
서울	5.3	5.4	5.4	5.8	5.7	5.3	4.9	5.0	4.8	4.7	5.0	4.8	4.5	4.4	4.7
부산	5.2	5.3	5.3	5.2	5.2	5.2	4.7	4.8	4.9	5.0	6.2	4.9	5.0	4.8	5.7
대구	5.6	5.5	5.6	5.7	5.6	5.8	5.4	5.6	5.8	6.0	5.6	4.8	5.3	5.3	5.5
인천	6.2	5.8	6.0	5.9	5.9	5.0	4.4	4.6	5.0	4.7	4.8	4.7	4.7	4.5	5.4
광주	5.7	5.8	5.8	6.2	5.9	5.9	4.8	5.2	5.2	5.0	5.1	5.0	5.2	4.8	5.2
대전	5.7	5.5	5.7	5.9	5.8	6.2	4.7	5.0	4.7	4.9	5.1	4.7	4.8	4.6	4.7

※ 1997년까지는 산술평균, 1998년 이후는 가중평균값임
(환경부, 『환경백서』에서(2007))

(2) 산성비의 성분

■ 비의 성분

빗물은 공기 중의 여러 가지 성분을 용해하고 있으므로 순수한 물이 아니라 수용액이다. 이 수용액 가운데서 산성을 나타내는 이온은 H^+이고 H^+의 농도가 높을수록 산성이 강하다. 이 H^+의 농도(수소이온 농도)를 mol/L이라는 단위로 10x로 나타냈을 때 그 지수의 부호를 반대로 한 X가 pH이다. 중성인 pH는 7.0인데 이보다 수치가 낮아질수록 산성이 강하고 7.0보다 높아질수록 염기성(알칼리성)이 강해진다. 또 pH는 그 값이 1.0 달라지면 산성이나 염기성의 강도가 10배나 달라진다(수소이온의 농

도가 10배나 달라진다.) 예컨대 pH 3.0인 수용액은 pH 4.0인 수용액에 비해 산성이 10배 강한 것이다.

공기의 성분은 질소(78%), 산소(21%), 아르곤(0.93), 이산화탄소(0.04%)의 순이다. 이 중에서 질소, 산소, 아르곤은 비의 pH를 바꿀 수 없다. 이들은 중성의 기체이기 때문이다. 이에 비해 이산화탄소는 물에 녹으면 탄산이 되므로 산성이다.

0.04%의 이산화탄소를 함유하는 공기 중에서 빗방울에 이산화탄소가 녹아들면 계산상으로는 빗방울의 pH는 5.6이 된다. 그러면 인간에 의해 오염되지 않은 공기 중에서는 pH 5.6보다 산성이 강한 비가 내리느냐 하면 그렇지 않다. 화산활동 등에 의해 산성인 가스가 방출되어 pH 5.6 이하의 비가 될 경우도 있다.

이처럼 화산의 분화가 없더라도 pH 5 정도의 비가 내릴 때도 있다. 반대로 동식물이 배출하는 암모니아나 공기 중으로 올라간 흙의 입자 등으로 인해 비가 중화되기도 한다. 이런 일로 말미암아 자연 상태에서 내리는 비는 pH 5~7인 범위를 나타내는 일이 많다.

환경오염으로 문제가 되고 있는 산성비는 인간의 활동으로 인해 강하게 산성화된 비여서 pH만으로는 정의할 수 없다. 다만 대체적인 기준으로 삼아 pH 5 이하라면 산성비라고 보아도 좋을 것이다.

산성비의 성분

그렇다면 어떤 물질이 비를 강한 산성으로 만드는 것일까. 비에 함유된 이온은 [그림 6-3]처럼 아홉 종류이다. 이들 말고도 미량이지만 불소이온(F^-)과 탄화수소이온(HCO_3^-) 등이 포함되어 있다.

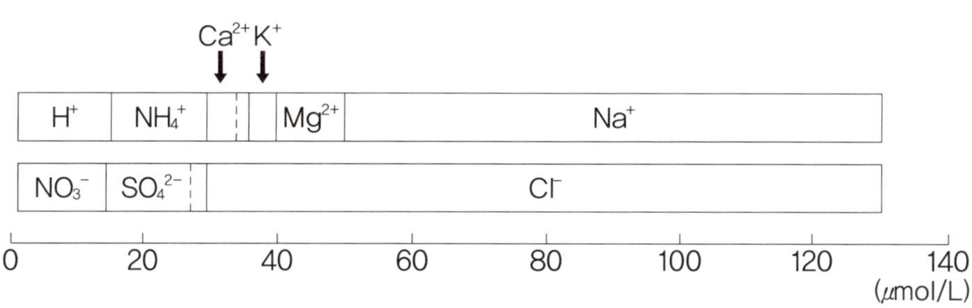

[그림 6-3] 평균적인 비의 조성

이 아홉 종류의 이온 가운데서 바닷물이 비에 용해되어 있는 경우도 있다. 우리나라는 삼면이 바다에 둘러싸여 있으므로 바닷물의 미세한 비말이 공기 중에 떠돌고 있다가 그것이 비에 섞여들게 된다. 빗물 중의 Na^+와 Cl^-는 모두 바닷물에서 유래한다고 보고 빗물에도 바닷물의 이온 비율이 유지된다고 가정하면 그림에서 점선 오른쪽의 이온은 바닷물에 의한 것이 된다. 따라서 점선의 왼쪽이 인간의 활동으로 나타나는 이온이다. 이들 이온을 보면 H^+의 상대가 되는 음이온은 SO_4^{2-}와 NO_3^-라는 것을 알 수 있다. 즉 비를 강한 산성으로 만드는 물질은 황산(H_2SO_4)와 질산(NHO_3)이 된다.

또한 NH_4^+는 암모니아(NH_3)가 H^+와 결합(중화반응)하여 생긴 것이다. 이와 같이 암모니아는 비의 산성을 약화시키지만 생성된 NH_4^+는 토양세균의 작용으로 질산을 만든다는 보고가 있다. 따라서 암모니아에 의해 pH가 높아져도 토양에 미치는 영향은 상당히 많다고 할 수 있다.

(3) 산성비의 발생

산업계의 대량생산 체계가 궤도에 오르기 시작함에 따라 화석연료의 소비량도 급상승했다. 그 결과 대기 중에 발산된 SO_X와 NO_X의 양도 급증했다. 공장이나 자동차에서 배출되는 대부분의 SO_X와 NO_X 각각 SO_2와 NO_2 가스인데 이들 가스 자신은 빗물을 산성화하는 힘은 강하지 않으나 대기 중에서 태양광선, O_2, H_2O 등이 관여하여 일어나는 화학반응으로 인해 강한 산성의 H_2SO_4와 HNO_3의 미립자가 된다.

빗물이 산성화하는 경우는 두 가지로 생각할 수 있다. 첫째는 H_2SO_4나 NHO_3의 미립자가 구름 알갱이를 핵으로 하는 산성 구름이 되어 산성의 빗방울로 떨어지는 경우이고, 둘째는 구름에서 빗방울이 떨어지는 동안 샤워 효과로 인해 대기 중의 산성 오염물질(SO_X와 NO_X 등)을 그 안에 용해하여 떨어지는 경우이다. 전자를 레인아웃, 후자를 워시아웃이라고 한다([그림 6－4]). 이 두 가지가 빗물을 산성화시키는 정도는 조건에 따라 다르다. 예컨대 오염물질의 농도가 높은 도시에서는 워시아웃에 의한 산성화의 비율이 높은 것으로 나타나 있다.

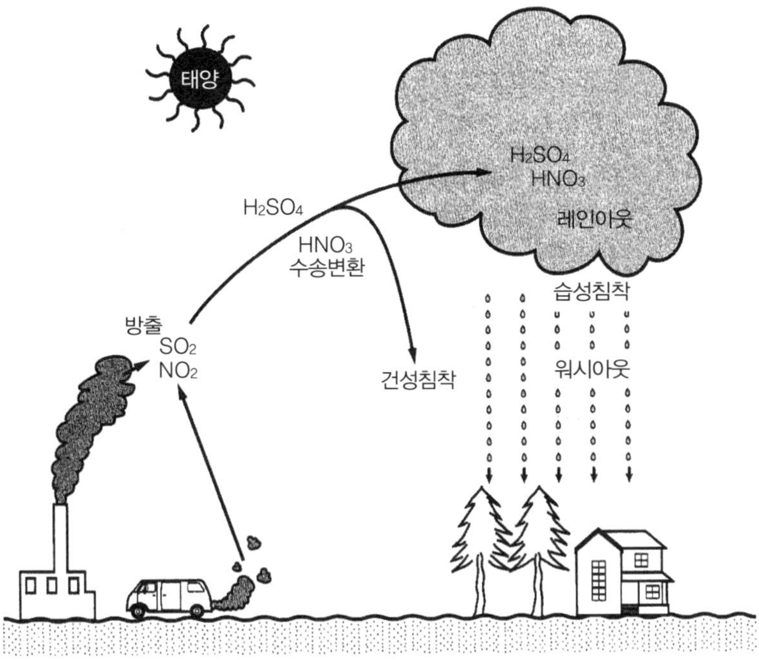

[그림 6-4] 산성비의 발생

앞서 말했듯이 지역에 따라서는 대기 중에 산성 물질 외에도 알칼리성 물질이 공존하므로 극단적인 경우에는 pH 7.0이 초과하는 알칼리성 비가 내리기도 한다. 이와 같이 비의 산성도는 빗물에 녹은 산성 물질과 알칼리성 물질과의 균형에 따라 결정된다. 따라서 SO_X나 NO_X 등의 산성 대기오염 물질의 농도가 높은 지역에 산성이 강한 비가 내린다고는 할 수 없다.

(4) 산성안개와 산성눈

대기 중에서 생성된 NHO_3나 H_2SO_4는 비에만 녹아 산성비를 내리게 하는 것이 아니라 안개와 눈에도 녹아 산성안개와 산성눈을 만든다. 이처럼 대기 중의 산성 물질이 비나 안개, 눈에 의해 지표에 가라앉게 되는 것을 습성침착이라고 한다.

그리고 이들 산성 물질은 그 상태 그대로 지표에 부착하여 영향을 미치고 있다. 비가 내려서가 아니라 산성 물질은 자신의 주위에 있는 것에 달라붙어 있는 것이다. 이것을 건성침착이라고 부르는데, 건성침착이 어느 정도인지를 정확히 알기란 상당히 어렵다. 침착하는 것 표면의 상태나 삼림과 건물 등에 의한 약간의 기류 차이에도 침착하는 양이 달라지기 때문이다. 그러므로 이론적으로 계산해 보면 건성침착에 의해 지표에 초래하는 산성 물질의 양은 비가 많은 지방에도 습성침착의 양과 거의 같은 양이 된다. 이것은 중대한 데이터라고 할 수 있다. 이것은 말라죽은 수목이나 토양의 산성화, 호수의 pH 저하의 요인으로서 산성비를 생각하고 있으나 건성침착도 크게 관계되고 있다는 것을 말해주고 있는 것이다.

산성비 문제라고 하면 비의 산성이 강해지는 것을 강조하는 경향이 있으나 산성안개와 산성눈, 나아가서 건성침착 등에 의한 영향도 생각하지 않으면 문제를 전체적으로 파악하기 어렵다. 이 문제는 대기 중에 산성 물질이 많아져 대기가 산성화하고 그것이 지표에 부착함으로써 일어나는 건강의 피해와 환경의 산성화 등 폭넓게 파악할 필요가 있다.

4 각국의 산성비와 그 영향

(1) 각국의 산성비

■ 유럽의 산성비

유럽의 산성비 피해는 1960년대부터 호수와 하천의 산성화에 따른 어패류의 사멸 및 토양의 산성화에 의한 삼림자원의 쇠퇴와 고사라는 형태로 나타나기 시작했다. 그것은 유럽 중부에서 운반된 SO_X나 NO_X가 대기 중에서 변화하여 산성인 건성 강하 물질과 산성비가 되어 내렸기 때문이다.

1988년에 유엔유럽경제위원회가 조사한 바에 의하면 삼림의 피해면적은 유럽 전체 삼림의 35%, 즉 세 그루 중에서 한 구루의 수목이 마르거나 피해를 입은 것으로 나타났다. 피해가 현저한 옛 체코슬로바키아에서는 6만 ha의 삼림이 마르게 되었고, 당시 스웨덴에서는 전국의 8500개의 호소 중에서 약 2000개의 호소에서 생물이 완전히 사멸하고 약 1000개의 호소에서 잡은 물고기의 식용이 금지 되었다.

독일과 스위스에서는 SO_2와 산성비의 인관관계를 좀처럼 인정하지 않으려 하다가 다른 선진국보다 뒤늦게 산성비에 대한 정책을 펴기 시작했다. 그것은 유럽 중앙부의 100만 ha가 넘는 삼림이 산성비의 피해를 받기 시작했다는 것과 독일의 경우 세계에 자랑하는 '검은 숲' 이 산성비에 견딜 수 없게 된 사실이 배경이 되었다.

그리고 1956년의 조사에 의하면 비의 pH는 독일이 5.5, 스웨덴은 약 6.0이었으나 [그림 6－5]에 나타난 바와 같이 1985년에는 독일이 약 4.4, 스웨덴은 약 4.7이나 되어 지난 30년 동안에 산성의 강도가 10배나 되었다(pH의 차가 1.0이면 10배로 변하는 것이 된다.).

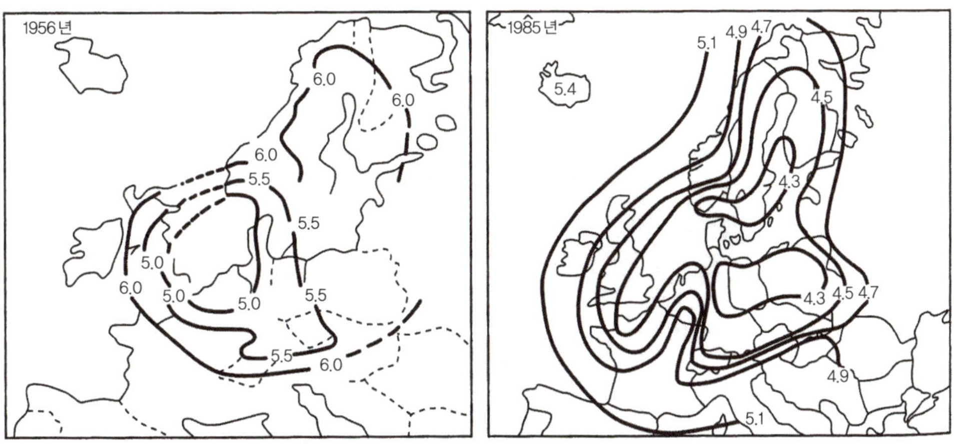

"Forurensning of Miljoverm I Mysterud"

Co-operative Program for Momitoring and Evaluation of the Long-Range Transmission of Air Pollutants in Europe

[그림 6－5] 유럽에 있어서 비의 pH 분포

미국과 캐나다의 산성비

미국에서는 북동부의 대도시와 공업지대에서 산성비가 현저히 나타났다. 1982년 조사에서는 레이크프래시트(1980년 동계 올림픽 개최지) 부근에 있는 산악공원 안의 호수의 10%가 산성화된 '죽음의 호수' 로 판명되었다. 그 일대는 산악에 안개가 많고 그 안개의 pH는 약 3.5나 되는데 이로 인해 침엽수림이 거의 고사하고 말았다. 같은 무렵 북동부의 뉴욕에 있는 자유의 여신상을 조사한 바 여신의 표면에 붙인 동판이 녹아 있다는 것을 알게 되었다.

[그림 6-6]에 나타난 것과 같이 미국에는 5대호 부근을 비롯한 동부가 서부보다 산성이 강한데 차차 남하하고 있다. 또 1984년의 보고에 의하면 플로리다, 조지아 등의 동남부에서는 지난 30년 동안 산성의 강도가 20~30배나 증가하였다.

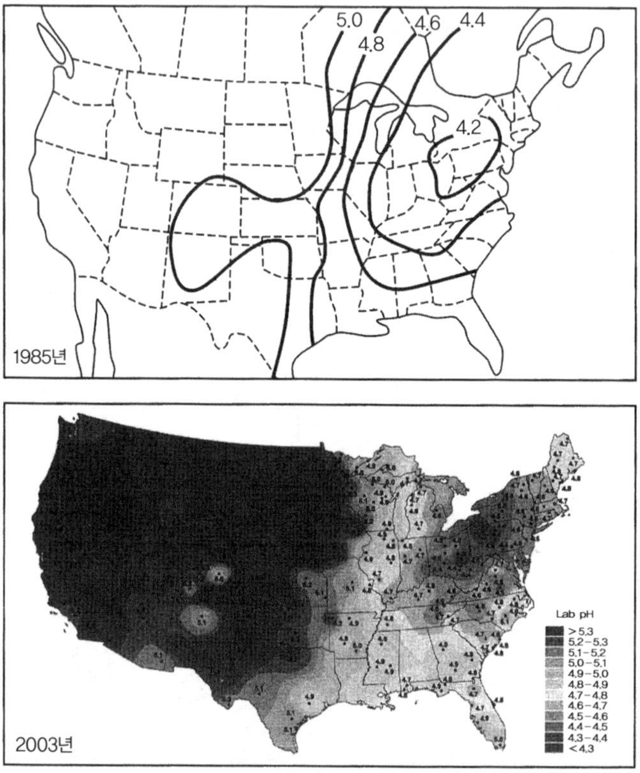

[그림 6-6] 미국의 산성비 상황

한편 캐나다의 온타리오 주도 산성비의 피해가 큰 지역이었다. 그곳 호소의 약 30%가 산성화하여 어류가 살지 못하고 다른 호소나 하천도 위기에 처해 있다. 캐나다는 동부의 SO_2 중에서 약 50%가 미국이 발생원이라고 하여 이웃나라를 강력하게 비판하고 있는 실정이다. 캐나다는 유럽의 스웨덴이나 노르웨이와 입장이 마찬가지이다. 캐나다 국민총생산에 대한 산성비의 피해는 약 8%에 달하는 것으로 추정하고 있다(1984년).

(2) 산성비의 영향

■ 인체에 미치는 영향

대기 중의 산성 물질이 초래하는 가장 큰 문제는 건강에 대한 피해이다. NO_X나 SO_X 등은 호흡과 함께 폐 깊숙이 침입하여 천식이나 만성기관지염을 일으킨다. 또 NO_X는 자외선의 작용으로 대기 중에 방출된 탄화수소와 반응하여 광화학적 옥시던트를 만든다. 여기에 대해서는 제2절에서 다루었으므로 여기서는 생략하기로 한다.

■ 사라지는 숲

숲의 토양 가운데 점토물질에는 칼슘, 마그네슘, 칼륨 같은 양이온이 결합되어 있다. 다소의 양이온이라면 토양이 이들 양이온을 방출하고 그 대신 비의 H^+를 결합시킨다. 그 결과 H^+가 적어지게 되어 비의 산성도가 약해진다. 그러나 계속 산성비가 내려 산의 양이 이 작용을 초과하게 되면 토양이 산성화하여 칼슘 등의 유효한 성분을 잃고 흙이 마르는 등의 영향이 나타난다. 또 산성화가 진행되면 알루미늄이온 등의 유해한 금속이 녹아 식물의 뿌리가 영향을 받고 흡수 능력이 저하되어 성장이 방해를 받는다. 뿐만 아니라 물질순환을 담당하고 있던 토양생물이 사멸하여 생태계의 파괴로 이어진다. 이와 같이 산성비로 인하여 숲의 생육조건이 나빠지면 대기오염 · 병충해 등의 복합적인 작용으로 말미암아 숲이 대규모로 고사한다.

독일에서는 삼림면적의 50%가 피해를 입고 침엽 상록수가 많은 '검은 숲' 에서는 삼림이 노랗게 바뀌어 75%의 나무가 말라들게 되었다. 유럽에서는 이러한 현상을 '검은 베스트' 라 부르는데 이와 유사한 현상이 다른 나라에서도 일어나고 있다([그림 6-7]).

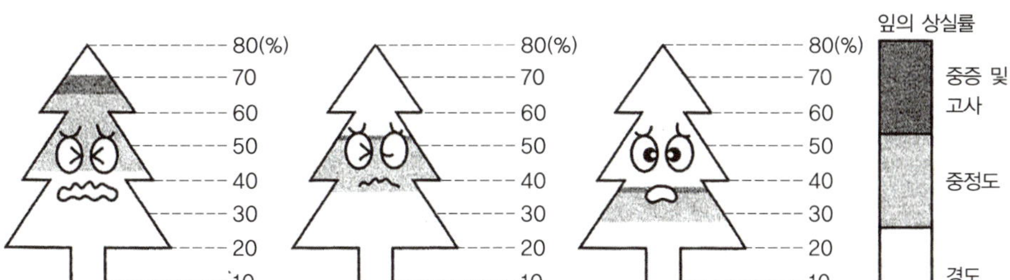

[그림 6-7] 유럽의 삼림피해

또한 캐나다에서는 국기의 심벌인 단풍나무의 30% 이상이 영향을 받고 있고 중국에서도 산성비를 '공중의 귀신' 이라 불리고 있는데 산이 아름답기로 유명한 쓰촨 성의 아미산은 전나무의 87%가 영향을 받고 있다고 한다.

■ 물고기가 없는 호소

산성비로 인해 토양으로부터 유실된 유해한 알루미늄이온이 하천을 통해 호소에 흘러들면 플랑크톤이 사멸하거나 어류의 아가미에 장애가 생겨 물고기가 호흡하지 못하는 등의 피해가 생긴다. 생물의 종에 따라 영향을 받는 pH는 다르지만 pH 5.5~6.0에서는 조개와 새우 및 플랑크톤이 사멸하고, pH 5.5에서는 로치(잉엇과의 물고기)가 살 수 없게 되며, pH 4.5에서는 비교적 산성에 강한 뱀장어도 살지 못하게 된다.

산성화한 호소에서는 세균 등의 활동도 충분하지 못하고 물속에서 부식된 것이 분해되지 않고 바닥에 가라앉기 때문에 수심이 낮아져 생태계의 균형이 무너짐으로써 마침내 호소 그 자체가 사라지게 된다. 스웨덴에서는 호소의 산성화를 방지하기 위해 1982년부터 연간 10만 톤의 석회를 살포했다.

■ 문화재에 대한 영향

지금까지 산성비의 영향은 인간의 건강, 삼림, 농작물 등이 주요 대상이었으나 근년에는 그 피해가 특히 대리석 문화재나 건물에까지 미치고 있다. 예컨대 그리스의 파르테논 신전, 로마의 유적, 베니스의 대리석 건조물, 독일의 쾰른 대성당을 비롯한 오래된 교회와 석상, 런던의 세인트 폴 대사원, 웨스트민스터 사원 등의 석재, 뉴욕에 있는 자유의 여신상 등이 산성비로 침식됨으로써 그 피해가 현저해졌다.

[그림 6-8] 산성비로 훼손되고 있는 파르테논 신전

옥외의 대리석 건조물 등이 침식되는 원인은 두 가지로 생각할 수 있다. 첫째는 대리석의 성분인 탄산칼슘($CaCO_3$)이 산성비에 의해 녹기 때문이고, 또 하나는 대리석의 표면에 SO_X가 건성침착하여 표면이 황산칼슘($CaSO_4$나 $2H_2O$)으로 변화하기 때문이다. 황산칼슘은 탄산칼슘보다도 물에 녹기 쉬운 물질이기 때문에 산성비가 내리면 녹아나는 것이다. 이와 같이 옥외의 대리석 문화재는 건성침착과 습성침착 양쪽의 영향을 받고 있다. 또한 실내의 대리석 문화재도 건성침착에 의해 표면이 황산칼슘 등으로 변하여 서서히 피해를 입어가고 있다.

그리고 대기 중의 산성 물질은 염료나 섬유에도 영향을 미친다. NO_X나 SO_X, 혹은 오존이 염료를 변색시켜 퇴색시키기도 하고 NO_X가 양모 등의 천을 노랗게 변색시킨다는 것이 실험적으로 확인되고 있다.

5 산성비 대책

(1) 산성비 대책에 관한 국제적 협조

스웨덴에서 산성비가 발생하여 심각한 상황에 이르게 되자 1972년에 스톡홀름에서 제1차 유엔인간환경회의를 열고 산상비가 이미 한 나라만의 문제가 아니라는 점을 감안하여 국제적으로 대처할 것을 결의했다. 또 노르웨이 정부가 주최한 국제회의에서는 어류의 감소와 산성비 사이에 깊은 관계가 있다는 것을 명백히 했다. 이러한 두 나라의 노력으로 인해 산성비가 지구적 규모의 환경문제라는 인식이 더욱 깊어졌다.

산성비에는 국경이 없다. 유럽이나 북아메리카에서는 각각 1979년과 1980년에 대기오염에 관한 조약인 '장거리 월경 대기오염협약'(제네바협약)을 결성하고 관계 각국이 공동으로 산성비의 모니터링을 행하는 동시에 산성비의 원인이 되는 NO_X, SO_X 등 오염물질의 삭감을 추진하기로 했다.

그리고 1985년 핀란드의 헬싱키에서는 SO_X의 배출량을 1993년까지 1980년보다 최저 30%를 줄이기로 약속했다(헬싱키 의정서). 또 1988년에는 불가리아의 소피아에서 유럽과 미국이 배출하는 NO_X의 양을 1994년까지 1987년과 같은 양으로 제한하기로 결정했다(소피아 의정서). 이와 같은 국제적인 합의에 따른 1980~1990년의 실적을 보면 SO_X는 오스트리아가 75% 삭감, 옛 서독이 67% 삭감, 프랑스가 60% 삭감 등 많은 성과를 거두었다. 한편 NO_X는 벨기에가 13%, 핀란드가 11%를 각각 삭감했다.

1992년에는 브라질의 리우 데 자네이루에서 '지구 서미트'(환경과 개발에 관한 국제회의)가 열렸는데 이 회의에서는 환경보호를 주장하는 선진국과 개발을 주장하는 개발도상국 사이에 격론이 벌어져 '선진국과 개발도상국은 지구환경에 대해 공동의 책임이 있다. 선진국은 개발도상국에게 기술을 제공하고 원조를 함으로써 지구환경을 보호해야 한다. 개발도상국은 지구환경을 염두에 두고 개발해야 한다.'는 것 등을 결의했다.

(2) 동아시아의 산성비 모니터링 네트워크

근년에 이르러 눈부신 발전을 이룩하고 있는 동아시아서는 에너지를 석탄에 의존하는 나라가 많아 산성비의 원인이 되는 SO_X와 NO_X가 다량으로 배출되고 있다. 그런데 산성비에는 국경이 없으므로 산성비의 현상을 조사하고 인식하여 원인물질의 배출 억제에 협력하기 위해 1998년부터 '동아시아 산성비 모니터링 네트워크'(EANET)를 가동하고 있다. 현재 우리나라를 비롯하여 중국, 일본 등 12개국이 참가하고 있다.

6 소음 · 진동 · 악취

(1) 소음

소음은 바람직하지 않은 소리, 불필요한 소리의 총칭으로 듣는 사람의 주관적 판단에 의하는 경우가 많은데, 큰 소리, 불쾌한 소리, 변화가 심한 소리, 돌발적인 소리 등은 대부분의 사람에게 바람직하지 않다.

물리적으로는 같은 크기의 소리라도 사람의 귀로 느낄 수 있는 소리의 크기는 주파수의 고저에 따라 다르게 들리는 경우가 있다. 귀로 느낄 수 있는 소리의 크기에 근접시킨 양의 측정치를 소음 레벨이라 하고 그 단위를 벨(bel)이라고 하는데 일반적으로는 벨의 10배인 데시벨(decibel, dB)을 단위로 사용하고 있다. 엄밀히 말하면 데시벨은 단위시간에 지나가는 소리의 에너지를 일컬으며 이 에너지는 음압(音壓)의 2제곱에 비례한다.

소음이 가장 큰 영향을 미치는 부분은 청각이다. 일반적으로 오랫동안 큰 소음을 접하게 되면 청각이 계속 나빠져서 심할 경우에는 청각에 장애가 오게 된다. 특히 70dB 이상 되는 급작스러운 소음은 심장질환을 유발할 수도 있다. 이와 같은 직접적인 영향 외에도 사람에게 큰 스트레스를 지속적으로 주는 것 큰 문제로 떠오르고 있다. 그러나 이러한 간접적인 연구에 대해서는 아직 많은 연구가 진행되고 있지 않다.

우리나라에서는 1950년에 '소음 · 진동 규제법'을 제정하여 교통소음, 생활소음, 항공기소음 등에 관한 환경기준을 마련하고 있다.

[표 6-4] 소음의 기준(dB)

120	비행기 엔진 근처
110	자동차 경적(앞 2개)
100	지하철 근처
90	큰 소리의 독창, 시끄러운 공장 안, 피아노
80	지하철 차 안(창을 열었을 때)
70	청소기, 시끄러운 사무소
60	조용한 승용차, 보통 대화
50	조용한 사무실
40	심야의 시내, 도서관
30	속삭이는 소리
20	나뭇잎이 흔들리는 소리

■ 교통소음

교통소음은 그 배출원이 자동차, 기차 등인데 발생 소음도가 매우 높을 뿐만 아니라 피해지역도 광범위하다. 특히 자동차는 도로망이 확장되고 차량보유 대수가 지속적으로 증가하고 있어 대도시의 주된 소음원으로 주목받고 있다. 대체적으로 우리나라 도로 교통소음 양상은 도시의 경우 상공업지역은 물론 주거지역에까지 교통소음의 영향권 안에 있으며, 고속도로 등 각종 도로망의 확장으로 농촌에까지도 교통소음의 영향권이 확대되고 있는 실정이다. 2006년도 전국 주요도시의 도로변 지역 소음 실태는 [표 6-5]와 같다.

[표 6-5] 도로변 지역 소음 실태(2006년)

(단위 : dB(A))

지역구분	적용대상 지역	환경기준		환경소음도											
				서울		부산		광주		대전		대구		원주	
		낮	밤	낮	밤	낮	밤	낮	밤	낮	밤	낮	밤	낮	밤
도로변지역	주거지역	65	55	69	66	68	63	65	60	62	56	68	62	67	63
	상업지역	70	60	70	67	71	68	68	61	64	59	69	65	67	65
	공업지역	75	70	-	-	74	69	71	67	65	59	69	63	68	63

(환경부, 『환경백서』 2007에서)

■ 생활소음

생활소음 배출원은 확성기소음, 건설공사장과 소규모 공장의 작업소음, 유흥업소의 심야소음을 비롯하여 상인의 확성기, 애완동물의 울음소리에 이르기까지 매우 다양하다. 최근에는 도시로의 인구집중, 산업화 등에 의해 생활소음 배출원은 급격히 증가하는 추세에 있으며 한편으로는 생활수준 향상에 따른 쾌적한 생활환경에 대한 욕구의 증가로 생활소음 민원이 1990년 후반부터 큰 폭으로 증가하고 있어 2006년에는 전년도에 비해 13.3%까지 늘어나 이에 대한 대책 마련이 주요한 과제가 되고 있다. [표 6-6]은 2006년의 생활소음 민원의 발생 현황을 나타낸 것이다.

[표 6-6] 생활소음 배출원별 민원발생 현황(2006년)

(단위 : 건수)

연도별	계	생활						공장	교통	항공기
		계	공사장	사업장	확성기	이동소음	기타			
2006	32,800	30,574	21,397	4,816	1,899	466	1,996	1,284	618	324
2005	28,940	27,162	19,666	4,021	1,496	510	1,469	1,003	595	180

(환경부, 『환경백서』 2007에서)

■ 항공기소음

항공기의 운항항로 신설 및 운항횟수의 급속한 증가에 따라 항공기소음 피해는 공항주변 지역의 중요한 환경문제로 대두되고 있다. 이에 정부에서는 1989년부터 항공기소음 자동측정망을 설치하여 2006년 말 현재 인천 국제공항을 비롯한 15개 공항 102개 지점에 항공기 소음도를 24시간 측정하고 있다. 전국 주요 공항의 평균 소음도는 [표 6-7]과 같다.

[표 6-7] 전국 주요 공항의 평균 소음도

(단위 : WECPNL)

공항 \ 연도	2000	2001	2002	2003	2004	2005	2006	비고
김포	83	79	76	75	74	74	73	
김해	79	79	77	77	77	77	76	
제주	76	78	75	75	77	77	76	
대구	83	88	86	86	87	87	87	
광주	83	87	85	82	83	83	84	
인천	-	64	65	65	65	65	66	

(환경부, 『환경백서』 2007에서)

(2) 진동

진동은 불쾌한 흔들림, 바람직하지 않은 흔들림을 말하며 공해와 마찬가지로 주관적인 요소가 많다. 자동차나 기차를 탔을 때에는 상당히 진동이 커도 별로 불쾌함을 느끼지 않는 것이 보통이지만 공장과 건설공사에 따르는 진동은 크지 않더라도 많은 사람이 불쾌감을 갖는다. 진동의 발생원은 기계의 가동에 의한 진동, 건설공사나 대형 자동차의 도로교통 진동, KTX 등 철도교통 진동 등 여러 가지가 있는데 이들의 진동은 거의 소음 발생을 동반한다.

진동의 크기는 그 진폭과 속도 등으로 결정된다. 사람이 전신에 느끼는 진동감각은 같은 크기의 진동이라도 주파수에 따라 달라지고 또한 수직진동과 수평진동에 따라서도 차이가 있다. 감각진동에 있어서 주파수의 특성을 고려하여 규격화한 것이 진동레벨계(rebel計)이고 진동의 크기를 재는 단위는 소음과 마찬가지로 dB을 사용한다.

오랫동안 진동의 공구(工具)를 사용하면 진동증후군이라는 직업병이 발생한다. 그 증상은 직접 진동을 받는 손에 일어나지만 상지에 미칠 수도 있어 말초신경이나 말초순환계의 장애로 나타난다. 최근에는 사람의 귀에는 들리지 않는 저주파수의 공기진동에 따른 피해가 발생하고 있다. 이것은 공장의 특수한 기계와 냉장고의 모터소리 등에 기인하는 것인데, 건물의 창이나 문이 진동하거나 두통, 현기증, 이명 등 신체에 영향을 미친다.

(3) 악취

악취는 사람에게 불쾌감을 주는 원인이 되는 물질이 대기 중에 발산하여 일어나며 소음이나 진동과 함께 생활환경과 깊은 관계가 있다. 악취는 많은 물질이 혼합된 물체이기 때문에 이것을 방지하는 일은 간단하지가 않다. 우리가 가까이에서 느낄 수 있는 악취로는 동물의 배설물, 음식물이나 동식물이 부패한 냄새 등이 있는데 이들은 몇 가지 악취물질을 포함하고 있다.

우리나라에서는 생활환경의 보전과 건강을 보호하기 위해 2004년에 악취방지법을 제정하여 이듬해 5월부터 시행하고 있다. 이 법령에서는 불쾌한 냄새의 원인이 되고 생활환경을 손상할 우려가 있는 물질을 특정악취물질로 정하고 그 규제대상으로 암모니아, 메르캅탄류, 황화수소, 페놀류 등을 지정하고 있다. 이들 물질의 주된 발생원은 고무 제조공장, 약품 제조공장, 플라스틱과 분뇨 처리장, 폐기물 매립장, 음식점, 일반 가정 등이다.

악취를 맡게 되면 먼저 정신적 스트레스가 쌓이고 심리적으로 불안해진다. 따라서 짜증, 히스테리, 불면증 등을 동반하기도 한다. 생리적으로는 악취로 인한 혈압 상승, 호르몬 분비의 변화로 인한 생식계의 이상, 후각의 감퇴, 두통, 구토 등의 증상이 나타날 수 있다.

악취를 방지하기 위해서는 첫째로 발생원을 규제하고 정비하여 악취의 발생을 억제해야 한다. 또한 발생원을 집약화하거나 밀폐하는 일도 유효하다. 둘째는 발생한 악취를 제거하는 일이다. 이를 위해 흡수법, 연소법, 흡착법, 응축법, 마스킹법 등 여러 가지 방법이 응용되고 있다. 마스킹법이란 악취물질에 방향물질을 혼합함으로써 악취의 정도를 약하게 하는 방법이다.

제 7 장

토양의 오염

1. 토양과 토양오염의 특수성

(1) 토양이란

(2) 토양오염의 특수성

2. 토양오염의 요인

(1) 토양오염 물질과 토양오염 기준

(2) 유기성 오염물질

(3) 무기성 오염물질

3. 우리나라 토양오염의 현상과 대책

(1) 토양오염 현황

(2) 토양관리를 위한 제도

(3) 특정 오염지역 관리 시설의 관리

1 토양과 토양오염의 특수성

(1) 토양이란

토양은 고상(固相), 액상(液相), 기상(氣相)의 3상으로 구성되어 있다. 고상은 암석의 풍화작용으로 이루어진 무기물과 동식물의 유해, 생물체를 포함하는 유기물로 구성되고 액상은 토양수, 기상은 토양의 공기를 말한다. 고상은 암석이 풍화하여 생성되지만 모암(母岩)의 광물성과 변성과정 등 풍화하는 조건에 따라 점토, 모래, 자갈 등 다양한 형태의 토양으로 생성된다. 이렇게 생성된 토양은 홍수의 예방, 수원(水源)의 함양, 수질의 정화, 토사 붕괴의 방지, 침식의 억제, 지반 침하의 방지, 오염물질의 정화, 지표의 온도와 습도에 대한 간섭, 토양 생물상의 보호, 식생의 보호 등 여러 가지 환경적인 기능을 수행한다.

그런데 토양에 대한 정의는 토양을 이용하는 각 분야에 따라 달라진다. 농림업에서는 식물의 양분 · 수분 저장과 조절 및 방출과 식물체의 지지물로 보는 한편 지질학 분야에서는 풍화의 산물 또는 풍화 맨틀이라 한다. 그리고 화학분야에서는 암석을 구성하는 조암(造岩) 물질 중의 이온 · 원자 · 분자 등이 물 · 산소 · 이산화탄소 등과 완만하게 작용하여 이들의 화학적 결합이 풀려서 용액에 녹거나 새로운 침전물(주로 점토 광물)을 생성하여 더욱 안정된 생성물을 만드는 전위상(轉位相)으로 간주하고 있다.

대부분의 토양에서 고상은 광물질 입자로 되어 있는데 이들 입자 사이에는 틈이 있어서 기체와 액체가 점유하고 있다. 액상은 주로 강수인데 토양의 입자 사이에 흡착되어 수막(水膜)을 형성하여 미세한 틈을 만들고 있다. 큰 틈에는 토양이 물에 의하여 포화되지 않는 한 공기가 들어 있어 대기와 서로 가스를 교환한다. 토양에는 미생물이 서식하며, 이 미생물의 호흡과 식물 뿌리의 호흡으로 발생하는 이산화탄소는 대기 중으로 확산되고 산소는 토양으로 확산된다.

(2) 토양오염의 특수성

토양오염은 대기오염이나 수질오염과는 다른 독자적인 특수성을 가지고 있다.

첫째 토양오염의 경우는 오염을 체감하기 어렵다. 다 같은 유해물질에 의해 오염되는데도 불구하고 그것이 지하로 침투하기 때문에 눈으로 보거나 냄새로 체감하기 어려워 유해성을 잘 깨닫지 못하게 된다. 따라서 오염을 발생시킨다는 인식이 부족하게 되어 결과적으로 오염방지 대책을 소홀하게 하기 쉽다. 그러므로 각종 법령 등으로 방지 시책이 제정되기 전에는 옥외에 야적한 누출이나 행정적 지도에 의한 공장부지 안으로부터의 폐수 지하침투 등 토양에 유해한 물질이 유출되기 쉬운 상태에 있다.

둘째 토양오염은 장기간에 걸쳐 체류하고 축적되어 확산이 매우 느리다. 토양에 침투한 유해물질은 흡착 등의 현상에 의해 토양오염 물질이 지역적으로 한정되기 쉽다. 또 지하수에 오염이 확산되었을 때도 지하수 자체의 흐름이 극히 완만하기 때문에 체류와 축적성이 매우 높다.

셋째 지반(地盤)의 환경유지는 공공적인 성격이 강하지만 토지는 소유자의 사적 재산이다. 즉 지반이 가지고 있는 환경의 기능은 대기와 마찬가지로 거의 공공적인 것으로 기능하고 있으나 지반 그 자체는 토지로서 사적 재산이 되어 있고 그 환경의 기능도 토지의 구성요소에 포함되어 있다. 토지오염의 대책에는 헌법으로 보장되어 있는 사유재산권에 갖가지 제한을 가하고 있어 이 점에 대해서는 아직 견해가 정해져 있지 않다.

토양오염의 발생은 그 시대의 사회적 환경에 크게 의존한다. 우선 물질의 화학적 지식의 부족에서 오는 영향평가가 부족하다는 점, 그리고 환경오염으로서의 사회적 인식의 부족이다.

① 물질에 대한 화학적 지식의 부족 : 취급하고 있는 물질이 훗날 화학적 지식의 발전에 따라 유해하지 않은 물질에서 유해한 물질로 판명되는 경우가 있다. 예컨대 현재 유해하다고 판정된 PCE(테데트로클로로에틸렌)는 드라이클리닝의 세정제로 널리 사용되고 있었다. 이것이 유해하다고 생각하지 않았기 때문에 그 폐액을 지하에 침투시키거나 대기로 확산시키고 있었다.

② 사회적 인식의 부족 : 유해물질 사용자에게 있어서 토양으로의 지하 침투는 오염을 체감하지 못하기 때문에 시야에서 사라지면 그것이 환경오염을 일으키는 줄 알지 못한다. 사용 지역 주변에서도 이상성을 인식하지 못하므로 아주 가까이에 유해물질이 있어도 오염이라는 인식을 하지 못하게 된다.

2 토양오염의 요인

(1) 토양오염 물질과 토양오염 기준

자연 상태에서 토양은 기본적으로 외적 요인에 대해 자정능력을 가기고 있으나 유해한 물질의 빠른 유입으로 인해 토양이 자정능력의 한계를 넘어 오염을 일으키게 된다. 현재 우리나라에서는 토양환경보전법에 따라 카드뮴, 구리, 비소, 수은, 유기용제 등 토양오염이 되는 17개 물질을 규제대상 토양오염 물질로 규정하고 이에 대한 대책기준을 마련하여 비오염 지역에서의 오염에 대한 관리를 강화하고 있는 중이다.

이들 오염물질은 크게 유기성 오염물질과 무기성 오염물질로 대별할 수 있는데 유기성 오염물질은 산업 활동을 통해 발생하는 오염과 농업 활동으로 배출되는 살충제, 살균제와 같은 농약 등 다양한 것이 있고, 무기성 오염물질 중에는 중금속, 한상염과 같은 음이온 등이 있다.

[표 7-1] 토양오염 우려 기준(17개 항목)

(mg/kg)

구분	카드뮴	구리	비소	수은	납	6가크롬	아연	니켈	불소	유기인	PCB	시안	페놀	BTEX	TPH	TCE	PCE
가 지역	1.5	50	6	4	100	4	300	40	400	10	–	2	4	–	500	8	4
나 지역	12	200	20	16	400	12	800	160	800	30	12	120	20	80	2,000	40	24

(환경부, 『환경백서』 2007에서)

[표 7-2] 토양오염 대책 기준(16개 항목]

(mg/kg)

구분	카드뮴	구리	비소	수은	납	6가크롬	아연	니켈	불소	PCB	시안	페놀	BTEX	TPH	TCE	PCE
가 지역	1.5	125	15	10	300	10	700	100	800	–	5	10	–	1,200	20	10
나 지역	12	500	50	40	1,000	30	2,000	400	2,000	30	300	50	200	5,000	100	60

(환경부, 『환경백서』 2007에서)

(2) 유기성 오염물질

대표적인 유기성 오염물질인 농약은 농작물을 재배하고 저장하는 과정에서 발생한 해충과 잡초 등을 방제하는 데 사용하는 화학농약, 생물농약, 생장 조장제, 약효를 증진시키는 보조제 등을 총칭하는 말이다. 농약은 식량생산에 불가피하게 사용되는 이른바 '경제적 독약'으로서 자연환경 속에서 매우 안정되게 잔류 · 축적되어 있기 때문에 해마다 사용량이 증가하고 있다.

농약에는 작용효과에 따라 식물의 진균병 방제를 위한 살균제, 해충을 방제하는 살충제, 응애 방제용 살비제, 선충을 죽이는 살선충제, 잡초를 제거하는 제초제 등이 있는데, 가장 일반적인 것은 살충제와 살균제 및 제초제이다.

살충제는 해충을 죽이는 작용을 하기 때문에 비교적 약제 자체의 독성이 강할 뿐만 아니라 사람과 가축에 대한 독성도 크므로 사용할 때 주의를 해야 한다. 또한 분자의 안정성이 높아 화학적으로나 생물체 안에서 오랫동안 잔류하게 되어 생태계의 여러 곳으로 이동하기도 한다.

살균제는 식물의 방제를 위해 사용하는 것이므로 대체적으로 독성이 강하지 않으나 잔류성이 크고 안정되어 있어 장기간 동안 환경에 잔류하는 종류도 적지 않고 직접 토양에 살포하는 특성 때문에 환경오염의 가능성이 매우 높다.

[그림 7-1] 토양오염으로 식물이 죽어가는 모습

제초제는 문자 그대로 잡초를 제거하기 위한 농약이다. 인간이 필요로 하는 농작물은 토양에서 재배하는데 토양에는 사람이 뿌리는 재배용 씨앗 외에도 잡초가 함께 자라 영양분을 흡수하므로 농작물의 생육에 지장을 줄 뿐만 아니라 병원균의 발생을 조장하기도 하기 때문에 제거해야 한다. 옛날에는 농촌에 인력이 풍부하여 김매기로 잡초를 제거했으나 오늘날에 인력이 부족하여 옛날과 같이 김매기를 할 수 없다. 따라서 잡초를 제거하기 위해 여러 가지 제초제를 사용하는데, 토양

중 유용한 미생물을 억제 또는 멸종케하여 토양의 활성을 잃게 하고, 또 잡초가 제초제에 내성을 가지게 되어 점차적으로 양을 늘려야 하므로 주의가 필요하다.

(3) 무기성 오염물질

무기성 오염물질, 즉 중금속은 비중이 2 이상인 주기율표에서 전이원소에 속하는 것으로 토양 속에서 분해되지 않고 장기간 잔류하여 농작물을 오염시켜 인체와 가축에 축적되어 만성적인 피해를 주는 비소, 카드뮴, 아연, 납, 크롬 등을 가리킨다. 이러한 물질들은 점토나 부식물에 침전, 고정, 흡착하므로 일단 오염된 토양은 정상적으로 복구되기가 어렵다.

■ 비소

비소는 염색공장이나 피혁공장의 폐수, 광산의 폐수, 도자기의 제조과정 중에 함유되어 있는데, 이러한 것들이 하수에 용해하여 토양의 오염을 가져온다. 일반적으로 토양에는 5~6ppm 정도의 비소가 들어 있는데 15ppm이 되면 식물의 성장이 저해된다. 점토에 함유되어 있는 철, 알루미늄, 칼슘 등은 비소의 고정에 중요한 역할을 하는 물질들이다.

■ 카드뮴

카드뮴은 안료, 사진의 재료, 전기도금, 농약 등에 널리 사용되어 토양을 오염시키는 원인을 제공한다. 또한 자동차의 타이어와 윤활유 등에도 카드뮴이 함유되어 있어 주로 도로변의 토양을 오염시킨다. 토양 중에 카드뮴이 25ppm 이상이면 식물의 성장이 저해된다. 카드뮴에 의한 토양오염이 심할 경우에는 배토나 객토와 같은 방법으로 토질을 개량해야 한다. 또한 석회도 토양의 ppm을 높이기도 한다.

■ 아연

아연은 주로 페인트, 화장품, 염료, 살충제로 이용되어 공업단지의 폐기물 등에 의해 토양이 오염된다. 보통 토양 중에는 30~50ppm의 아연이 함유되어 있는데, 50ppm 이상이 되면 인체에 독성을 나타낸다. 아연으로 오염된 토양의 경우 석회로 토양의 ppm을 높여 침식시키거나 토양의 환원을 통해서 불용화시킨다. 오염 정도가 심할 때는 객토를 하여 아연의 독성을 감소시킨다.

■ 납

납은 다양하게 토양을 오염시키고 있다. 가솔린이 타면서 대기 중으로 방출된 납이 빗물에 씻겨 토양에 유입하여 토양을 오염시키기도 한다. 사람은 보통 야채나 육류를 통해 납을 섭취하게 되는데 성인의 경우 하루 1.0mg 이상 섭취하면 중추신경 장애, 착란 등의 증상을 나타낸다.

■ 크롬

크롬은 잉크, 염료, 도금, 제지 등에 널리 이용되어 물을 오염시키고 순차적으로 토양에 흡수되어 토양을 오염시켜 식물뿐만이 아니라 인체에도 강한 독성을 나타낸다. 비료의 원료로 쓰이는 삼중인산 안의 크롬은 식물에 대한 독성이 크지만 석회를 가하면 독성을 줄일 수 있다.

3 우리나라 토양오염의 현상과 대책

(1) 토양오염 현황

우리나라에서는 국토의 토양오염 상황 및 변화의 추이를 파악하기 위해 1987년도부터 해마다 각 지역에 대한 토양의 오염도를 조사하기 시작하여 2006년도에는 1500개 지점에 대한 실태조사를 행하였다. 그 결과 전국의 평균 오염도는 토양오염 우려 기준을 초과하지 않았고 Cd, Cu, Pb 등 오염물질의 평균농도는 토양오염 우려

기준의 10분의 1수준이고 As, Zn, Ni, F, 유류 등은 2분의 1~5분의 1 수준이었다. 그리고 유기인, PCB는 검출한계 이하였으며 pH는 자영토양과 비슷한 6.7이었다.

오염 우려 지역별로는 원광석과 고철 야적 지역, 금속 제련소 주변 지역, 금속 광산 지역은 Cd, Cu, Pb, Zn, Ni 등 중금속 항목 오염도가 전반적으로 높이 나타났는데, 특히 사고발생 지역과 민원 유발 지역은 유류 오염도가 전국 평균보다 약 7배나 높이 나타났다. 한편 공장 및 공업 지역, 공장폐유 유입 지역, 공단 주변의 주거 지역의 경우는 Cd, Cu, Ni, F 등 일부 항목을 제외하고, 나머지는 평균 오염도와 유사한 것으로 나타났다.

[표7-3] 전국 평균 토양 오염도 현황

(단위 : mg/kg)

구분	Cd	Cu	As	Hg	Pb	Cr^{6+}	Zn	Ni	F	유기인	PCB	CN	페놀	유류		TCE	PCE
														BTEX	TPH		
'06평균	0.076	3.587	0.481	0.025	5.395	0.000	82.318	10.222	280.109	0.000	0.000	0.010	0.000	0.000	16.207	0.000	0.000
'05평균	0.078	3.768	0.167	0.016	6.162	0.000	77.317	9.587	260.665	0.000	0.000	0.012	0.000	0.021	5.153	0.000	0.009
우려기준 (가지역)	1.5	50	6	4	100	4	300	40	400	10	-	2	4	-	500	8	4
자연 함유량	0.040	0.48	0.48	0.085	3.06	0.09	54.27	17.28	-	-	-	-	-	-	-	-	-

※ 1. 2006년 pH의 범위는 4-1~9.9(평균 6.7)
2. 자연함유량은 국립환경과학원의 토양오염기준 평가 및 확립에 관한 연구(Ⅰ)(2004년)결과에서 현행 토양오염공정시험방법에 의한 우리나라 토양(산림지역)의 분석결과임
(환경부, 『환경백서』 2007에서)

(2) 토양관리를 위한 제도

우리나라에서는 토양환경의 합리적인 개선을 위해 1995년에 '토양환경보전법'을 제정한 이래 여러 차례의 개정을 거쳐 2004년에 대대적인 개편을 하여 미비점을 보완하고 토양오염 관리의 선진화를 도모했다. 그 주요 개정 내용은 신고 및 투기의 금지, 토양정화 검증제도의 도입, 토양정화 등록제도의 시행, 위해성 평가제도 등이다.

■ 토양오염의 신고 및 투기의 금지

토양오염이 발생했을 경우에는 신속하게 조치하여 오염의 확산을 막기 위해 오염물질을 생산, 운반, 저장, 취급 또는 처리하는 자는 그 과정에서 오염물질이 누출 및 유출되었을 때 지체 없이 관할 관청에 신고하도록 의무화했다. 또한 오염된 토양을 버리거나 정화과정에서 누출, 유출하는 행위를 금하고 이를 위반하면 처벌하도록 하여 토양오염의 적정한 정화를 도모하고 있다.

■ 토양정화 검증제도의 실시

과거에는 누구나 토양정화를 할 수 있고 그 결과에 대한 검증제도가 확립되지 않아 오염토양의 정화가 부실하게 이루어지는 경우가 많았다. 그러나 2005년 9월부터는 토양정화 업체의 등록제를 실시하여 토양정화 사업을 하려면 반드시 등록하도록 했다.

토양정화 사업을 등록하기 위해서는 사무실과 기술인력, 시설 및 장비 등 일정한 기준의 등록요건을 갖추도록 규정했는데, 2006년 12월 현재 등록한 업체는 총 59개소에 달하며 앞으로 시장규모가 확대됨에 따라 업체 수는 더욱 늘어날 전망이다.

■ 토양오염 위해성 평가제도의 시행

위해성 평가제도란 토양 중의 오염물질이 인체나 생태계에 주는 실질적인 위해성을 평가하여 위해성 여부에 따라 정화의 범위와 시기를 조정할 수 있도록 하는 제도이다. 위해성 평가를 하는 데에는 많은 시간과 비용이 소요되고 국내에서는 아직 위생평가 기법이 발달하지 않은 상태이기 때문에 오염원의 인자가 없거나 오염원 인자에 대한 정화가 곤란한 형편이다. 그러므로 우선 우리나라에서는 시장, 군수, 구청장이 정화를 하는 경우에 한하여 시행하고 있다. 그러나 2008년부터는 위해성 평가의 절차, 방법 등을 구체적으로 정한 '토양오염 위해성 평가지침'을 마련하여 점차 시행 단계에 접어들고 있다.

■ 토양환경 평가제도의 도입

토양환경 평가제도는 토양오염 관리대상 시설이 설치되어 있거나 설치되었던 부지를 거래할 때 거래 당사자가 부지의 토양오염 여부를 사전에 조사하여 오염에 대한 책임을 명확히 하여 오염된 부지의 취득으로 인한 손실을 막고, 토지오염에 대한 분쟁을 예방하여 오염된 토양의 정화에 대한 책임을 묻기 위해 2002년부터 도입하고 있다.

'토양환경 보전법'에 따르면 토양오염의 직접적인 원인이 된 자 외에 토양오염 관리시설을 인수한 자 등도 토양오염의 원인자로 규정하여 2002년부터 그 범위를 확대하여 시행하고 있다. 따라서 오염된 부지를 토양환경 평가를 하지 않고 인수한 경우는 오염에 대한 법적 책임을 면할 수 없게 된다.

(3) 특정 오염지역 관리대상 시설의 관리

■ 폐광된 금속광산의 관리

우리나라의 광산은 석탄광산, 금속광산, 석회석 광산 등으로 구분되는데 이 가운데서 금속광산의 광석에 포함되어 있는 중금속 성분과 제련과정에서 사용하는 시안(CN) 등의 화학약품, 갱구에서 유출되는 갱내수 등이 주요 토양오염원이라 할 수 있다. 통계에 따르면 2005년 말 현재 우리나라에는 936개소의 금속광산이 있는데 대부분이 1940년대 이전에 개발되어 경제성 저하 등으로 인하여 폐광 상태에 있다.

그 중에서 1970년도 이전에 폐광된 금속광산 지역에 산재한 광미(鑛尾), 갱내수, 폐석 등으로 인해 주변의 농경지, 하천 등이 오염되어 1992년부터 조사를 시작하여 오염이 심각한 지역은 복원을 해왔다. 그러나 최근에는 폐광한 금속광산 주변의 토양오염 범위가 농경지, 하천수, 지하수뿐 아니라 오염된 토양에서 생산된 농작물까지 오염되어 주민의 건강이 위협받고 있는 실정이다. 이에 정부에서는 1992년부터 936개소의 폐광된 광산에 대한 정밀 실태조사를 한 결과 139개소가 토양오염 기준을 초과한 것으로 밝혀졌다.

[표 7-4] 폐광된 금속광산의 현황 및 정밀조사 실시 상황

(광산수)

구분	계	서울	부산	대구	인천	광주	울산	경기	강원	충북	충남	전북	전남	경북	경남
총개소수	963	3	6	6	12	4	2	71	119	151	174	80	67	135	106
정밀조사 실시광산수	219	-	2	2	1	-	-	8	38	37	30	10	26	38	27

(환경부, 『환경백서』 2007에서)

이에 폐광지역의 토양오염 방지를 효과적으로 추진하기 위해 우리나라에서는 2005년 5월에 '광산피해의 방지 및 복구에 관한 법률'을 제정하여 광해방지 사업단을 발족하여 폐광된 광산에 대한 본격적인 피해방지에 나서고 있다.

■ 골프장에 대한 농약사용의 제한

골프장은 표면수를 가능한 빨리 배수해야 하므로 많은 배수시설이 필요하기 때문에 이동시켜야 할 흙의 양은 택지조성 때 이동시켜야 할 토양의 양에 육박한다. 또한 골프장을 운영하는 데 있어서는 잔디 보호를 위해 농약을 살포하게 되므로 토양오염 문제가 심각하게 대두되고 있다.

2006년도에 전국 279개소의 골프장에 대해 조사한 바에 따르면 연간 273개 품목의 농약 2724톤을 사용한 것으로 밝혀졌다. 이는 단위 면적당(ha) 12.03kg을 사용한 것이 되는데 2005년도에 비해 연간 34.5톤으로 14.5% 증가했으며, 단위 면적으로 환산하면 1.27kg(11.8%)가 늘어난 것이 된다.

[표 7-5] 골프장의 연도별 농약 사용량 변화 추이

연도별	2000	2001	2002	2003	2004	2005	2006
골프장수	149	161	163	179	198	222	279
총사용량(톤)	190.1	196.5	199.3	225.2	229.3	237.9	272.4
ha당 사용량(kg)	12.3	11.7	11.7	12.2	11.5	10.8	12.03
잔류농약 검출 골프장(품목)수	20(5)	92(13)	56(12)	95(21)	91(18)	127(24)	97(16)
고독성 농약사용(검출)골프장수	7	5	3	2	4	3	2

(환경부, 『환경백서』 2007에서)

이에 정부에서는 앞으로 골프장 건설이 급격히 증가할 것에 대비하여 전국에서 운영되고 있는 골프장의 맹 · 고독성 농약의 사용 및 농약을 과다하게 사용하는 골프장에 대해 정기적으로 점검하고 농약 사용의 절감을 유도하기 위해 지도 감독과 단속을 강화해 나가고 있다.

제8장

물 부족과 수질오염

1 지구상의 수자원

(1) 지구상의 물은 어느 정도인가

물은 모습을 바꾸어 가면서 지구 표면을 순환하여 지구의 경관을 만들고 생물의 생활을 지탱해 주고 있다. 지구상의 생물은 물과는 끊을 수 없는 관계로 맺어져 있어 물의 큰 혜택을 받고 있다.

그러면 지구에는 어느 정도나 물이 있는 것일까. 지구상의 물은 막대하므로 그것을 전부 모아 측정할 수는 없기 때문에 여러 가지 데이터를 통해 추정하게 된다. 따라서 과학자에 따라 그 양의 추정량은 다소 차이가 있으나 큰 영향은 없다. 지구상의 물은 약 97%가 바닷물, 즉 해수이고 나머지 3%가 담수이다. 더구나 이 담수도 약 70%는 북극이나 남극의 얼음으로 존재하기 때문에 우리가 하천과 호수 등에서 직접 이용할 수 있는 물의 양은 전체의 0.8%에 지나지 않는다. 얼른 생각하기에는 지구에는 물이 넘치도록 존재하는 것 같으나 실제로 인간이 음료수로 사용할 수 있는 것은 전체의 0.01% 이하로 매우 적은데 이것이 수자원이다.

[표 8-1] 지구상의 물

물의 종류		양(천㎦)	전체 수량에 대한 비율(%)	전체 담수량에 대한 비율(%)
해수		1,338,000.0	96.5379	
지하수		23,400.0	1.68833	
	염수	12,870.0	0.9286	
	담수	10,530.0	0.7598	30.061
토양중의 물	담수	16.5	0.0012	0.047
빙하등	담수	24,064.0	1.7362	68.697
영구동결층 지역의 지하수	담수	300.0	0.0217	0.856
호수		176.4	0.0127	
	염수	85.4	0.0062	
	담수	91.0	0.0066	
늪지의 물	담수	11.5	0.0008	0.260
하천수	담수	2.1	0.0002	0.033
생물중의 물	담수	1.1	0.0001	0.006
대기중의 물	담수	12.9	0.0009	0.003
합계		1,385,984.5	100	0.037
합계(담수)		35,029.1	2.5274	100

(Assessment of Resources and Water Aailability in the World : I.A.Shiklomanov. 1996(WMO발행)에서)

지구상의 대부분을 차지하는 해수는 태양 에너지에 의해 끊임없이 증발한다. 증발한 수증기는 상공에서 냉각하여 구름이 되고, 다시 비와 눈이 되어 지상으로 내려온다. 이 중에서 약 90%는 바다로 떨어지지만 나머지는 육지에 내려온다. 그리고 육지로 내려온 물이 증발하여 수증기가 되고 남은 것이 땅 속으로 고이려면 장기간의 시간이 필요하다. 지하수의 일부는 천천히 흘러 강과 호수로 들어가거나 혹은 샘물이 되어 지표에 나타난다. 그리고 이들 물은 다시 바다로 돌아간다.

이처럼 물은 지구상에서 순환하는데 이 사이클은 먼 옛날부터 지금까지 쉬지 않고 계속되고 있다. 해수에서 증발한 물은 염분을 거의 포함하지 않은 담수이다. 이것이 비가 되고 눈이 되어 우리가 마시거나 공장에서 사용하는 수자원이 된다. 그러므로 수자원의 근원은 해수라 할 수 있을 것이다.

수자원 문제에는 건강한 생활을 보내기 위해 안전한 물을 얻을 수 있느냐 하는 물의 질(質) 문제와 충분한 물을 확보할 수 있느냐 하는 양(量)의 문제가 있고 또 한 가지 배분(配分)의 문제가 있다. 배분의 문제란 원래 지구상에서 이용할 수 있는 물의 양이 있을 뿐만 아니라 그 지역적인 분포나 계절적인 분포가 불균형하기 때문에 한쪽에서는 남아도는가 하면 다른 쪽에서는 크게 부족한 상태에 있어 이것을 어떻게 해결하느냐 하는 것이 과제가 되어 있다.

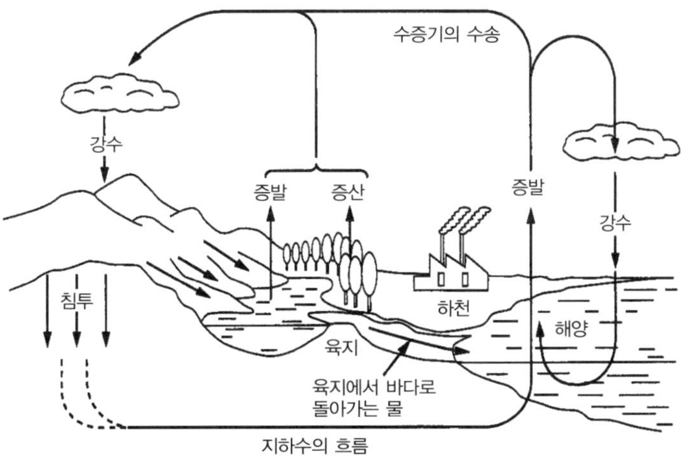

[그림 8-1] 물의 순환

(2) 생존에 필요한 물의 양

우리는 매일 물을 마시거나 음식물에 포함된 물을 섭취하고 있는데 성인(건강한 남자)은 하루에 2.0~2.5리터의 물을 섭취한다고 한다. 그 내역을 보면 ① 음료수는 약 1.0~1.5리터 ② 음식물 중의 물은 약 0.7~1리터 ③ 체내에서 생기는 물은 약 0.3리터이다.

우리가 물을 섭취하면 체내로 흡수되어 산소와 함께 혈액을 통해 체내의 각 세포로 운반됨으로써 활동을 하는 에너지가 생긴다. 그 과정에서 물이 생긴다. 반면에 체내에서 나오는 물 가운데서 가장 많은 것은 소변인데 그 양은 하루에 약 1.2~1.5리터이다. 다음 피부로 증발하는 양이 약 0.4~0.6리터이며, 대변으로 배출되는 양은 약 0.1리터이다.

생명을 유지하기 위해 필요한 최소한의 물은 하루에 1.3~1.5리터 정도라고 한다. 그러나 일반적으로 생명 유지와 함께 위생을 위한 목욕이나 음식 조리를 위한 물을 합하면 하루에 50리터 정도가 필요하다.

2 21세기는 '물의 세기'

(1) 세계은행 보고서의 충격

개발도상국의 정부나 민간 기업에 대한 융자와 기술협력을 행하고 사회기반의 정비 등을 지원할 목적으로 설치된 공적인 국제 금융기관인 세계은행은 1995년에 '수자원 위기에 직면한 지구'라는 보고서에서 '20세기는 석유를 둘러싼 전쟁이었으나 21세기는 물을 둘러싼 전쟁이 일어날 것이다.' 라고 하여 세계에 큰 충격을 주었다. 그렇다면 앞으로 '물의 전쟁'이라는 사태는 정말 일어나는 것일까.

이 보고서에 따르면 세계 인구의 약 40%에 해당하는 20억 명 이상이 영구적인 물 부족에 직면해 있을 뿐만 아니라 수질 악화로 10억 명이 안전한 음료수를 확보하지 못하고 있다고 한다. 그 가장 큰 원인은 인구의 증가와 경제성장의 속도에 맞춰 수자원 개발이 이루어지지 않고 있기 때문이다. 만약 지금처럼 적절한 대응을 하지 못하고, 특히 개발도상국의 수자원이 확보되지 못할 때에는 개발도상국의 농업에 큰 타격을 주지 않을 수 없게 된다.

세계은행의 발표 이후에도 세계의 물 문제는 국제적인 논의 중에서도 시급을 요하는 테마의 하나가 되고 있다. 유엔환경계획(GEO)에 따르면 현재 전 세계의 인구 중 약 3분의 1이 상당한, 또는 극심한 물 부족 상태에 있는데 향후 25년 이내에 세계인구의 약 3분의 2가 물 부족 국가에 살게 될 것이라고 전망했고, 유엔 산하의 인구행동연구소(PAI)는 2000년에 발표한 보고서에서 1990년에는 28개국의 3억 3000여만 명이 물 기근 내지 물 부족 국가에 포함되었으나 2025년에는 그 인구가 24억 내지 32억 정도가 될 것이라고 한다.

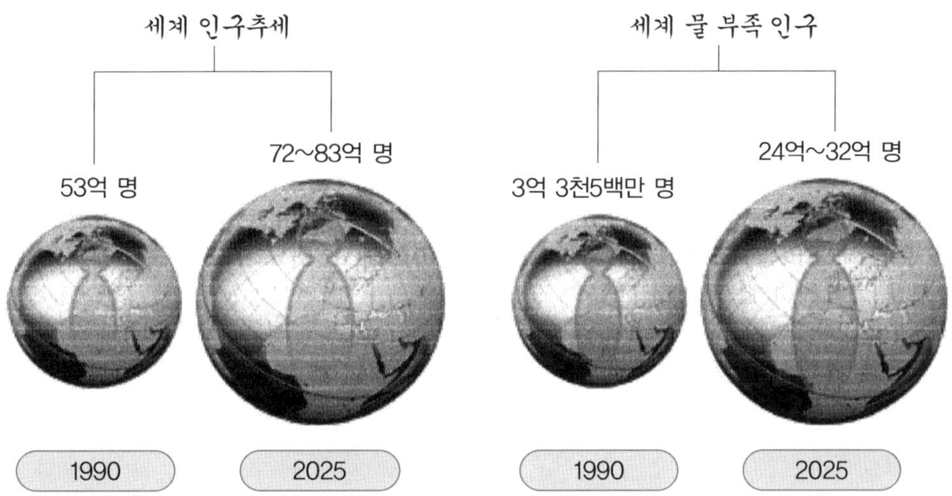

[그림 8-2] 세계 인구의 추세 및 물 부족 인구

(2) 우리나라는 물 부족 국가

PAI는 사용 가능량을 기준으로 하여 1인당 $1000mm^3$ 미만인 나라를 물 기근 국가, $1700mm^3$ 이하이면 물 부족 국가, $1700mm^3$ 이상이면 물 풍요 국가로 구분하고 있는

데, 우리나라는 이 중에서 물 부족 국가에 포함되어 있다. 물 기근 국가에 해당하는 나라는 18개국, 물 부족 국가에 해당하는 나라는 12개국, 물 풍요 국가에 포함되는 나라는 131개국에 이르는데 우리나라는 물 부족 국가로 분류하고 있다.

그 이유는 어디에 있는 것일까. 우리나라의 연평균 강우량은 1274mm^{3}로서 세계의 평균 973mm^{3}보다 1.3배나 많으나 인구밀도가 높기 때문에 1인당 연평균 강우량은 세계의 연평균 강우량 26800mm^{3}의 10분의 1에 지나지 않기 때문에 물 부족 국가로 분류된 것이다.

우리나라가 물 부족 국가인가 하는 데 대해서는 전문가들 사이에 의견이 엇갈리고 있으나 앞으로 물이 부족하게 된 것만은 분명하다. 건설교통부(현 국토해양부)의 수자원 장기 종합계획에서도 우리나라는 2006년부터 연간 1억 톤의 물이 부족할 것이라는 전망을 내리고 있다. 1994년의 경우는 우리나라 물 공급능력이 연간 324억m^{3}로 수요량 301억m^{3}에 비해 약 23억m^{3}의 여유가 있었으나 인구의 증가와 국민의 생활수준 향상으로 용수의 수요가 연간 1.2%씩 증가하여 2006년부터는 물 부족이 우려된다고 발표한 바 있다.

[표 8-2] 세계 각국의 1인당 물 사용 가능량

	국민 1인당 확보된 연간 사용량	개인 물 사용량 국가별 분류
물 기근 국가군	1,000m^3 미만 만성적인 물 부족으로 인한 경제발전 및 국민복지 보건에 악영향을 줌	몰타, 카타르, 바레인, 이집트, 쿠웨이트, 리비아, 오만, 바베이도스, 싱가포르, 사우디아라비아, 아랍에미레이트, 요르단, 예멘, 이스라엘, 튀니지, 카포베르데, 부룬디, 알제리
물 부족 국가군	1,000m^3~1,700m^3 주기적인 물 압박을 경험	모로코, 키프로스, 남아프리카, 한국, 폴란드, 벨기에, 코모로스, 아이티, 케냐, 르완다, 소말리아, 영국
물 풍요 국가군	매년 1,700m^3 이상 지역적 또는 특수한 물 문제만을 경험	미국, 일본, 캐나다 등 131개국

(3) 물을 둘러싼 국제 분쟁

세계은행의 보고서 이후 물이 직접 원인이 된 전쟁은 일어나지 않았으나 국제하천

(여러 나라를 관통해 흐르는 하천으로서 조약상 자유 항해를 인정하고 있는 것)을 비롯하여 상·하류에서의 물의 취수, 수질관리, 홍수 등 물을 둘러싼 분쟁이 자주 일어나고 있다.

세계인구의 약 40%는 2개국 이상으로 흐르는 하천수계에서 살고 있다. 원류에서 출발한 물은 도중에 물줄기가 갈라져 음료수나 관개용수 등으로 이용된다. 이때 상류에 있는 나라는 하류에 있는 나라의 제약을 받지 않고 수자원을 개발하는 강한 입장을 갖게 되어 하천오염을 비롯한 여러 가지 문제를 하류에 있는 나라에 끼치게 된다. 이에 하류에 있는 나라들은 수자원은 상류에 있는 나라의 독점물이 아니라 자기 나라도 역사적인 경위로 보아 물을 이용할 권리가 있다고 하여 분쟁을 일으키게 된다.

다음에 물을 둘러싼 분쟁의 예를 몇 가지 들어보기로 한다.

요르단 강

요르단 강은 레바논, 이스라엘, 시리아, 요르단 등 4개국을 흐르는 강이다. 이 지역에서는 1948년 8월 이스라엘이 건국한 이후 아랍과 이스라엘 사이에 중동전쟁이 일어났다. 그러다가 1967년 제3차 중동전쟁에서 승리를 거둔 이스라엘이 비교적 비가 많은 지역의 수자원을 획득했다.

그 결과 요르단은 요르단 강 서쪽 지역에 있는 저수지와 수자원을 상실하여 수자원으로는 지하수밖에 없게 되어 현재 중동지역에서 가장 물에 약한 나라라 일컬어지고 있다. 1994년에 미국의 중재로 요르단은 이스라엘과 건국 이래의 대립 관계를 해소하고 이스라엘로부터 매년 물을 공급받기에 이르렀다. 그러나 갈수기에는 이스라엘이 자기 나라의 물 배분을 우선시키기 때문에 관리권을 갖지 못한 요르단은 물 부족 상태에 놓여 있다. 1999년의 물 부족 때는 이스라엘로부터의 물 배분이 감소한 탓으로 오랫동안 긴장관계에 있던 시리아와 교섭하여 물을 공급받게 됨으로써 겨우 물의 위기를 극복했다. 그러나 중동지역에는 높은 출생률과 이민의 증가로 수자원 문제는 앞으로도 심각하게 증대될 것이다. 말하자면 물에 의한 분쟁의 '폭탄을 안고 있는' 상황이다.

■ 나일 강

아프리카의 동북부를 흐르는 나일 강도 국제적 물 분쟁에 휘말려 있다. 하류의 이집트와 물의 소비를 늘리고 있는 케냐, 우간다, 탄자니아, 에티오피아 등 상류에 있는 나라 사이에 마찰이 그치지 않고 있기 때문이다. 이집트는 나일 강 상류에 위치한 수단과 우간다가 댐 건설 등으로 강물을 차단하는 것을 가장 우려하고 있는데, 1950년대에는 이집트와 수단이 군사적 마찰을 거쳐 양국 사이에 나일 강 분배협약을 맺기도 했다.

결국 1995년에 나일 강 유역국가들이 탄자니아에 모여 물 분배 문제를 논의하는 회의를 열어 이를 통해 물 분쟁을 해결하기로 했다. 그러나 물 문제는 일단락되었으나 갈등의 여지는 아직도 남아 있다.

■ 티그리스 · 유프라테스 강

터키는 20세기에 접어들어 국토가 황무지로 바뀌는 사막화 현상을 겪으면서 자국에서 발원하는 티그리스 · 유프라테스 강에 초대형 댐을 건설하여 수자원 확보에 나섰다. 그러나 이는 두 강에 전적으로 의존하는 하류지역의 이라크와 시리아의 '생명수'를 위협하는 결과가 되어 이들 국가 사이에 긴장이 고조되고 있다.

(4) 물 문제에 관한 국제적 대응

1997년 각국 정부, 전문가, NGO(비정부 기구), 일반 시민 등 63개국의 5000여 명이 참가한 가운데 물을 둘러싼 분쟁, 물과 식량의 부족, 수질오염에 의한 비위생적인 생활조건, 홍수의 위기 등 물에 관한 모든 문제를 해결하기 위한 제1차 세계 물 포럼이 모로코에서 열렸다. 이 회의에서는 각료급 회의로 설정되어 담수 생태계의 건전성을 지키는 기준을 각국에서 정하고 생활유지에 필요한 물을 확보할 수 없는 사람의 비율을 감소시키기로 결정했다.

제2차 회의는 2002년 네덜란드의 헤이그에서 열렸는데, 여기서는 세계의 물 현황과 25년 후의 모습 및 대처방안을 검토한 '세계의 물 비전'을 발표하고 21세기의 물

안정보장을 목표로 한 '헤이그 선언' 을 채택했다.

제3차 회의는 2003년 3월 16일부터 23일에 걸쳐 일본의 오사카와 교토에서 열렸다. 이 자리에는 세계 각국에서 2만 4000명이 참석하여 세계적 규모의 과제를 해결하는 한편 뉴욕에서 열린 유엔 밀레니엄 정상회의(2000년), 본에서 열린 국제담수회의(2001년) 및 남아프리카의 요하네스버그에서 열린 지속가능한 개발에 관한 세계수뇌회의(WSSD)에서 정한 목표를 달성하기 위해 필요한 행동에 대해 논의했다.

그리고 적절한 물의 공급이나 건강과 위생의 개선과 같은 인간이 생존하기 위해 필요한 물과 식량생산, 교통, 에너지, 환경이 필요로 하는 물의 균형 등에 관해 38가지 테마, 5개 지역에 걸친 351개 분과위원회에서 논의가 전개되어 구체적인 행동계획 500가지 이상이 제시되었다. 그 가장 중심적인 테마는 '모든 사람에게 안전하고도 위생적인 물을 공급한다.' 는 것이었다.

3 물의 오염

(1) 수질오염의 진행

수질오염이란 자연 수역의 물이 사회가 배출하는 물질로 인해 용수로서의 가치와 외관이 저해되어 환경의 보전 및 인간의 보건에 악영향을 미치는 것을 말한다. 그 주된 원인은 생활하수, 산업폐수, 농업폐수, 축산폐수 등이며 특히 가정에서 버리는 생활하수가 큰 문제가 되고 있다. 생활하수에는 음식물 찌꺼기, 합성세제, 분뇨가 포함되어 있어 이런 물질들이 탁도의 저하, 부영양화(富榮養化), 물속의 산소량 부족 등을 일으키고 미생물의 혐기성 분해 작용에 의한 유해물질까지 발생시키므로 실질적으로 하천과 해양을 오염시키고 있다. 따라서 생활하수에 의한 오염현상은 지구상의 인구가 증가하는 한 계속 악화될 수밖에 없다.

한편 산업의 발전으로 나날이 증가하고 있는 산업폐수는 생활하수와는 달리 일반적으로 고농도의 중금속 같은 유해성 물질을 많이 함유하고 있으며 공업의 발달로 종류의 다양화를 초래했을 뿐만 아니라 공장의 규모가 커짐에 따라 용수의 사용량과 화학약품의 사용도 크게 증가하고 있다. 그 결과 산업폐수가 자연환경으로 배출되어 생태계에 큰 피해를 주고 있다. 공업의 발달은 새로운 무기물질과 유기물질을 생산하게 되어 이로 인해 매년 많은 폐수가 수역으로 배출되고 있다.

1차 산업에 속하는 농 · 축산업의 발달도 수질오염에 있어 큰 비중을 차지하고 있다. 최근에는 육류의 소비가 증가함에 따라 가축의 사육수가 점차 증가하는 추세에 있으며 가축산업이 증가하고 있는 실정이다. 이로 인한 축산폐수는 그 발생면에서 산업폐수에 비해 많지는 않으나 고농도 유기물질을 함유하고 있기 때문에 오염물질의 부하량이 많다는 점에서 문제의 심각성이 있다.

농업폐수도 예외는 아니다. 인구의 급격한 증가와 함께 빈곤으로부터 탈출하려는 인간의 노력은 한정된 농경지에서 최대의 수확을 얻으려는 일념에서 각종 농작물의 품종개량과 함께 광범위한 농약개발에 주력하게 되어 오염을 부채질하고 있다. 병충해 방제를 위한 농약의 사용은 식량생산의 증가를 가져왔지만 병충해의 저항력 증대로 농약의 종류가 다양화되고 그 사용량도 계속 늘어나 이로 인한 생태계의 위협 및 식품의 농약 잔류가 우려되고 있으며 수원의 오염에도 많은 영향을 주고 있다.

(3) 수질오염의 지표

물이 과연 오염되어 있는지의 여부를 측정하는 데에는 여러 가지 방법이 있을 수 있고 또 용도에 따라 오염의 정도를 달리 나타낼 수도 있다. 그러나 일반으로는 물의 물리적, 화학적, 생물학적 지표에 따라 분류하여 측정하게 된다.

■ 물리적 지표

물리적 지표는 눈으로 보거나 맛을 보고 또는 냄새를 맡는 등 인간의 감각에 관계되는 물의 특성을 지표로 삼는 것이다.

① 현탁 고형물의 측정 : 현탁 고형물이란 물에 용해되지 않는 무기물, 유기물로 구성되어 있는데 예컨대 무기물은 진흙 같은 토양성분이고 유기물은 식물의 섬유질과 박테리아 등의 생물체를 말한다. 이것을 측정할 때는 물을 필터로 여과시

킨 후 남은 물질의 양을 측정함으로써 현탁 고형물의 양을 알 수 있게 된다.

② 탁도 측정 : 물이 얼마나 탁한지 측정하는 것으로 수중의 현탁물질에 의해 빛이 흡수되거나 산란되는 정도로 측정한다.

③ 색도 측정 : 물이 잡초나 나무 등의 유기성 물질과 접하게 되면 타닌, 부식산 등으로 인하여 황갈색을 띠게 된다. 만약 물에 황산철 같은 것이 있으면 붉은색을 띠게 되고 산화망간이 있으면 갈색이나 검은색을 띠게 된다. 그 밖에도 섬유, 염색, 제지, 식품가공, 화학물의 생산, 채광, 정유 등에서의 폐수는 색도를 발생시킨다. 색도 측정에는 주로 색도의 표준물질과 시료를 비교하는 방법을 사용하고 있다.

④ 맛과 냄새 : 토양의 광물질, 금속 및 물이 만나면 불쾌한 냄새가 난다. 또한 석유와 같은 유기물질과 만난 물은 맛과 냄새를 동시에 발생시킨다. 맛과 냄새가 나게 하는 물질은 가스 및 액체 크로마토그래피(chromatography) 방법으로 측정할 수 있다. 그 방법은 혼합물을 용매에 녹여 용액 상태로 만든 후 흡착물질에 부으면 물질에 따라 흡착하는 속도가 달라 층을 이루는데, 용매는 물에 흡착되지 않고 흘러내려 비커에 모이게 되어 이것을 조사하여 측정하게 된다.

⑤ 온도 : 공장이나 발전소 등의 폐열을 냉각수로 제거하면 온도변화를 가져올 수 있다. 또한 벌채, 수로 등으로 인해서도 하천의 온도가 상승하게 된다.

⑥ 용존 고형물 : 현탁물질 과정에서 여과 후에도 물에 남아 있게 되는 물질을 용존 고형물이라 하는데, 이것을 측정하여 수질의 지표를 알 수 있다. 즉 대기와 토양과 같은 물질이 물과 접촉하면 용존 고형물이 물속에 녹아들게 되고 음식 찌꺼기와 유기화학 물질 혹은 유기성 기체 등과 접촉해도 발생한다. 용존 고형물의 측정은 현탁 고형물을 여과하여 제거한 다음에 남은 시료 중의 물을 증발시켜 남아 있는 잔류량의 무게를 측정하는 방법과 물의 전기 전도를 이용하여 용존 고형물을 측정하는 방법이 있다.

⑦ 경도 : 경도는 물속의 금속 양이온이라고 정의할 수 있는데, 이 경도는 보일러의 배관, 온수관 등을 막히게 하며 비누거품이 잘 일어나지 않게 한다. 옷이나 식기 등을 세척할 때 경도와 비눗물에 의해 만들어진 침전물질은 옷과 식기 등을 더럽히게 된다. 또한 이 침전물질은 피부의 숨구멍 등에 남아 피부를 거칠게 만들기도 한다. 경도는 분관관도법이나 화학 적정으로 주어진 시료의 칼슘과 마그네슘의 양을 측정하여 정할 수 있다.

■ **화학적 지표**

화학적 지표에는 유기물에 의해 물이 오염된 정도를 측정하는 생화학적 산소 요구량(BOD), 화학적 산소 요구량(COD), 산 · 알칼리도 등과 족성물질에 의한 지표(TOC) 등이 있다.

① BOD : BOD는 분해 가능한 유기물질을 이에 해당하는 산소로 환원하여 측정하는 방법이다. 물속에 유기물이 많을수록 이를 분해하기 위한 미생물의 수가 많아질 것이고, 미생물의 수가 많아질수록 소요되는 산소가 많으므로 생물학적 산소 요구량이 커지게 된다.

② COD : COD는 타닌, 니그닌산, 세룰로오즈, 페놀, 계면활성제 등 생물이 분해하기 어려운 유기물이나 살균제, 제초제 등 생물에 대해 독성을 갖는 유기물을 측정하는 것이다.

③ TOC : TOC는 강력한 산화제를 사용하여 물속의 유기물들을 산화하여 이때 발생하는 CO_2의 양을 측정하는 방법이다.

■ **생물학적 지표**

① 영양염류량 : 영양염류는 동식물의 성장 및 번식을 위한 필수적인 원소들로 주로 질소와 인을 말하는 것인데, 이것들이 너무 많으면 부영양화와 적조를 발생시킬 수 있으므로 이를 통해 지표를 측정하게 된다.

② 병원균 : 물을 매개로 하여 번식하는 병원균은 인간의 건강을 해치고 전염병을 유발시키기도 한다. 이들 병원균은 대부분 동물의 배설물이나 부패한 식물에서 발생하므로 물속의 병원균의 수를 통해 물이 동물의 배설물이나 부패한 식물과 접촉했다는 것을 알 수 있게 된다.

(3) 수질오염으로 일어나는 현상

■ **부영양화**

부영양화란 물속의 질소, 인산 등 영양염류가 많아지는 현상을 말한다. 가정 등의 폐수에 포함되어 있는 영양염류는 하천, 호소, 바다 같은 곳의 부영양화를 촉진시켜 플랑크톤의 비정상적인 발생을 촉진하여 조류(藻類)의 이상번식, 녹조, 적조와 같은 현상을 일으킨다. 그리고 플랑크톤의 증식이 진행하면 물밑바닥에 생물의 사체가 축적되어 부패성 유기물질을 침강 · 퇴적시켜 용존산소(물에 용해되어 있는 산소)를 현저하게 저하하게 만든다. 그 결과 산소를 필요로 하는 생물이 사멸하여 혐기성 상태가 되고 악취를 발생시킨다. 이러한 현상에서는 물이 녹색으로 변하기 때문에 녹조라고 부른다.

수질이 혐기성이 되어 악취를 발생시켰을 경우 공기(산소)를 수중에 공급함으로써 수질을 개선시킬 수 있다. 공원의 연못 같은 데서는 분수 등으로 물과 공기와의 접촉을 증대시키는 방법을 이용하고 있다. 그리고 부영양화에 의한 수질악화는 위에서 말한 BOD나 COD로 측정할 수 있다.

부영양화에 의한 손실을 정상화하기 위해서는 질소와 인의 유입을 감소시켜야 한다. 특히 가정에서 배출하는 생활하수 중에는 세제 성분에 의한 유입이 전체의 60%를 차지하는 만큼 수역으로 흘러드는 하수와 오폐수의 철저한 정화가 필요하다. 그 밖에 황산구리와 활성탄을 살포하여 조류를 일관적으로 제거하거나 공기의 주입, 강제 혼합법 등 적극적인 방법을 통해 이미 부영양화가 일어난 호소나 바다의 자정능력을 촉진시키는 방법도 이용되고 있다.

적조의 발생

적조란 수계환경 안의 동식물 플랑크톤이 대량으로 번식하여 해수의 색깔이 적색, 황색, 적갈색으로 변하는 현상을 말한다. 우리나라의 적조 발생은 아주 오래전부터 있었던 것으로 기록되어 있는데, 『조선왕조실록』에 의하면 1403년(태종 3년) 10월에 거창, 고성, 거제 연안, 진해만 일대에서 해수가 적색으로 변하여 물고기가 떼죽음했다는 기록이 있고, 1412년에는 순천 연안에서, 1423년에는 거제도 연안에서 해수가 붉게 물들어 물고기가 떼죽음했다는 기록이 있다.

과학적으로 조사가 이루어진 것은 1961년 10월 진동만의 적조 발생을 조사한 것이 처음이다. 그 후 1970년대까지는 진해만 일원 등 좁은 지역에서 단기성 적조가 주로 발생했으나 1981년부터는 유해한 조류에 의한 광역 · 장기성 적조로 변화하여 발생되고 있다. 특히 1995년에 통영 해역에서 발생하여 남해안 전역과 포항 등 동해 남부까지 확산된 대규모의 적조는 큰 피해를 주었다.

적조가 환경에 미치는 영향은 주로 조류가 크게 번식했다가 소멸할 때 분해에 따른 무산소 상태, 어패류의 아가미에 부착하여 호흡장애를 일으켜 폐사시키는 것이 대표적인 예이다. 그 밖에도 해수욕장의 폐쇄에 의한 경제적인 피해도 간과할 수 없다.

적조의 발생원인은 아직까지 충분히 밝혀지지 않은 부분도 있으나 대체로 다음과 같은 요인이 복합적으로 작용해서 일어난다. ① 여러 경로를 통한 질소와 인 등 영양염류의 유입이 많은 경우 ② 충분한 일사량으로 광합성이 활발해짐으로써 조류의 대량번식이 이루어지는 조건이 형성되었을 경우 ③ Fe, Cu, Mn, Ni 등의 금속이나 비타민 등 유기물질의 작용과 수온, 염분, pH 등이 적합한 경우 ④ 무풍상태가 계속되어 해수의 유동이 없을 경우 등이다.

우리나라의 경우는 적조가 발생하기 좋은 조건과 일반적으로 양식장을 설치하는 조건이 매우 유사하여 적조의 발생에 따른 피해가 직접적으로 수산업 및 양식업에 미칠 확률이 매우 높다. 최근에는 해상 교역량이 증가함에 따라 선박을 통해 과거에 나타나지 않았던 새로운 적조생물이 나타나 전 세계로 확산되는 추세에 있다. 따라서 지난 5년 동안의 적조 발생상황을 보면 남해안의 거의 모든 해안에서 해마다 적조가 발생하고 있어 환경에 대한 기초시설의 확충, 어장의 정화 및 오염 퇴적물 준설 등이 시급한 과제로 되어 있다. 다행히 1996년부터는 민간의 적극적인 대처와 황토 살포 등을 통한 조직적 방제활동에 힘입어 적조의 발생에 따른 피해를 최소화하고 있다.

4 우리나라의 지표수

(1) 수질 및 수생태계 환경기준

세계 각국은 자기 나라의 수자원 상태, 행정적 관리 여건, 경제수준 및 국민의 의식

수준에 따라 수질관리를 위한 수질환경기준을 마련하여 수질오염에 대한 각종 규제를 목표로 삼고 있다. 우리나라의 수질환경기준은 하천, 호소 및 지하수로 수자원을 나누어 기준을 정하고 있다.

하천과 호소의 경우 공통적으로 적용되는 건강항목과 하천과 호소에 따로 적용되는 생활환경항목을 구분하고 수질상태에 따라 각각 5등급으로 구분하고 있었다. 수질환경기준은 다시 수역별로 용수이용의 상황과 수질상태 등을 고려하여 적용할 등급을 정하고 매년 수질 모니터링을 실시하여 수질환경기준의 달성 여부를 평가했다.

그러나 이 기준은 이화학적으로 수질을 평가하고 있어 복잡다양해지는 화학물질의 사용에 따른 오염에 대한 평가가 미흡했고 이러한 물리 · 화학적인 지표만으로는 사람과 생태계에 미치는 영향을 충분히 고려한 수질보전 대책이나 건전한 수생태계를 만들어가기에는 부족했다.

이에 수질등급 체계를 개편하여 종래의 생활환경항목을 5등급에서 7등급 이상으로 조정하고 사람의 건강에 직접 · 간접적으로 영향을 미치는 유해물질을 중심으로 환경기준항목 8개를 새로 추가했다. 또한 종래에 없던 생물학적 평가기법을 도입하여 2007년부터 적용하고 있으며 명칭도 지금까지의 수질환경기준에서 '수질 및 수생태계 환경기준' 으로 개칭하여 사용하고 있다.

[표 8-3] 수질 및 수생태계 환경기준

– 건강항목(하천 · 호소 공통)

(단위 : mg/L)

카드뮴 (Cd)	비소 (As)	시안 (CN)	수은 (Hg)	유기인	연 (Pb)	6가크롬 (Cr+6)	PCB
0.005 이하	0.05 이하	불검출	불검출	불검출	0.05 이하	0.05 이하	불검출
사염화탄소	**1,2-디클로로메탄**	**디클로로메탄**	**벤젠**	**클로로포름**	**디에틸헥실프탈레이트**	**안티몬**	**ABS**
0.004 이하	0.03 이하	0.02 이하	0.01 이하	0.08 이하	0.008 이하	0.02 이하	0.5 이하

– 생활환경 기준(하천)

등급		기준					
		pH	BOD (mg/L)	SS (mg/L)	DO (mg/L)	대장균군(군수/100mL)	
						총대장균군	분원성대장균군
매우 좋음 (Very Good)	1a	6.5~8.5	1이하	25이하	7.5이상	50이하	10이하
좋음 (Good)	1b	6.5~8.5	2이하	25이하	5이상	500이하	100이하
약간 좋음 (Fairly Good)	II	6.5~8.5	3이하	25이하	5이상	1,000이하	200이하
보통 (Fair)	III	6.5~8.5	5이하	25이하	5이상	51,000이하	1,000이하
약간 나쁨 (Fairly Poor)	IV	6.0~8.5	8이하	100이하	2이상	–	–
나쁨 (Poor)	V	6.0~8.5	10이하	쓰레기 등이 떠 있지 아니할것	2이상	–	–
매우 나쁨 (Very Poor)	VI	–	10초과	–	2미만	–	–

– 생활환경 기준(호소)

등급		기준								
		pH	COD (mg/L)	SS (mg/L)	DO (mg/L)	T-P (mg/L)	T-N (mg/L)	Chl-a(mg/m³)	대장균군 (군수/100mL)	
									총대장균군	분원성대장균군
매우 좋음 (Very Good)	1a	6.5~8.5	2이하	1이하	7.5이상	0.01 이하	0.2 이하	5 이하	50 이하	10 이하
좋음 (Good)	1b	6.5~8.5	3이하	5이하	5이상	0.02 이하	0.3 이하	9 이하	500 이하	100 이하
약간 좋음 (Fairly Good)	II	6.5~8.5	4이하	5이하	5이상	0.03 이하	0.4 이하	14 이하	1,000 이하	200 이하
보통 (Fair)	III	6.5~8.5	5이하	15이하	5이상	0.05 이하	0.6 이하	20 이하	5,000 이하	1,000 이하
약간 나쁨 (Fairly Poor)	IV	6.0~8.5	8이하	15이하	2이상	0.1 이하	1.0 이하	35 이하	–	–
나쁨 (Poor)	V	6.0~8.5	10이하	쓰레기 등이 떠 있지 아니할것	2이상	0.15 이하	1.5 이하	70 이하	–	–
매우 나쁨 (Very Poor)	VI	–	10초과	–	2미만	0.15 초과	1.5 초과	70 초과	–	–

(환경부, 『환경백서』 2007에서)

(2) 하천의 현황

우리나라에서는 수질환경기준에 따라 4대강을 비롯한 전국의 하천을 7가지 유형으로 나누어 점검하고 필요할 경우에는 개선하도록 되어 있다. 다시 말하면 수질이온농도(pH), 화학적 산소요구량(COD), 부유물질량(SS), 용존산소량(DO), 총대장균수, 총인(T－P), 총질소(T－N)에 따라 하천을 일곱 가지 유형으로 정하고 각 하천은 그 어느 하나에 속하도록 하고 있다. 즉 Ⅰ, Ⅱ, Ⅲ, Ⅳ, Ⅴ 등 다섯 가지 등급 중 Ⅰ은 여과 등 간단히 정화만 하면 수돗물로 사용할 수 있고, Ⅴ는 강가를 걷는 등의 일상생활에서 불쾌감을 느끼지 않을 정도인 하천을 나타낸다.

우리나라 하천은 [그림 8－3]에서 보듯이 1997년 이후 전반적으로 수질이 개선되고 있다. 영산강은 전년도보다 개선된 BOD 4.8ppm의 수준을 나타내고 있고 한강, 낙동강, 금강은 전년에 비해 오염도가 약간 높은 것으로 나타났다.

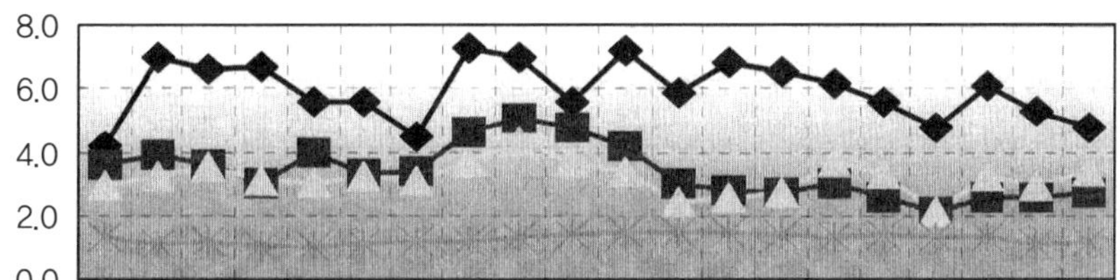

	87	88	89	90	91	92	93	94	95	96	97	98	99	00	01	02	03	04	05	06
영산강(나주)	4.2	7.0	6.6	6.7	5.6	5.6	4.5	7.3	7.0	5.6	7.2	5.9	6.8	6.5	6.2	5.6	4.8	6.1	5.3	4.8
낙동강(물금)	3.6	3.9	3.6	3.0	4.0	3.3	3.4	4.6	5.1	4.8	4.2	3.0	2.8	2.7	3.0	2.6	2.1	2.6	2.6	2.7
금강(부여)	2.9	3.2	3.5	3.1	3.0	3.2	3.1	3.7	4.3	3.7	3.4	2.4	2.6	2.7	3.7	3.3	2.1	3.2	2.9	3.4
한강(팔당)	1.3	1.1	1.2	1.0	1.0	1.1	1.2	1.2	1.3	1.4	1.5	1.5	1.5	1.4	1.3	1.4	1.3	1.3	1.1	1.2

(환경부, 『환경백서』 2007에서)

[그림 8－3] 연도별 수질변화의 추이

상수원이 되고 있는 4대강과 주요 하천의 중 · 상류 지역에 인구와 산업이 집중되어 있는 것은 물 관리의 큰 장애요인으로 작용하고 있다. 한강의 경우 잠실 수중보 하류의 서울시 구간부터는 Ⅲ급수로 악화되고 있으며, 낙동강은 대구시를 경유하면서 역시 Ⅲ급수로 악화되었다. 금강의 경우 대전시를 경유하고 영산강도 광주시를 경유하기 때문에 수질이 크게 악화되고 있는 형편이며 그러한 사정을 반영하고 있다.

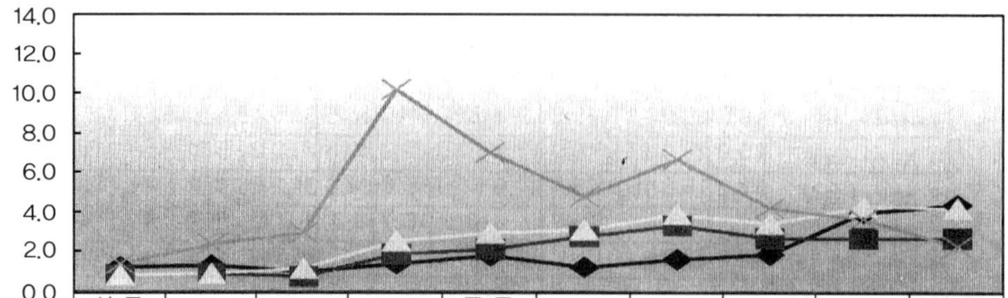

	상 류				중 류					하 류
한강	1.2	1.3	1.0	1.4	1.8	1.2	1.6	1.9	4.0	4.4
낙동강	0.8	0.9	0.7	1.9	2.1	2.8	3.3	2.7	2.7	2.7
금강	0.8	0.9	1.1	2.5	2.9	3.1	3.9	3.4	4.3	4.2
영산강	1.4	2.4	2.9	10.2	7.0	4.8	6.7	4.2	3.7	2.3

(환경부, 『환경백서』 2007에서)

[그림 8-4] 수계별 상 · 하류간 수질변화 패턴

한편 전국 하천 194개 구간의 수질환경기준 달성률(달성 구간수/목표설정 구간수)은 1991년에 12.8%였던 것이 2002년에는 37.6%, 2003년에는 49%로 매년 향상되었으나 2004년에는 36.6%로 감소했고 2006년에는 35.6%로 감소된 것으로 나타났다. 2006년의 경우 수계별 달성률은 섬진강(50%), 한강(42%), 금강(37%), 낙동강(33%), 영산강(25%)의 순이다.

[표 8-4] 수계별 목표수질 달성률(2006년)

수계	목표수질 설정구간수	목표수질 달성구간수	달성률(%)
계	194	69	35.6
한강	52	22	42.3
낙동강	40	13	32.5
금강	38	14	36.8
영산강	12	3	25.0
섬진강	6	3	50.0
기타	46	14	30.4

(환경부, 『환경백서』 2007에서)

그리고 2006년도 목표수질의 달성 현황은 Ⅳ등급 수역이 29%, Ⅱ등급 수역이 37%, Ⅲ등급 수역이 56%, Ⅳ등급 수역이 63%, Ⅴ등급 수역이 75%였다. 2006년에 가장 청정한 수역을 유지한 Ⅰ등급 하천은 전국에 36개 구간이었고 한강 수계는 소양강 등 10개 구간, 낙동강 수계는 한강 등 8개 구간에서 Ⅰ등급 수질을 유지했다.

(3) 호소의 현황

현재 우리나라에는 1만 8798개의 호소가 있는데 그 대부분은 댐 등을 건설하여 조성된 인공호소로 거의 모두가 농업용 저수지이다. 호소는 대개가 폐쇄성 또는 준 폐쇄성이라는 특성 때문에 하천에 비해 자체 정화능력이 떨어지므로 영양염류의 축적이 용이하여 일단 오염이 되면 부영양화 등 2차 오염이 유발될 우려가 매우 크다. 그렇기 때문에 부영양화를 방지하는 것이 중요하며, 체류일수 50일이 넘는 호소에 대해서는 BOD 대신 COD를 환경기준으로 삼고 있고 총인 및 총질소에 대한 환경기준도 마련하고 있다. 현재 49개의 주요 호소에 대해서는 목표 수질기준과 달성기준을 설정하여 관리하고 있다. 우리나라 호소의 대부분은 Ⅱ~Ⅲ급수 수준이며 조류 발생 빈도는 1994년을 경계로 상승하고 있는 추세이다.

우리나라에서는 호소의 수질을 보전하기 위해 녹조 발생의 원인물질인 질소, 인 등 영양염류의 유입을 사전에 차단하고자 환경 기초시설의 수질기준을 강화하고 또한 호소 내의 조류 발생 억제를 위해 상수원으로 이용되거나 하류에 취수장, 정수장이 있는 호소에서는 가두리 양식장의 신규 및 면허의 연장을 금지하고 있다. 또한 낚시 행위로 인한 오염 방지를 위해 낚시 금지구역 또는 제한구역을 지정하여 정해진 시기와 방법에 따라서만 낚시를 허용하고 있다.

5 지하수의 오염

(1) 지하수의 특성

지하수의 대부분은 비나 눈으로부터 비롯된다. 지표면에 떨어진 비와 눈이 흙이나 암석의 틈을 따라 땅속으로 스며들어 자갈층과 모래층, 또는 부서지거나 깨진 암석의 밑으로 이동하여 지하수를 이루는 것이다. 이외에도 암석이나 지층이 형성될 당시에 포함된 물과 지구 내부에서 생긴 물도 지하수가 되지만 비나 눈으로 인한 지하수보다는 훨씬 양이 적다. 따라서 지하수는 강수에 의해 계속 보충, 재생되는 자원이라 할 수 있다.

우리나라에서는 현재 용수공급을 주로 지표수에 의존하고 있고 지하수는 비상시의 대체용수 및 물 부족의 대안으로 인식하고 있다. 그러나 지표수의 오염과 댐에 의한 용수공급의 한계 및 물 소비량의 증가 등으로 지하수의 이용량이 점점 증가하고 있다. 2005년 현재 우리나라의 지하수 총 이용량은 연간 지하수 개발 가능량 117억m^3에 비해 32.1%에 머물러 있어 앞으로 물 부족에 대비한 대체수원으로서 지하수의 개발 가치가 매우 높다는 것을 알 수 있다.

지하수는 지표수에 비해 수량과 수질의 변화가 많지 않은 안정적인 수자원이다. 가뭄이 들어도 수량의 변화가 많지 않고 빗물이 땅속에 스며들면서 더러운 물질들이 지층 내에서 자연히 여과되기 때문에 하천수나 호소보다 훨씬 깨끗하며 1년 내내 수온의 변화도 거의 없다. 또한 땅속으로 흐르는 동안 여러 가지 물질과 접촉하고 반응하기 때문에 지표수보다 많은 광물질을 포함하고 있어 음료수로서의 가치도 높다.

이러한 지하수를 이용하는데 있어 유의할 점은 지하수의 오염과 과다한 채수로 인한 재해의 가능성이다. 지하수의 오염은 겉으로 드러나지 않아도 오염이 진행되므로 발견하기가 어렵고 일단 오염되면 원래의 상태로 되돌리기 위해서는 상당한 시일과 비용이 소요된다. 또 지하수를 이용하기 위해 지나치게 퍼 올리면 지반이 내려앉는 경우도 발생할 수 있다. 따라서 지하수를 오염시키지 않도록 하면서 적정 수량을 개발 이용하되 귀중한 자원으로 관리해 나갈 필요가 있다.

(2) 지하수의 오염 현황

우리나라는 지하수의 이용은 물론 지하수의 오염을 방지하기 위한 목적으로 지표수와 마찬가지로 지하수 수질기준을 마련하여 관리해 왔는데, 2003년에는 다시 그 기준을 강화하여 일반 오염물질 5개 항목과 특정 유해물질 15개 항목에 대한 수질기준을 설정하고 있다. 그런데 2006년에 지하수의 수질을 측정한 결과 총 4740개 중에서 6.3%인 299개가 수질기준을 초과하고 있다. 항목별로는 일반 세균 31, 질산성 질소 23%, 염소이온 12%, 트리클로로에틸렌 10%의 순으로 수질기준을 초과했다.

일반 암반수에서 나타나는 일반 세균의 초과는 지하수 관정의 부실관리로 인한 지표수 또는 지하수의 유입이 주원인이고, 질산성 질소는 생활오수와 폐기물의 침출수 및 과다하게 시비된 비료 등의 지하침투가 주된 기준 초과의 원인이다. 특히 2006년도는 2005년의 초과율 4.8%에 비해 6.3%나 높아졌는데 이는 오염 우려지역에서 질산성 질소와 일반 세균이 예년보다 많이 초과되어 있었기 때문이다.

[표 8-5] 지하수의 수질기준

(단위 : mg/L)

항목 \ 이용목적별		생활용수	농업용수 · 어업용수	공업용수
일반 오염물질 (5개)	수소이온농도(pH)	5.8~8.5	6.0~8.5	5.0~9.0
	대장균군수	5,000이하(MPN/100mℓ)	-	-
	질산성질소	20 이하	20 이하	40 이하
	염소이온	250 이하	250 이하	500 이하
	일반세균	1mℓ중 100CFU 이하	-	-
특정 유해물질 (15개)	카드뮴	0.01 이하	0.01 이하	0.02 이하
	비소	0.05 이하	0.05 이하	0.1 이하
	시안	불검출	불검출	0.2 이하
	수은	불검출	불검출	불검출
	유기인	불검출	불검출	불검출
	페놀	0.005 이하	0.005 이하	0.01 이하
	납	0.1 이하	0.1 이하	0.2 이하
	6가크롬	0.05 이하	0.05 이하	0.1 이하
	트리클로로에틸렌	0.03 이하	0.03 이하	0.06 이하
	테트라클로로에틸렌	0.01 이하	0.01 이하	0.02 이하
	1.1.1-트리클로로에탄	0.15 이하	0.3 이하	0.5 이하
	벤젠	0.015 이하	-	-
	톨루엔	1 이하	-	-
	에틸벤젠	0.45 이하	-	-
	크실렌	0.75 이하	-	-

(환경부, 『환경백서』 2007에서)

[표 8-5] 연도별 수질기준 초과율

연도	1999년	2000년	2001년	2002년	2003년	2004년	2005년	2006년
조사시료(A)	3,419	3,890	3,861	3,882	3,934	3,865	4,760	4,740
기준초과(B)	180	184	189	143	142	212	230	299
초과율(B/A)	5.3%	4.7%	4.9%	3.7%	3.6%	5.4%	4.8%	6.3%

(환경부, 『환경백서』 2007에서)

질소는 일반적으로 토양 미생물 등에 의해 분해되어 암모니아가 되지만 산소가 많은 토양에서는 질산성 질소로 잔류한다. 이것은 토양 입자에 흡착되기 어려우며 지하수에 녹아 유출된다. 질산성 질소가 인체 안에 들어오면 환원이 되어 아질산성 질소가 된다. 이것은 혈액중의 헤모글로빈과 결합하기 때문에 산소결핍증의 원인이 될 수 있다. 또한 이것은 사람의 위 속에서 음식의 아민과 반응하여 발암성 니트로소아민을 만들 가능성이 지적되고 있다.

물은 반복해서 이용할 수 있는 '순환하는 자원' 이다. 그러나 근년에는 이 순환을 저해하는 여러 가지 문제가 발생하고 있다. 즉 빗물은 지하로 침투하면서 정화작용을 받고 있으나 도시화가 진행되면서 삼림과 녹지, 농지가 적어져 지표가 건물이나 포장된 도로에 덮여 빗물이 토양에 침투할 면적이 적어졌다. 또한 삼림이나 논밭은 지하수의 함양과 저축 및 정화 등의 기능을 수행하고 있으나 동시에 삼림이나 논밭은 그 보수(保水) 능력에 의해 순환계에 있어서 물의 유속을 조절하고 있다. 건전한 물의 순환을 유지하고 회복하기 위해서는 농촌과 도시를 불문하고 물의 순환을 종합적으로 연계된 하나의 시책으로 추진할 필요가 있다.

6 해양환경의 오염

(1) 우리나라의 해역

우리나라는 국토면적의 4.5배에 달하는 200해리의 배타적 경제수역, 영해, 내수 등

광활한 관리해역(443천km^2)과 국토면적의 3.5배에 이르는 대륙붕(345천km^2)을 보유하고 있어 어장이 잘 발달하고 다양한 해양자원을 보유하고 있다. 뿐만 아니라 세계 5대 갯벌의 하나가 서해안과 남해안 일대에 총 2,393km^2의 면적으로 펼쳐져 있어 어류의 산란장과 서식지 및 오염의 정화기능 등을 담당하는 매우 복잡한 생태계를 이루고 있다.

해역별 특성을 살펴보면 서해는 평균수심이 44m인 낮은 바다로서 대륙붕과 갯벌이 잘 발달하여 생산성이 높은 어장으로 활용되고 있는 반면 한반도와 중국대륙으로 둘러싸인 폐쇄성 해역이어서 오염 부하량 증가에 따라 해양오염에 취약한 특성을 가지고 있다. 특히 최근에 와서 연안 매립을 통한 각종 해역개발 사업이 지속적으로 추진되고 있기 때문에 해양환경 보전의 필요성이 고조되고 있다.

남해는 평균수심이 101m이고 서해안과 마찬가지로 대륙붕이 잘 발달했을 뿐만 아니라 도서가 많고 해안선이 복잡한 리아스식 해안이어서 생산성이 높은 어장을 형성하고 있다. 그러나 폐쇄성 해역이어서 임해 산업단지의 조성, 배후도시의 발달, 양식어장 밀집 등으로 인하여 해양오염에 취약하고 적조의 발생이나 유류오염의 사고가 자주 일어날 가능성이 매우 높은 해역이다. 한편 동해안은 평균수심이 1684m로 아주 깊고 해안선이 단조로워 해류의 흐름이 비교적 원활하여 오염에 대한 취약도가 다른 해역에 비해 가장 낮고 한류와 난류의 교차로 해양 생물자원이 풍부한 해역이다.

(2) 해양오염의 실태

■ 연안지역의 오염

해양에서는 대표적인 수질오염의 지표로 화학적 산소요구량(COD)을 사용하고 있다. COD는 해수 안에 있는 유기물을 산화제를 사용하여 화학적으로 산화시킬 때 요구되는 산소의 양으로 오염의 정도를 간접적으로 나타내어 부하량의 종합적 분석, 비교의 용이성이라는 장점을 가지고 있다.

연안의 평균 수질상태를 보면 제주도 연안이 가장 양호하다. 이는 해류의 흐름이 원활하기 때문에 오염물질의 정체가 일어나지 않고, 제주도 부근의 인구분포와 산업구조가 다른 해역에 비해 기본적으로 오염 부하량이 많지 않은 것이 이유이다. 여기에 비해 남해연안은 공업단지와 대도시가 발달하고 양식어장이 밀집한 탓으로 다른 해역에 비해 오염도가 높다. 서해는 2004년을 경계로 오염도가 감소하는 경향을 보이고 있으나 특정지역에서는 여전히 높은 오염도를 유지하고 있다.

전체 연안의 평균 오염도는 대체로 비슷한 경향인데 적조 발생의 주요원인 물질로 지적되고 있는 총질소와 총인 등의 영양염류의 오염도는 증가하는 추세이다. 따라서 하수 처리장, 축산폐수 처리장 등 환경 기초시설을 설치하거나 증설할 때 질소와 인을 제거할 수 있는 시설을 갖추는 것이 시급한 과제로 등장하고 있다.

[표 8-7] 주요 연안의 항목별 오염도 현황(2006년)

연안		수온(℃)	pH	COD	DO	SS	T-N	T-P
				(mg/L)				
서해	인천	13.6	8.18	1.24	9.45	16.9	0.993	0.062
	아산	13.1	8.14	1.13	9.79	14.9	0.611	0.042
	태안	12.9	8.22	1.00	9.54	18.8	0.451	0.041
	군산	13.9	8.13	1.72	8.92	11.3	0.840	0.074
	목포	15.4	8.20	1.45	8.80	10.7	1.231	0.065
남해	여수	16.3	8.17	1.39	10.38	12.0	0.559	0.051
	광양만	16.9	8.19	1.46	10.27	14.5	0.742	0.069
	통영	17.0	8.02	1.36	9.03	9.4	0.382	0.054
	진해만	17.2	8.23	2.62	10.08	4.3	0.294	0.037
	마산만	17.1	8.28	3.04	9.85	8.1	0.671	0.072
	부산	15.8	8.09	1.45	8.79	4.6	0.302	0.030
동해	온산	15.5	8.05	1.28	9.14	5.1	0.253	0.027
	울산	16.2	8.09	1.51	8.28	5.7	0.456	0.036
	영일만	14.6	8.00	0.69	9.76	9.5	0.203	0.021
	삼척	13.8	8.12	0.87	8.91	5.6	0.268	0.022
	주문진	12.9	8.11	0.92	9.14	4.7	0.219	0.021
	속초	13.7	8.09	1.00	8.85	4.7	0.251	0.026
제주	제주	19.7	8.09	0.96	8.58	2.0	0.347	0.038
	서귀포	20.1	8.10	0.59	8.42	2.6	0.341	0.042
	표선	19.9	8.09	0.57	8.15	2.7	0.282	0.023

(환경부, 『환경백서』 2007에서)

근해의 오염도(COD 기준)는 비교적 낮은 수치를 보이고 있다. 이는 육상에서 연안으로 유입되는 오염물질이 해양에서 이동, 확산하는 과정에서 자정작용에 의해 지속적으로 정화될 뿐만 아니라 연안해역에 비해 해수의 유통이 원활하기 때문이다. 해역별 근해 오염도의 경우 서해와 남해 동부에서 높은 COD 농도를 나타내고 있고 부유물질은 서해와 남해에서, 총질소는 서해 남부와 남해 동부에서 다소 높은 경향을 보이고 있다.

■ 유류오염 사고

우리나라에서는 과거 10년 동안 연평균 390여 건의 해양 유류오염 사고가 발생했는데 앞으로 선박의 대형화, 고속화 및 기상이변에 따른 태풍 발생의 가능성 등으로 인해 대형 오염사고가 발생할 가능성이 높아지고 있다. 특히 유류의 경우에는 화학적 구조가 간단하지 않고 분해에 걸리는 시간이 매우 길기 때문에 오염은 단시간에 일어나지만 복원에 필요한 기간은 상상을 초월한다.

1997~2006년 동안 오염사고는 총 3917건에 1023킬로리터의 기름이 유출되었는데 이 중에서 100톤 이상의 대형 유출사고는 14건에 불과하나 전체 유출량의 68%를 차지하고 있다. 2006년의 경우 주요 오염원은 선박이 83%, 육상시설 등이 14%였다. 사고 원인별로는 취급 부주의가 41%인 117건, 파손이 26%인 74건, 해난사고가 26%인 74건, 고의적인 배출이 5%인 14건이었다.

[표 8-8] 원인별 유류사고 발생 현황

구분	1997	1998	1999	2000	2001	2002	2003	2004	2005	2006
합계	379	470	463	483	455	385	297	343	355	285
취급부주의	201	195	237	199	204	164	121	161	173	117
고의	60	105	88	111	67	31	24	31	16	14
파손	16	24	16	26	23	33	32	37	30	74
해난사고	94	131	101	123	150	149	113	107	121	73
기타	8	15	21	24	11	8	7	7	15	7

(환경부, 『환경백서』 2007에서)

해양의 유류사고를 생각할 때 빠뜨릴 수 없는 것은 2007년 12월 7일에 발생한 서해안인 태안 앞바다에 발생한 대형 사고이다. 이는 유조선인 허베이스파릿 호와 해상 크레인이 충돌하여 총1만 254킬로리터에 이르는 대량의 원유가 유출된 사건이다. 이는 지금까지 우리나라의 기름유출 사상 최대 규모로 알려진 1995년 7월의 여천 소리도 앞바다의 시프린스 호 사건보다 2.5배나 많을 뿐만 아니라 1997년 이후 10년 동안에 유출된 기름을 합친 1만 234킬로리터보다 훨씬 많은 양으로서 445만 564ha의 어장 및 생태계가 심하게 오염되었다.

유출된 기름으로 이루어진 기름띠가 사고 당일 만리포 천리포로 유입되고 9일에는 안흥만 일대에까지 확산되었다. 이어서 10일에는 천수만 입구, 11일에는 옅은 기름띠가 안면도까지 유입되었다. 또한 기름이 덩어리져 굳어버린 '타르 볼' 도 광범위하게 확산되어 2008년 1월에는 전라남도의 진도, 해남과 제주도의 추자도 해안에까지 번진 것으로 보고되었다.

한편 이 엄청난 해양오염의 재난을 극복하기 위해 서해안으로 가는 자원봉사자의 발길이 끊이지 않았다. 사고 발생 후 총 50여 만 명이 넘는 자원봉사자들이 기름띠를 제거하는 데 동참하고 재난을 당한 사람들을 도우려는 성금이 줄을 이었다.

[그림 8-5] 기름띠 제거작업을 하는 전경들

■ 오염물질 부하량의 증가

경제발전의 속도에 비례하여 해양환경에 미치는 오염물질의 부하량도 크게 증가하고 종류도 다양해져 그 유해성이 심각한 문제로 등장하고 있다. 우리나라 인구와 산업의 40% 이상이 연안에 집중되어 있기 때문에 산업화와 도시화로 인한 연안 및 해양에 유입되는 오염물질의 부하량은 엄청나게 증가했다. 그 결과 해양의 수질환경 악화, 해양생물의 서식지 및 산란지의 파괴, 해양생물종의 변이 등이 일어나고 있다. 또한 전국 연안에 중금속, 다이옥신, 농약 등 새로운 유해 오염물질이 유입되고 있으나 정확한 실태조사와 체계적인 관리가 아직 미흡한 상태에 있다. 일반적으로 중금속과 영양염류는 대기로부터의 유입량이 하천보다 훨씬 많은 것으로 추정되고 있다. 특히 황해 지역의 경우는 대기를 통한 오염물질의 해양유입에 따른 해양악화의 영향이 국내만이 아니라 국제적인 현안으로 대두된 상태이다.

이러한 해양유입 오염물질은 2950년대까지 대장균이 주종을 이루었으나 1980년대에는 유류와 중금속이, 1990년대 이후에는 내분비계 장애물질까지 가세하고 있으며 2000년대에는 해외 오염원의 국내 유입이 문제되고 있다. 그 대표적인 예가 다이옥신 등 잔류성 유기 오염물질(POPs)로 해양 방류수, 하천, 지하수, 대기 등 다양한 경로를 통해 유입되고 있는 실정이다.

제 9 장

환경호르몬과 다이옥신

1. 환경호르몬

(1) 환경호르몬 개관

(2) 내분비계 교란물질의 분류

(3) 내분비계 교란물질로 추정되는 물질의 영향

2. 다이옥신

(1) 다이옥신이란

(2) 다이옥신의 발생

(3) 다이옥신이 생체에 미치는 영향

(4) 다이옥신의 피해 사례

1 환경호르몬

(1) 환경호르몬 개관

환경호르몬이라는 용어를 처음으로 사용하기 시작한 것은 1996년 5월, 당시 일본의 학자들이 NHK 방송에 출연하여 '환경 속에 배출된 화학물질이 생물체 내부에 유입되어 마치 호르몬과 같은 작용을 한다.' 고 한 이후 일본에서 널리 쓰이게 된 조어(造語)이다. 우리나라에서도 이 용어를 그대로 받아들여 사용하고 있으나 학술용어로는 채택하지 않고 있으며, 이 물질의 작용을 정확하게 표현하는 용어로는 내분비계 교란물질(Endocrine Disrupting Chemicals[EDCs], 또는 Endocrine Disrupters) 라고 하는 것이 적당하다.

내분비계 교란물질에 대한 정의는 정해져 있지 않다. 1996년 12월에 열린 '내분비계 교란물질이 건강과 환경에 미치는 영향에 관한 유럽 워크숍' 에서는 '정상적인 생물체 내의 내분비계에 변화를 유발하는 외래성 물질로서 그 생물 또는 그 자손에게 건강상의 장애를 불러일으킨다.' 고 했다. 또 1997년 2월 백악관 과학위원회와 스미스 재단이 공동으로 주최한 '내분비계 교란물질에 관한 스미소니언 워크숍' 에서는 내분비계 교란물질을 '생체의 항상성, 생식, 발생 및 행동에 관한 생체 내 호르몬의 합성, 수송, 작용, 제거 등의 여러 과정을 방해하는 외래성 물질' 이라고 정의하여 유럽 워크숍의 정의보다 더 구체적이고 명확한 정의를 내리고 있다.

내분비계 교란물질이 크게 사회문제가 된 요인의 하나는 콜본(T. Colborn) 등 3인에 의한 『잃어버린 미래』*(Our Stolen Future)*의 출판이었다. 이 과학서적은 환경에 대한 여러 가지 사례를 소개한 것으로 과학서적은 아니다. 그러나 전 미국 부통령 고어(Al Gore)가 서문을 썼기 때문에 내분비계 교란물질은 일반시민에게 필요 이상의 위기감을 불러일으켰다.

미국에서는 호르몬의 작용을 가진 환경 화학물질의 연구체제가 1993년에 발족하여 1만 종 이상의 화학물질이 생체에 미치는 영향을 검토하기 시작했다. 내분비계 교란물질 문제는 생물의 생식기능에 대한 영향에 그치지 않고 보다 더 심오한 본질을 포함하고 있다. 즉 문명이 탄생시킨 환경 중에 확산되고 있는 수만 종의 화학물질과 지상의 생물이 어떻게 공존하는가 하는 근원적인 문제를 포함하고 있다.

근대문명은 화학물질에 대해 충분한 주의를 기울이지 않고 생산과 소비를 계속해왔다. 다종다양한 원자재, 생산과정에서 발생하는 다수의 중간체, 폐기와 소각을 통해 환경 속으로 확산하는 분해산물 등에 대해 인류는 만족할 만한 지식과 대응책을 가지고 있지 않다. 내분비계 교란물질 문제는 인류가 화학물질에 어떻게 대응하고 그 평가와 관리 체계를 어떻게 확립하여 위기를 미연에 방지할 것인가 하는 문명의 합리성을 묻는 문제라 할 수 있다.

(2) 내분비계 교란물질의 분류

내분비계 교란물질은 극히 적은 양으로도 생태계 및 인간의 생식기능 저하, 성장장애, 기형, 암 등 중대한 영향을 미치기 때문에 심각한 문제가 되고 있다. 가령 1970년대에 나타난 불임여성의 증가와 음경발달의 부진, 1980대에 나타난 미국 플로리다악어의 부화율 감소와 성시의 왜소화 증상, 1990년대에 나타난 남성의 정자 수 감소와 수컷 잉어의 정소 축소 및 고등어류의 자웅동체 등이 그 예이다.

그런데 현시점에서 대표적인 내분비계 교란물질의 하나인 다이옥신 등 개별적인 유해물질을 규제하는 나라는 많으나 내분비계 교란물질 전체에 대한 대응책을 모색하는 나라는 몇몇 선진국들뿐이다. 1998년 현재 미국의 케미컬 앱스트랙츠(Chemical Abstracts)에는 약 1400만 종의 화학물질이 등록되어 있는데, 최근에는 이 숫자가 130만의 페이스로 증가하고 있다. 이들 가운데서 우리 가까이에 공존하고 있는 화학물질은 미국의 유해물질규제법에 등록된 7만 9000종, 유럽의 10만 종, 일본의 화학물질 심사규제법에 등록된 2만 3000종이다.

이러한 상황에서 일본 후생성은 1997년 10월에 내분비계 교란물질로 추정되는 화학물질로 67종을 지정하고 이것을 발생원과 사용형태에 따라 세 부분으로 대별했다.

[표 9-1] 내분비계 교란물질로 추정되는 물질 및 주변 생활용기

세계생태보전기금(WWF)분류 (67종)	일본 후생성 분류 (142종)	내분비계장애물질 용출 우려가 있는 생활용품
• 다이옥신류 등 유기염소물질 6종 • DDT 등 농약류 44종 • 펜타-노닐 페놀 • 비스페놀A • 다이에틸헥시프탈레이트 등 프탈레이트 8종 • 벤조피렌 • 수은 등 중금속 3종	• 프탈레이트류 등 가소제 9종 • 플라스틱에 존재하는 물질 17종 • 다이옥신 등 산업장 및 환경오염물질 21종 • 농약류 75종 • 수은 등 중금속 3종 • DES 등 합성에스트로젠 8종 • 식물 및 식품첨가물 3종 • 식물에 존재하는 에스트로겐 유사호르몬 6종	• 플라스틱 용기, 음료캔, 병마개, 수도관의 내장코팅제, 치과치료시 이용되는 코팅제 : 비스페놀A • 합성세제 : 알킬페놀 • 컵라면 용기 : 스타이렌 다이머, 트리머 • 폐건전지 : 수은

첫째는 폐기물의 소각장 등에서 발생하는 다이옥신이나 폴리염화비페닐(PCB) 등이다. 이것들은 어떤 목적 하에서 생산된 것이 아니라 다른 물질을 생산할 때 그 부산물로 발생한 비의도적 생성물이다. 이들에 대한 대책은 행정관청의 주도로 발생원을 규제하거나 폐기물의 억제 등 사회 전체가 대응하지 않으면 안 된다.

둘째는 전기제품의 절전용으로 사용된 PCB, 살충제인 DDT 등으로 이것은 선진국에서는 이미 규제되어 있으나 개발도상국 중에는 아직도 사용하는 나라가 많다. 여기에 대한 대책은 개발도상국을 포함한 국제적인 관리와 규제가 필요하다.

셋째는 수지(樹脂)의 원료인 비스페놀 A, 세정제인 알킬페놀류, 플라스틱 가소제(可塑劑)인 비이온계 활성제 등 공업제품에 널리 쓰이고 있는 물질들이다. 이들은 사용하기가 쉽고 저렴하며 인간에 대한 독성이 분명하지 않아 대체품을 찾기가 용이하지 않다. 대책으로서 새로운 개발과 연구가 필요하다.

내분비계 교란물질은 대기, 물, 토양, 식품 등에 미량이 존재하고 있어 구미제국에서는 야생생물의 생식을 저해하고 있다는 보고가 있다. 내분비계 교란물질로 추정되는 물질 가운데 어느 것이 원인물질로 작용하고 있는지 그 인과관계가 분명한 사례는 극히 드물다. 더구나 인간의 건강에 미치는 영향을 해명하기란 아주 복잡하여 앞으로 관련분야를 포괄한 학술적인 연구가 필요하다.

(3) 내분비계 교란물질로 추정되는 물질의 영향

■ 다이옥신에 의한 영향

다음 절에서 자세히 언급할 다이옥신은 인체에 들어오면 세포핵 안에 있는 리셉터와 결합하여 유전정보의 전사(轉寫)에 관여하는데, 특히 다이옥신에는 성호르몬의 작용과 유사성이 있다. 생체 안에서 다이옥신의 작용에는 다음과 같은 세 가지가 있다. ① 내분비기관에 직접 작용한다. ② 호르몬의 대사와 수송을 변화시킨다. ③ 호르몬 리셉터의 수를 변화시킴으로써 호르몬의 작용을 변화시킨다.

①의 예를 든다면 생체 안에 들어온 다이옥신의 표적기관의 하나는 뇌하수체인데 뇌하수체에 의해 피드백 제어를 받는 테스토스테론, 에스트라디올, 황체호르몬 등의 작용이 다이옥신에 의해 교란된다.

②의 예로 다이옥신은 갑상선호르몬의 대사를 활성화한 결과 혈액 중의 갑상선호르몬이 저하된다. 이 저하를 보완하기 위해 갑상선호르몬이 과다하게 분비되어 갑상선에 해를 미친다. 또한 태아 때나 신생아 때 갑상선호르몬이 부족하면 지능과 행동에 불가역적인 장애가 발생되는 것으로 알려져 있다. 그리고 다이옥신은 17β-에스트라디올을 수산화(水酸化)하여 카테콜을 생성하는 대사에 관여하는데 카테콜의 생성은 발암과도 관계가 있는 것으로 여겨지고 있다.

③의 예로 토끼나 쥐의 실험을 통해 간장의 당(糖) 대사에 관여하는 호르몬의 리셉터 수를 감소시킨다는 것이 알려졌다. 사람의 경우는 발생 도중인 태아가 언청이를 비롯한 기형아가 되는 경우도 있다는 것이 알려졌다.

내분비계 교란물질은 극히 적은 양은 에스트로겐(여성호르몬)과 유사한 작용을 하거나([그림 9-1]) 반대로 에스트로겐의 작용을 억제하기도 한다. 최근에 증가하고 있는 자궁내막증과 다이옥신의 관련도 우려를 낳고 있다. 자궁내막증은 자궁의 내면을 덮고 있는 내막조직이 자궁 밖의 골반 등에 발생하는 것으로서 월경 때의 통증이나 불임의 원인이 된다. 5ppt(ppt는 1조 분의 1)라는 미량의 다이옥신을 원숭이에게 투여했더니 자궁내막증이 많이 발생하고 더구나 중증이었다고 한다. 쥐를 사용한 결과도 자궁내막증이 발생한 것으로 보고되어 있다.

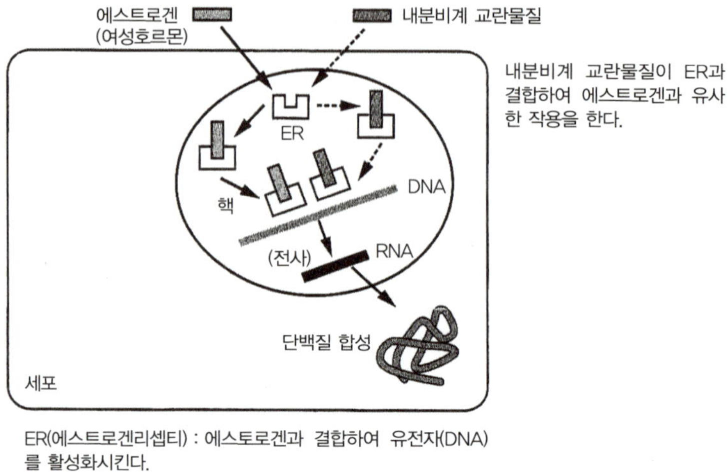

[그림 9-1] 내분비계 교란물질의 작용

그러나 정상적인 사람과 자궁내막증 환자의 혈액 중 다이옥신 농도를 측정한 결과 전자가 후자보다 고농도인 경우도 있어 다이옥신이 자궁내막증의 원인물질이라고 확실하게 단정할 수는 없다. 앞으로의 연구 결과를 기다려야 하겠지만 에스트로겐이 깊이 관여하고 있는 배란, 수정, 태아의 발육 등 여성의 중요한 기능에 대한 다이옥신의 영향이 우려되고 있다.

■ 인체에 미치는 영향

내분비계 교란물질의 하나로 추정되고 있는 디에틸스틸에스트롤(DES)은 2938년에 영국에서 처음으로 합성된 여성호르몬이다. 그 당시 유산은 여성호르몬 농도의 저하로 생기는 줄로 알고 있었기 때문에 이 합성 여성호르몬을 유산방지용으로 복용하기 시작했다. 미국에서는 500~600만 명이 복용했다고 한다.

그런데 1960년대에 미국 캘리포니아 대학에서 생쥐에게 이 DES를 며칠 동안 투여했더니 질암(膣癌)이 발생한다는 것을 알게 되었다. 이에 앞서 1953년에도 DES가 유산방지의 작용을 하지 않는다는 보고가 있었으나 DES의 사용은 여전히 유행하고 있었다. 그러다가 1970년에 보스턴의 병원에서 젊은 여성의 자궁경암(子宮脛癌)이 몇 차례 발견되어 이것이 DES에 원인이 있다는 것을 알게 되었다.

이로 인해 1971년에는 DES의 사용이 금지되었으나 문제는 이것으로 끝나지 않았다. DES의 영향은 때와 세대를 넘어 태아가 성장한 후 중대한 영향이 나타난다는 것이 판명되었기 때문이다. 실제로 태아이기에 DES의 영향을 받은 30~50대인 사람 가운데는 여성의 경우 자궁경암을 비롯한 그 밖의 암, 남성인 경우 정소암이 증가하고 있는데, 이 모두가 내분비계 교란물질로 인한 것으로 생각되어진다.

동물에 미치는 영향

어류의 성전환은 자연 조건 하에서 널리 일어나고 있다. 정소나 난소가 형성되기 전에 안드로겐(남성호르몬)이나 에스트로겐의 영향을 받으면 쉽게 성이 전환된다. 가령 넙치는 성의 분화가 시작될 무렵 수온이 낮으면 암컷이 되고, 제브러피시라는 물고기는 치어의 난소가 차차 퇴화되기 시작하여 부화 후 3~4주 뒤에 정자를 형성하기 시작한다.

일반적으로 어류의 암컷은 난자가 성숙함에 따라 난소로부터 에스트로겐이 다량으로 분비되어 이것이 간장을 자극한다. 간장에서는 비테로게닌(난황 단백질의 전신)이 합성되어 혈액으로 운반되어 난소로 돌아와 여기서 난황 단백질로 변환한다. 그러나 수컷에서는 비테로게닌이 거의 합성되지 않는다. 그러므로 수컷의 체내에 비테로게닌이 존재하는가의 여부를 검사하면 수중에 비트로게닌과 유사한 작용을 하는 내분비계 교란물질의 존재 여부를 추정할 수 있다.

내분비계 교란물질이 생식기관에 미치는 영향 가운데 인과관계가 분명한 예는 많지 않다. 그 많지 않은 예의 보기로 고둥(소라, 우렁이 등)의 임포섹스(imposex)가 있다. 이것은 조어(造語)로서 암컷 고둥에게 수컷의 생식기관이 형성되어 발달하는 형상 및 그와 같은 고둥을 일컫는다. 임포섹스는 단지 기형을 만들 뿐만 아니라 암컷의 산란에 큰 장애가 되고 있다([표 9-2]).

임포섹스의 원인물질이 유기주석이라는 것은 실험으로 밝혀져 있다. 유기주석은 조개류나 해조의 부착을 방지할 목적으로 배 밑바닥 오염방지용 도료나 어망의 오염방지용으로 1960년대부터 널리 사용되어 왔으나 선진국에서는 이미 사용이 금지되고 있다.

[표 9-2] 내분비계 교란물질이 야생생물에게 미치는 영향에 대한 보고

	생물	장소	영향	추정되는 원인물질
패류	해	일본 해안	웅성화, 개체수 감소	유기주석 화합물
	옥새송어	영국 하천	자성화, 개체수 감소	노닐페놀 ※ 판정되지 않음
어류	로치 (잉어의 일종)	영국 하천	자웅동체화	노닐페놀 ※ 판정되지 않음
	연어	미국 오대호	갑상선 비대형성, 개체수 감소	불명
파충류	악어	미국 플로리다 주 호수	음경 왜소화, 알의 부화율 저하, 개체수 감소	호수에 유입된 DDT등 유기염소계 농약
	갈매기	미국 오대호	자성화, 갑상선 종양	DDT, PCBS ※ 판정되지 않음
조류	미국 가마우지	미국 미시간 호	알의 부화율 저하	DDT, PCBS ※ 판정되지 않음
	바다표범	네덜란드	개체수 감소, 면역기능 저하	PCBS
포유류	흰돌고래	캐나다	개체수 감소, 면역기능 저하	PCBS
	아메리카 표범	미국	저유정소, 정자수 감소	불명
	양	호주 (1940년대)	다발성 사산, 기형발생	클로버 유래의 식물성 에스트로겐

에스트로겐과 유사한 작용을 가진 내분비계 교란물질이 하천에 유입하면 어류의 성분화(性分化)가 교란되어 성의 비율이 변하거나 낭소와 정소 양쪽 모두를 가진 자웅동체의 물고기가 태어날 가능성이 있다. 그 예로 런던의 북부에 흐르는 리 강에서 로치(잉어의 일종)에서 자웅동체가 발견되었다. 이것을 검증하기 위해 송어를 3주일 동안 이 강에서 사육한 후 혈액 중의 비테로게닌을 측정했더니 암컷과 동량인 비테로게닌이 검출되어 에스트로겐 유사물질이 강물에 존재한다는 것이 증명되었다.

■ 식물에 미치는 영향

내분비계 교란물질이라고 하면 공업적 화학물질만을 생각하기 쉬우나 실은 식물이

만드는 천연물 가운데도 에스트로겐과 같은 작용을 하는 것이 있다. 식물 체내의 2차 대사 과정에서 합성되는 수많은 에스트로겐 모양의 물질은 가축의 생식장애를 일으킨다. 이것이 발단이 되어 각종 에스트로겐 모양의 물질이 발견되어 연구를 시작했다.

일상생활에서 섭취할 가능성이 있는 것은 콩에 함유된 식물 에스트로겐의 일종인 다이진이다. 여성이 단백질을 60g(이 중에는 45mg의 에스트로겐이 포함되어 있다.)씩 한 달 동안 계속 먹으면 생리불순이 되고 임신에도 영향을 준다고 한다. 다이진은 화학구조가 DES와 매우 유사하므로 정자의 감소 등 남성의 생식기능에도 영향을 미칠지도 모른다.

면실유에 함유된 코시폴은 정자형성을 저해하는 물질로 알려져 있다. 중국에서 면실유를 많이 식용하는 지방에는 남성 불임증이 많다고 한다. 수정란의 착상이나 임신 유지에 불가결한 황체 호르몬의 일종인 프로게스테론은 동물에만 존재하는 줄 알고 있었으나 근년에 이르러 협죽도과의 식물에서도 분리되었다. 맥주의 원료인 홉 중에도 에스트로겐 모양의 물질이 포함되어 있다는 것은 예로부터 알려진 사실이다.

식물 에스트로겐은 앞으로도 각종 식물과 식물에서 유래한 식품에서 발견될 것이다. 그러나 이들이 환경 중으로 확산하여 생태계를 교란시키거나 인간의 생식기능에 장애를 줄 가능성은 그다지 많지 않은 것으로 보인다.

2 다이옥신

(1) 다이옥신이란

다이옥신은 독성이 강한 환경호르몬의 일종으로 염화다이벤조다이옥신(PCDD), 염화다이벤조푸란(PCDF), 코플라너－염화비페닐(coplaner－PCB) 등 3종의 화학물질을 총칭하는 말이다.

PCDD는 [그림 9-2]와 같이 2개의 산소원자가 2개의 벤젠 고리로 연결된 화합물로 벤젠 고리와 연결된 염소의 수와 위치에 따라 75개의 이성체(異性體)가 존재한다. 그 중에서 2,3,7,8-TCDD(tetra-chloro-dioxine)가 대표적인데, 일반적으로 다이옥신이라고 하면 이것을 가리킨다. 다른 다이옥신류(類)의 독성평가도 2,3,7,8-TCDD의 독성으로 환산한 숫자가 사용된다.

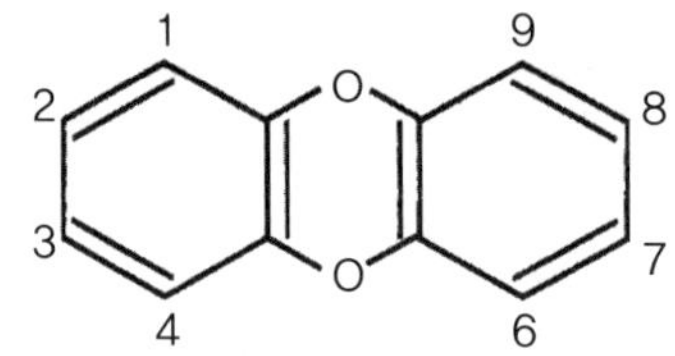

[그림 9-2] PCDD의 화학 구조

PCDF는 1개의 산소원자를 개입시켜 2개의 벤젠 고리가 결합한 골격을 가지며 여기에 부착된 염소의 수와 숫자에 따라 135종의 이성체가 존재한다. 대표적인 것은 2, 3, 4, 7, 8-PCDF(penta-chloro-dibenzo-furan)이다.

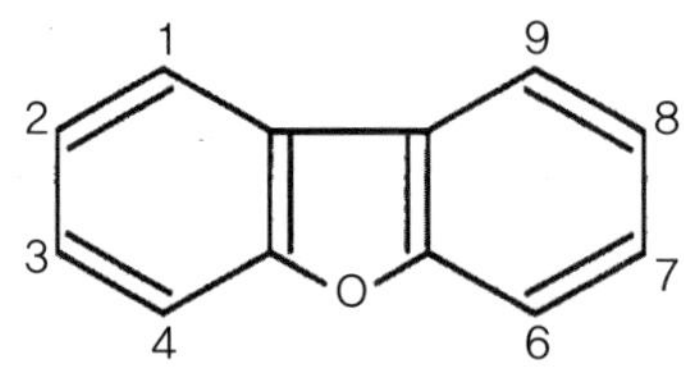

[그림 9-3] PCDF의 화학 구조

코를라너-PCB는 폴리염화페닐(polychlorinated-biphenyl)로 [그림 9-4]와 같은 골격을 가진 화합물이다. 여기에 부착하는 염소의 수와 이치에 따라 209종의 이성체가 존재하는데 여기서 코플라너란 2개의 벤젠 고리가 같은 평면 위에 있다는 것을 의미한다. 구체적으로 말하면 벤젠 고리의 3, 4 및 3′, 4′의 위치에 염소가 부착한 것을 기본구조로 하고 다시 5 또는 5′의 위치에 1개나 2개의 염소가 부착한 것이 코플라너-PCB이다.

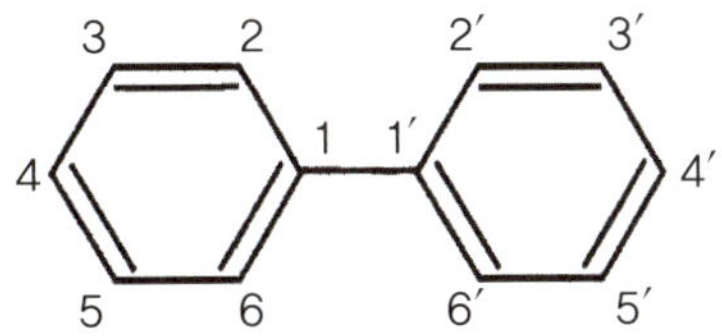

[그림 9-4] 코플라너-PCB의 화학 구조

지금까지의 코플라너-PCB의 사용량은 PCB 전체의 1%에도 미치지 못하지만 그 독성은 PCB 중에서 가장 강하다. 이것은 타지 않는 기름이라고 불리며 1930년부터 미국에서 생산하기 시작하여 트랜스와 콘덴서 등의 전기기기, 열매체, 페인트, 인쇄용 잉크, 윤활유, 플라스틱 첨가제 등에 널리 쓰였다. 그러나 1960년대 후반부터 PCB에 의한 환경오염이 스웨덴을 비롯한 선진국에서 보고되기 시작하고 그 후 야생생물, 식품, 인체에도 오염이 확대되어 현재는 사용이 금지되고 있다.

(2) 다이옥신의 발생

다이옥신의 주요 발생원은 폐기물의 소각과정, 제지의 염소 표백과정, 기타 등으로 대별할 수 있는데 다이옥신의 전체 발생량 가운데 약 90%는 일반폐기물과 산업폐기물의 소각에 의한 것이다.

■ 폐기물의 소각과정

폐기물 가운데 다이옥신의 성분이 되는 벤젠 고리와 염소가 포함되면 연소로 안의 온도가 300~5000℃로 올라가고 이것들이 반응하여 다이옥신을 발생시킨다.

폐기물의 소각과정에서 다이옥신이 발생한다는 것은 1977년에 네덜란드에서 처음 발표된 이후 구미제국에서는 다이옥신이 환경과 인체에 미치는 영향에 대한 연구를 정력적으로 추진하여 엄격한 TDI(하루 섭취량의 허용기준, Tolerable Daily Intake)를 결정했다. 그리고 다이옥신의 발생을 억제하기 위해 가능한 소각에 의하지 않는 폐기물 처리법을 채용하고 소각로의 설계와 소각 관리에 철저를 기하고 있다.

[표 9-3] 다이옥신의 주요 발생원

발생원 분류		대상시설	주요 세부 내용
1차 발생원	인위적 발생원	화합물 제조	염화페놀 관련물질의 제조 공정(제초, 살균, 살충제)
		폐기물 소각	도시폐기물, 산업폐기물, 의료폐기물, 슬러지의 소각에 따른 배출물, 비산재 및 잔재의 매립지
		펄프, 종이제조	염소화합물에 의한 표백처리 공정
		자동차	석유류 연소
		기타	담배연기, 에너지 소비가 많은 산업시설 등
	자연적 발생원		화산, 화재, 번개 및 산불 등
2차 발생원	식품섭취, 공기흡입, 피부접촉, 토양, 하수슬러지, 퇴비 및 퇴적물 등		

미국에서는 대부분의 폐기물을 매립하여 처분하고 있다. 국토가 좁은 유럽 국가에서도 사정은 마찬가지이다. 이들 나라는 1980년부터 폐기물 처리법에 연구를 거듭하여 폐기물을 철저히 구분하여 소각할 때 유독물질이 발생하는 것은 소각하지 않는다. 또 폐기물의 재활용률을 높이고 과도포장을 배제하는 등 폐기물의 감량에 노력하고 있다.

한편 우리나라는 국토가 좁아 폐기물의 매립에 필요한 토지 확보가 용이치 않다. 더구나 소각은 공중위생상으로 보아 적절한 처분법이라 생각했고 병원균의 번식을 방지하는 데도 효과적이었다. 특히 생활이 어려웠던 시기에는 폐기물의 소각을 도리어 장려할 만한 방법이었다. 하지만 다이옥신류를 발생시키는 요인이 되기도 하여 유독물질의 발생에 대한 배려가 결여되어 있었다.

■ 유기염소계열 플라스틱의 소각

염소계열의 플라스틱은 석유화학공업의 발전에 따라 여기서 얻어지는 에틸렌을 재료로 하여 저렴한 가격으로 대량생산이 가능하기 때문에 일용품(쇼핑백, 비닐우산, 튜브, 볼펜, 식품포장 용기, 전기기구의 코드 등)과 산업용(파이프, 시트, 바닥재, 호스 등)으로 널리 사용하고 있다.

폴리에틸렌, 폴리프로필렌, 폴리염화비닐, 폴리스티렌 등은 4대 플라스틱이라 불리며 대량으로 소비되고 있다. 폴리스티렌을 재료로 한 발포스티로폼은 염소를 함유하지 않은 플라스틱이지만 분별하지 않고 다른 폐기물과 같이 소각하면 염소와 화합하여 다이옥신을 발생시킨다.

폴리에틸렌 자체도 염소화가 용이하다. 페트병은 염소를 함유하지 않았으나 염소를 함유한 폐기물과 같이 소각하면 다이옥신이 발생한다. 또 다이옥신 생성의 촉매가 되는 금속과 같이 소각하면 그 발생이 더욱 용이하므로 위험하다. 가령 염화비닐로 싼 전선을 소각하면 다량의 다이옥신이 발생한다.

이러한 점을 생각할 때 일상생활에 있어서 플라스틱류, 특히 염소 계열의 플라스틱은 엄격이 분별하는 것이 기본이다.

제지공장의 소각과정

제지공장에서는 나무 부스러기나 파지를 원료로 하여 펄프를 제조하는 과정에서 염소 계열의 화합물을 이용하여 표백하고 한편으로는 나무 부스러기를 가열, 분쇄, 증해(蒸解)하는 과정에서 목재의 기름 모양의 성분이 분해되는데 이때 다이옥신의 성분이 되는 페놀이 함유된다. 이 때문에 제지과정에서 다이옥신이 생성되는 것으로 알려져 있다. 현재는 여러 계열 표백제의 사용은 감소되고, 작용이 빠르고 처리가 용이한 과산화수소나 오존에 의한 표백이 일반화되어 제지과정에 있어서 다이옥신의 배출이 적어졌다. 제지업이 성한 스웨덴이나 독일, 캐나다, 미국 같은 나라에서도 표백법의 전환이 이루어지고 있다.

제지과정에서 다이옥신이 생성되면 제지 제품 속에 포함되어 커피 필터에서 녹아 나오거나 종이 팩에 든 우유에서 녹아 나온다는 것이 보고되고 있다. 그러나 이것은 극히 미량이어서 생활에 지장을 초래할 정도는 아니다.

그 밖의 발생원

농약으로 쓰이는 살충제나 살균제, 제초제 등에서도 다량의 다이옥신이 배출되는 것으로 알려져 있다. 그 대표적인 것이 베트남 전쟁 때 미국이 사용하여 물의를 일으킨 고엽제이다.

회수한 금속의 재생공장이나 전선 처리공장에서 배출되는 가스에도 다이옥신이 함유되어 있다. 금속의 생산에서는 2차 원료를 사용하는 비율이 높으므로 금속의 제련 과정이 다이옥신의 중요한 발생원이 된다.

또 유연(有鉛) 가솔린을 사용하는 자동차의 배기가스, 담배의 연기, 각종 소재가 연소하는 화재 등 다이옥신의 발생원은 여러 가지가 있다.

(3) 다이옥신이 생체에 미치는 영향

앞서 말했듯이 다이옥신은 폐기물의 소각과정이나 유기염소화합물의 합성과정에서 비의도적으로 발생하는 화합물인데 이것이 환경에 잔류하여 생물에 대한 강한 독성을 나타낸다. 이 때문에 선진 공업국에서는 다이옥신의 TDI(Tolerable Daily intake)를 정하고 있다. TDI란 장기간에 걸쳐 체내에 흡수되어 건강이 우려되는 양까지, 인간이 평생 동안 섭취해도 해가 없다고 판단되는 체중 1kg당 최대의 하루 섭취량을 말한다. 다이옥신 중에서 독성이 가장 강한 것은 2, 3, 7, 8－TCDD인데 여기에 대한 연구와 실험결과가 가장 풍부하다. 다음에서는 TCDD를 중심으로 하여 생물, 특히 인간에 대한 다이옥신의 독성을 살펴보기로 한다.

■ 흡수와 체내의 존재 상태

TCDD가 음식을 통해 흡수되는 양은 생물의 종류에 따른 차이는 거의 없고 식품 중에 포함된 다이옥신의 양에 따라 영향을 받는다. 일반적으로 식품으로부터의 흡수량은 약 50%로 호흡에 의한 흡수율은 약 25%, 피부를 통한 흡수율은 약 1%이다. 다이옥신은 피부로의 침투성이 약하여 피부에 부착한 TCDD의 대부분은 표면의 각질에 남아 내부에는 들어가지 않는다.

다이옥신은 생체 안에서 대사하기가 어려워 흡수된 다이옥신은 주로 간장이나 지방조직에 축적되며 그 양은 염소의 수가 많은 다이옥신일수록 많이 존재한다. 인간의 경우 연령과 다이옥신의 축적량과의 사이에는 정비례의 관계가 있다. 흡수된 다이옥신의 배설은 아주 완만하여 섭취량이 반감할 때까지의 기간(소실 반감기)은 인간의 경우 1~10년이다. 이것은 쥐, 모르모트 등의 설치류와 비하면 10~40배가 길다.

[표 9-4] 다이옥신류와 다른 맹독성 물질과의 독성 비교

천연물	반수치사량*(g/kg)	인공물질
포툴리누스균 독소		
	10^{-9}	
파상풍균 독소		
	10^{-8}	
	10^{-7}	
	10^{-6}	다이옥신 2, 3, 7, 8 - TCDF
적리균 독소		
복어의 독	10^{-5}	디벤조프란 2, 3, 7, 8 - TCDF
	10^{-4}	살린
	10^{-3}	
	10^{-2}	시안타칼륨
니콘틴		청산가리
	10^{-1}	
카페인		DDT
	1	

*실험용 쥐에 투여했을 때 반수의 쥐가 죽는 양

유전과 생식에 미치는 영향

포유동물의 세포와 살모넬라균을 이용한 실험에 따르면 TCDD는 유전에는 영향을 미치지 않는다고 한다. TCDD가 DNA에 손상을 입히지 않을 뿐만 아니라 DNA와 결합한다는 증거가 없기 때문에 현재로서는 TCDD의 유전 독성은 없다고 할 수 있다.

쥐의 기관 형성기에 1000ng/kg · 체중/일의 TCDD를 투여하자 기형이 만들어지는 빈도가 높았다. 흰쥐의 경우에서는 태아사망이나 신장의 형성 이상이 발견되었다. 토끼도 역시 250ng/kg · 체중/일의 TCDD를 투여하자 유산과 태아의 사망을 확인할 수 있었다.

생식에 미치는 영향은 현저하다. TCDD를 연속적으로 동물에 투여했더니 수태율의 저하, 한 번에 태어나는 새끼 수의 감소, 생후 생존율의 저하 등이 나타났다. 흰쥐의 경우 100ng/kg · 체중/일의 TCDD를 투여하자 수태율이 현저히 낮아지고,

10ng/kg · 체중/일로는 자궁 내의 사망, 한 번에 태어나는 새끼 수의 감소, 생후 체중증가 억제 등의 결과가 나타났다. 이러한 결과로 미루어 TCDD의 무독성 양은 1ng/체중 · 체중/일로 추정된다.

■ 발암성

TCDD를 장기간 입으로 투여한 결과 흰쥐에게는 간장암, 폐의 편평상피암, 갑상선암 등이 나타났다. 쥐에서도 역시 똑같은 암이 발견되었다. TCDD가 암을 일으킬 수 있는 양은 흰쥐는 71~100ng/kg · 체중/일이고 쥐는 71~286ng/km · 체중/일이었다.

그러면 TCDD는 발암 과정의 어느 부분에 관여하고 있는 것일까. 지금까지의 연구 결과에 의하면 정상세포가 암으로 변하는 초기단계에 관여하는 것이 아니라 변이하여 생긴 잠재성 세포가 암세포로 변화하는 촉진단계에서 TCDD가 촉진제 역할을 하는 것으로 알려졌다.

TCDD의 발암성에 관해 세계보건기구(WHO)는 지금까지 '다이옥신에 발암의 가능성이 있다.' 고 말해 왔으나 1996년 2월에는 '발암성이 있다.' 고 단정을 내렸다. 그러나 다이옥신과 발암의 관계에 대한 연구는 아직 충분하다고 할 수 없는 상태여서 앞으로의 성과가 기대된다.

■ 일반 및 만성독성

TCDD의 독성은 천천히 나타나는데 그 치사량은 동물의 종류와 계통, 그리고 투여 방법에 따라 크게 달라진다.

실험결과에 의하면 TCDD에 높은 감수성을 가진 수컷 모르모트에 입으로 투여했을 때 50%의 치사량(LD50)은 600ng/kg · 체중인데 감수성이 낮은 햄스터의 경우는 5,051,000ng/kg · 체중이어서 양자 사이에는 8000배 이상의 차이가 있다.

흰쥐에게 평생 동안 TCDD를 입으로 투여했을 때의 무독성량은 1ng/kg · 체중/일이다. 무독성량 이상을 투여했을 때의 독성은 체중증가의 억제나 간장 장애 등이었다. 한편 붉은털원숭이에게 20개월 동안 입으로 투여했을 때의 최소 독성량은 2~3ng/kg · 체중/일로서 이때 나타난 증상은 체중의 감소, 탈모, 피부의 각화증, 빈혈 등이었다.

(4) 다이옥신의 피해 사례

■ 고엽제

우리나라에서 다이옥신이라는 유독 화학물질에 대해 크게 관심을 기울이기 시작한 것은 미군의 베트남 전쟁을 통해서였을 것이다. 미군은 1962년부터 1971년까지 10년 동안 베트남 정글에 숨어 있는 게릴라를 찾기 위해 다량의 에이전트 오렌지라는 고엽제를 공중에서 살포하여 막대한 희생을 치르게 했다. 이 고엽제는 주로 2, 4-D와 2, 4, 5-D로서 여기에는 다이옥신이 혼입되어 있었는데, 그 양은 무려 10~150kg이나 되는 것으로 추정되고 있다.

이로 인해 남부 베트남 지역에는 유산, 조산, 불임 등이 살포 이전에 비해 2, 3배나 많아지고 기형아 출산은 10배 이상 증가했다. 또 미국의 베트남 참전자와 다이옥신에 직접 접하지 않은 아내와의 출산에 대해서도 기형아는 15배, 유산을 포함한 이상 출산은 2.3배에 이르렀다.

베트남 전쟁에 참가했던 우리나라 장병 중에도 심한 후유증이 생겼다는 것이 1992년에 알려져 큰 사회문제가 되었다. 이에 우리나라에서는 1997년 12월에 '고엽제 후유증 환자 지원 등에 관한 법률'을 제정하여 고엽제 후유증 환자 및 고엽제 후유증 2세 환자들에 대한 대책을 마련하고 있다.

■ 세베소 사건

1976년 7월 이탈리아 북부 세베소(Seveso)에서 유독성 화학물질 방출 사고가 발생했다. 사건이 일어난 것은 스위스의 제약회사 로슈의 자회사인 익메사(Icmesa)의 현지 공장에서 의료용 비누를 만들기 위해 트리크롤로페놀(Trichlorophenol)을 생산하던 중 방응용기의 과열로 내부의 압력이 높아져 안전벨트가 파열됨으로써 일어났다.

이때 누출된 유독가스 중에는 염소가스 외에도 다이옥신 TCDD가 2kg 들어 있었다. 15분 동안의 누출로 독성 구름이 세베소를 비롯한 인근 5km 이내의 11개 마을로 퍼져나갔다. 이로 인해 주민들은 심한 화상을 입거나 피부병에 걸리고 가축 수만 마리가 죽거나 병들었다. 1년 후 그 일대의 과일과 곡식의 다이옥신 농도를 조사했더니 과일껍질에서 다이옥신이 검출되었다.

그 후 3만 2000여 명의 어린이를 조사한 결과 187명이 염소가스로 인한 화상을 입은 것과 같은 피부병에 감염되었다는 것을 알게 되었다. 정부에서는 먹이사슬로 인한 오염을 우려하여 1978년까지 7KS 7000여 마리의 가축을 도살했다. 이 사건으로 인해 1800ha의 토양이 60cm까지 오염되고 그 피해액은 2억 5000만 달러에 달했다.

■ 타임스비치 사건

1971년부터 수년 동안 미국 미주리 주의 타임스비치 주민들은 비포장도로에서 날리는 먼지로 인한 고통을 덜기 위해 도로에 기름을 뿌리기 시작했다. 그런데 타임스비치와 계약을 맺은 회사가 경비를 줄이기 위해 기름 트럭에 인근 화학공장에서 판매하는 폐유를 섞어 도로에 뿌렸다. 이때 폐유에 함유되어 있던 다이옥신이 토양과 대기, 하천 등으로 들어가 이 지역의 생물들에게 치명적인 영향을 미치게 되었다.

즉 도로에 폐유가 뿌려진 이튿날 인근 목장에서 수십 마리의 참새가 떨어져 죽고 한 달 후에는 개와 고양이가 죽었으며, 목장의 말 43마리가 1년 안에 죽고 임신한 말은 모두 사산했다. 목장 주인은 두통, 설사, 가슴 통증으로 고통을 받았는가 하면 다른 가족들도 비슷한 증세로 입원하게 되었다. 그 후에도 하늘을 날던 새들이 죽어서 땅에 떨어지고 애완동물이 죽어갔으며 주민들이 별다른 이유 없이 몸에 통증을 느끼고 폐암에 걸리는 사람이 생기는가 하면 부인들은 유산을 했다. 뿐만 아니라 신장암, 후두암, 간질환 환자들도 발생했다.

1982년에 미국 연방환경처는 그 원인을 조사한 결과 기름 속에 많은 양의 다이옥신이 함유되어 있었다는 것을 발견했다. 이에 1983년 미국 연방환경처는 이 지역 주민 2만 2천여 명을 다른 지역으로 이주시키고 이 마을로의 통행을 금지시켰다.

제 10 장

원자력 발전과 방사선 오염

1 에너지 자원의 이용

(1) 에너지 자원으로서의 원자력

고도로 발달한 현대 사회에 있어서는 에너지가 불가결하다. 의식주를 포함한 오늘날의 풍부한 물질생활은 에너지를 소비하는 경제활동을 통해 이루어진 것이다. 특히 에너지 중에서도 전기 에너지는 깨끗하고 사용하기 쉬워 생활 활동의 동력원으로서 매우 중요한 역할을 담당하고 있다.

2차에 걸친 석유위기(1974년, 1979년)의 결과 세계의 중요 에너지 소비국에서는 석유를 대체할 에너지 개발에 노력하고 있다. 우리나라도 그 예외는 아니어서 석유를 대체할 에너지의 핵심으로 떠오른 것이 원자력이다. 그것은 화석연료의 매장량에는 한계가 있어 21세기 중반에는 고갈될 우려가 있으며 더구나 화석연료의 안정공급에는 불안이 있고 또 불확실했기 때문이다.

이에 반하여 원자력의 연료가 되는 우라늄의 공급국은 미국, 캐나다, 오스트레일리아 등 정세가 안정된 나라여서 안전한 공급이 확보되고 있다. 또한 원자력을 이용하는 경우에는 화석연료를 이용할 때 발생하는 CO_2, SO_X, NO_X 같은 대기오염 물질이나 지구 온난화 물질을 발생시키지 않는다. 경제적으로 보아도 수력이나 화석연료에 비해 원자력이 훨씬 더 저렴하다.

1950년대 이후의 세계경제를 돌이켜보면 에너지의 다소비 산업에서 과소비(寡消費) 산업으로 변화하고, 에너지 소비를 위한 창의적인 연구를 하고 있는데도 불구하고 GNP와 총에너지 수요와 병행하여 증가하는 경향이 있다. 그러나 에너지 자원의 자원 확보, 자원으로서의 유한성, 지구환경 보호에 대한 관심의 고조 등 여러 요인으로 인해 전 세계적으로 탈(脫)화석연료로의 경향은 부인할 수 없다.

원자력은 두 날을 가진 칼과 같다. 비록 그것이 평화적인 이용이라 하더라도 잘못 취급하면 인명에 영향을 미친다. 따라서 국제적으로나 국내적으로도 원자력의 이용에는 철저한 관리가 필요하다. 또한 그 취급을 위한 기술개발에 노력하는 한편 정확한 정보를 국민에게 제공할 필요가 있다.

우리나라는 1차 에너지의 대부분을 수입에 의존하고 있기 때문에 특정 에너지에 편중한 개발은 안정 확보라는 면에서도 바람직하지 않다. 그러므로 수력, 화력(석유, 석탄, 액화 천연가스)과 원자력의 세 가지 에너지를 균형적으로 이용하는 것이 요구되고 있다.

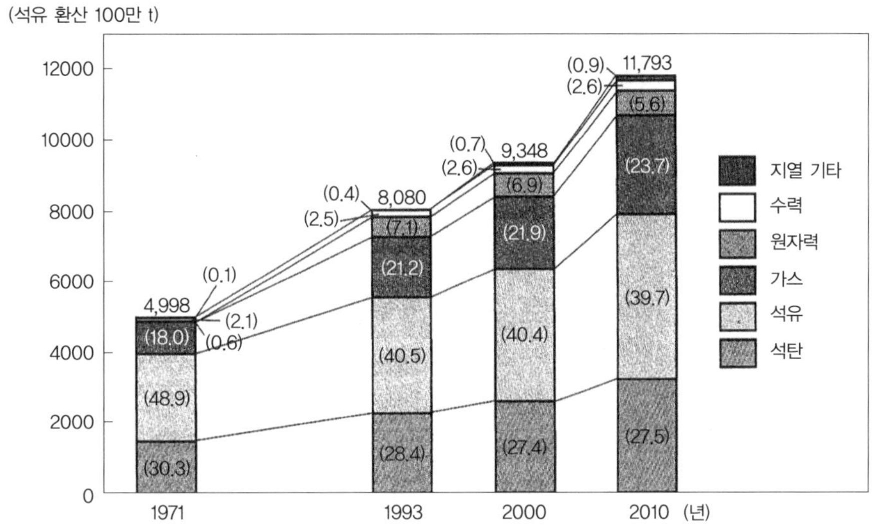

[그림 10-1] 세계 에너지 소비량의 추이와 전망

(2) 원자력 발전의 역사

원자력 발전의 원점은 1942년에 페르미(E. Fermi)가 미국 시카고의 실험로에서 원자력 발전의 원리가 되는 핵분열의 연쇄반응에 성공한 데서 찾을 수 있다. 그리고 원자력 발전은 1951년에 발전을 행한 실험로인 EBR-1에서부터 시작되는데 당초의 발전용량은 1kw였다. 그 후 각국에서는 원자로 건설에 힘을 기울여 1954년 6월에 가동을 개시한 옛 소련의 오브닌스크 발전소가 세계 최초의 원자력 발전소(상업용 발전을 포함)라는 영예를 차지했다. 서방측에서 처음으로 상업용 원자력 발전소를 가동한 것은 1956년 영국의 콜더홀 발전소였는데 출력은 6만 kw, 원자로의 형식은 흑연 감속 탄산가스로(GCR)였다. 미국에서는 1957년 12월에 가동하기 시작한 시핑포트 발전소로 출력은 10만 kw였다. 한편 프랑스에서는 1964년 2월에 가동한 시논 1호인데 출력은 8만 4천 kw였다. 그리고 우리나라는 1978년 4월에 고리 1호기가 가동하기 시작하면서부터 본격적인 원자력 발전 시대로 접어들었다.

[그림 10-2] 고리 1호 발전소

원자력 발전 이용의 역사는 다음 2가지 큰 사고를 제외하고는 이야기가 되지 않는다.

첫째는 1979년 3월 미국 펜실베이니아 주의 스리마일 섬에서 발생한 원자력 발전소 사고로 주변에 방사선 물질이 방출되어 주민이 대피해야 하는 일찍이 경험하지 못한 큰 사고가 일어났다. 이것은 급수 펌프의 고장과 기술자의 오작동이 겹친 사고였다. 발전소로부터 80km 이내의 주민이 받은 방사선의 양은 20맨 시벨트로 1인당 0.01시벨트인 것으로 알려졌으나 다행히도 직접적인 사망자는 없었다. 맨 시벨트(사람/Sv)란 많은 사람이 받은 방사선량을 한 사람이 받은 방사선량으로 환산한 값을 말한다.

이 사건으로 인하여 원자력 발전의 안전성에 대한 불안과 반대운동이 전 세계에서 일어나 스웨덴 같은 나라에서는 1980년에 국민투표를 통해 원자력 발전의 단계적 폐지를 결정했다. 사고 이후 미국에서는 안전규제가 강화되고 원자력 발전이 경제적 코스트 면에서도 불리하다 하여 신규로 착공하지 않았다.

[그림 10-3] 스리마일 섬 원자력 발전소

둘째는 1986년 4월에 옛 소련 우크라이나 공화국의 체르노빌 원자력 발전소에서 세계 최대의 원자력 발전소 사고가 발생했다. 이것은 기술자의 미숙한 조작, 규칙을 위반한 오작동 등이 원인이었다. 그 결과 수습할 수 없을 정도로 많은 방사선 물질이 외부에 누출되었다. 이로 인해 발전소에서 반경 30km 이내의 주민 약 13만 5000명이 피난했고 이때 주민이 받은 방사선량은 16000맨 시벨트였다.

[그림 10-4] 체르노빌 원자력 발전소 원경(중앙 안쪽)

이 사고로 인해 직접 소방 활동에 참가했던 소방관 31명을 포함하여 모두 45명이 사망했는데 사망자 중 약 20명은 6시벨트 이상의 방사선을 피폭했다고 한다. 또 그 후 10여 년 동안에 걸쳐 암이 많이 발생하여 다수의 희생자를 내게 되었다.

뿐만 아니라 이 사고로 인해 대량의 방사선 물질이 방출되어 북반구의 각국에 방사능이 떨어져 방사선 오염 피해를 입은 인근 국가에서는 원자력의 적극적인 이용을 자제하였다. 그 이후 신규 착공이 적어지고 2000년에는 독일이 원자력 발전의 단계적 폐지에 나섰다.

2005년 현재 세계 31개 국가에서 439기의 원자력 발전소가 가동하고 있으나 1990년 이후의 신규 운전은 한국을 비롯하여 중국, 일본, 타이완, 인도 등 아시아 국가에 집중되고 있다. 우리나라에서도 이 두 가지 사건 이후 안전성에 대한 불안과 반대운동이 높아졌으나 원자력 발전은 석유파동 이후 그대로 국책사업으로 추진되었다. 2005년 현재 세계 각국에서 가동하고 있는 발전용 원자로는 439기인데 최대 규모는 미국의 103기이고 프랑스, 일본, 러시아가 그 뒤를 잇고 있다. 우리나라는 세계 제5위로 4개 지역(고리, 영광, 울진, 월성)에서 총 20기가 가동하고 있다.

[표 10-1] 세계의 원자력 발전소 설비 및 용량(2005년 말 현재)

	운전중		건설 · 계획중		합계	
	출력	기수	출력	기수	출력	기수
미국	102,745	103	–	–	102,745	103
프랑스	66,020	59	1,600	1	67,620	60
일본	48,222	54	16,658	13	64,880	67
러시아	23,556	31	4,070	5	27,626	36
독일	21,371	17	–	–	21,371	17
한국	17,716	20	9,600	8	27,316	28
캐나다	13,423	18	–	–	13,423	18
우크라이나	12,818	14	3,000	3	15,818	17
영국	12,793	23	–	–	12,793	23
스웨덴	9,211	10	–	–	9,211	10
스페인	7,887	9	–	–	7,887	9
중국	6,998	9	9,300	10	16,298	19
벨기에	6,050	7	–	–	6,050	7
타이완	5,144	6	2,700	2	7,844	8
체코	3,722	6	–	–	3,722	6
스위스	3,372	5	–	–	3,372	5
인도	3,310	15	3,920	8	7,230	23
불가리아	2,880	4	2,000	2	4,880	6
핀란드	2,780	4	1,700	1	4,480	5
슬로바키아	2,640	6	–	–	2,640	6
세계 합계(기타 포함)	385,054	439	71,465	75	456,519	514

(출력은 1000KW)

(3) 원자력 발전의 원리와 안전성

원자력 발전에서는 핵연료인 우라늄에 중성자를 흡수시켜 우라늄이 2개의 원자로 분열하여 생기는 막대한 에너지를 이용한다. 1회의 핵분열로 2~3개가 방출되는 중성자가 다른 우라늄을 분열시키면 연쇄반응이 이어진다([그림 10-5]). 핵분열은 중성자가 느릴수록 일어나기 쉬우므로 핵분열로 튀어나온 고속의 중성자를 감속하면 연쇄반응의 효율이 높다. 현재 상업용 원자로의 주류인 경수로는 중성자의 감속재(減速材)에 보통 물(硬水)을 고온 고압 하에서 사용하며, 원자로의 열을 증기발생기에 전하는 냉각재도 물이 겸하고 있다. 고온의 증기를 발생시켜 발전용 터빈을 돌리는 것은 화력발전과 같다([그림 10-6]).

우라늄의 동위체(원자핵 중의 중성자 수가 다른 우라늄의 동료) 가운데서 중성자를 잘 흡수하여 핵분열이 되기 쉬운 것은 천연 우라늄에는 불과 0.7%밖에 되지 않는 우라늄 235(양자와 중성자를 합쳐 235개)이고 나머지 99.3%를 차지하는 우라늄 238은 중성자를 흡수해도 핵분열을 하지 않고 플루토늄 239로 바뀐다. 플루토늄 239도 중성자를 잘 흡수하여 핵분열이 용이하기 때문에 경수로 발전의 약 30%를 담당하고 있다. 경수로에서는 핵분열의 연쇄반응을 지속시키기 위해 우라늄 235를 3% 이상 높인 농축 우라늄을 사용한다.

우라늄과 플루토늄이 분열할 때 생기는 세슘(cesium), 요소 등의 핵분열 생성물은 '죽음의 재'라 불릴 정도로 방사능이 매우 강하게 핵연료 중에 축적된다. 100만 kw급 원자력 발전소 1기의 1년간 가동으로 우라늄 약 1톤 분의 핵분열이 일어나고 이때 발생하는 핵분열 생성물은 우라늄 약 1kg이 분열한 히로시마 원자폭탄 100발에 해당한다.

원자폭탄은 핵분열이 기하급수적으로 불어나지만 원자력 발전은 핵폭주(核暴走)가 일어나지 않도록 1회의 핵분열로 생긴 중성자가 새로 1개의 우라늄을 분열시키도록 중성자의 흡수재 등을 조정하여 출력이 일정하도록 운전한다. 경수로는 출력이 가장 안정적인 조건에서 운전하므로 핵분열의 증가로 출력이 상승하면 감속재인 물이 온도 상승하여 핵분열을 일으키기 어렵게 하고 출력을 원래대로 되돌린다. 그러나 냉각수의 대량 상실, 운전조건의 급변에 의한 핵폭주, 긴급용 장치의 고장이나 정비 불량, 그리고 운전미숙 등이 겹치면 원자로가 폭발하여 큰 사고를 발생시키게 된다. 스리마일 섬이나 체르노빌 사고는 바로 그러한 이유 때문에 발생한 것이다.

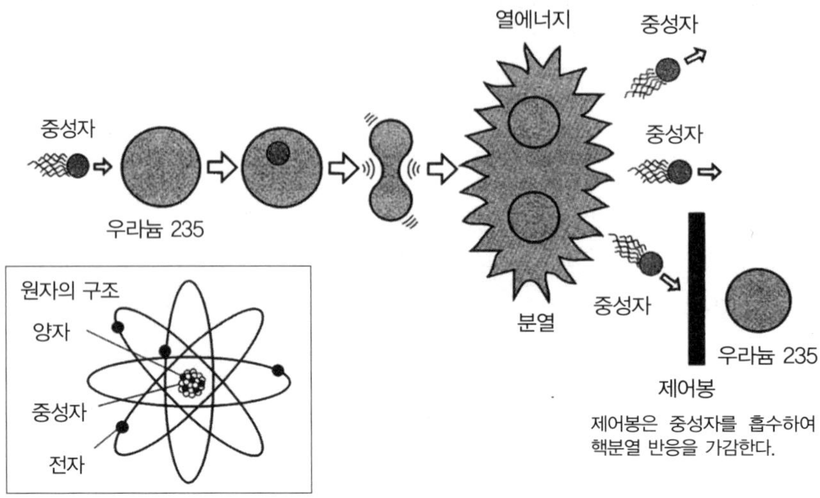

[그림 10-5] 핵분열과 제어 시스템

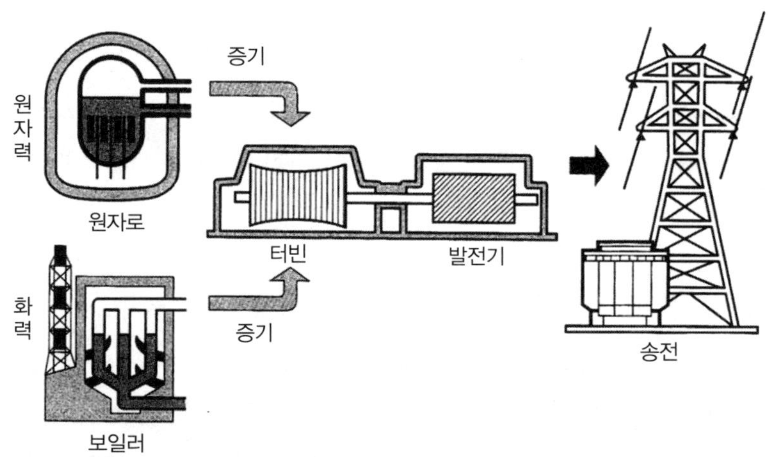

[그림 10-6] 원자력발전과 화력발전

(4) 핵연료의 리사이클과 플루토늄

100만 kw급의 원자력 발전소가 1년 동안에 사용하는 우라늄 연료는 약 20~30톤으로 같은 규모의 화력발전소가 사용하는 화석연료의 1만 분의 1이면 충분하다. 그러나 우라늄을 채취할 수 있는 기간은 석유와 거의 비슷한 수십 년에 지나지 않는다. 이와 같은 자원문제로 인하여 천연 우라늄의 대부분을 차지하는 우라늄 283을 원자로에서 플루토늄으로 바꾸어 이것을 재처리 공장에서 사용이 끝난 핵연료로부터 추출하여 핵연료로 사용하는 '핵연료 리사이클' 의 확립이 시도되었다. 플루토늄은 천연적으로 존재하지 않기 때문에 발전소에서 소비한 플루토늄보다도 원자로 안에서 생성되는 플루토늄이 많지 않으면 실용이 되지 않는다. 다만 원자로에서는 핵분열이 되기 쉬운 플루토늄 239가 많이 생겨 동위체 농축은 불필요하게 된다.

경수로에서는 플루토늄이 별로 불어나지 않아 우라늄 연료를 약 10%밖에 절약하지 않지만 플루토늄 239는 '고속' 의 중성자로 핵분열을 시키면 중성자 발생수가 약간 많아진다. 그러므로 플루토늄을 핵연료로 사용하여 중성자의 감속을 방지하면 원자로 안의 우라늄 238에서 생기는 플루토늄은 사용 전의 양보다 약간 '증식' 할 가능성이 있다. 이것이 발전을 하면서 우라늄 238을 플루토늄으로 바꾸어 다음의 연료를 확보해 나가는 '고속 증식로의 핵연료 사이클' 이다.

여기서 문제가 되는 것은 고속 증식로가 경수로의 개량판이 아니라 전혀 다른 기술이라는 점이다. 고속 중성자는 핵분열의 효율이 경수로의 저속 중성자보다 100배 이상 낮으므로 연쇄반응을 유지하기 위한 핵연료는 치밀하게 배치되어 경수로와 같은 안정성이 없어 핵폭주가 되기 쉽다. 중성자를 감속하지 않도록 물 대신에 냉각재를 사용하는 고온의 액체 금속 나트륨도 취급하기가 어렵다. 각국이 연구 개발에 많은 비용을 들였으나 사고가 연발하여 실용화의 전망이 어두워 주요국인 미국, 프랑스, 독일은 중지하고 말았다. 현재에도 개발에 적극적인 것은 러시아, 중국, 인도, 일본 등이다.

2 방사선

(1) 방사선이란

우라늄, 플루토늄과 같은 원자량이 매우 큰 원소는 핵이 너무 무겁기 때문에 상태가 불안정하여 스스로 붕괴하게 된다. 이러한 원소들이 붕괴하여 다른 원소로 바뀌게 될 때 몇 가지 입자선과 전자파를 방출하는데 이것이 방사선이다. 방사선을 방출하는 원소를 방사성 원소라고 하며 이렇게 해서 방사선을 내놓은 능력을 방사선이라고 한다.

전자파는 파장에 따라 마이크로파, 적외선, 가시광선, 자외선, X선, γ선으로 구별한다. 그리고 입자선은 원자 혹은 원자핵이 붕괴할 때 방출하는 α선(α입자), β선(전자), 양자선(양자), 중양자선(중양자), 중성자선(중성자), 전자선(전자)를 총칭하는 말이다. 그러나 좁은 의미로는 주로 방사선 붕괴로 인해 방출되는 α선, β선, 중성자선 등의 입자선 외에 γ선과 X선 등을 포함하여 방사선이라 부르고 있다.

현재 방사선과 방사능이란 술어는 동의어인 것처럼 사용되고 있으나 엄밀하게 말하면 방사선은 방사성 핵종(동위체)이 자발적으로 α선 · β선 · γ선 등의 방사선을 방출하고 혹은 핵 밖의 전자를 받아들여 다른 핵종으로 바뀌는 성질을 말하고 또는 그 성질의 세기나 정도를 일컫기도 한다. 1989년에 퀴리 부부(P. Curie, M. Curie)가 이 성질을 방사능이라고 명명했다.

(2) 방사선의 종류

α선은 방사성 핵종이 붕괴할 때 방출하는 α입자의 흐름이다. α입자는 양자 2개와 중성자 2개로 이루어지는 헬륨의 원자핵에 해당하며, 원자량이 큰 원소가 붕괴될 때 가장 흔히 나오는 입자인데 α선 붕괴가 일어나면 양성자 2개만큼 원소의 전하량이 떨어지게 된다.

이것은 매우 짧은 거리 안에서 α입자가 가지고 있던 에너지를 잃게 되는 것을 말하기 때문에 생체 내의 조직이나 세포에 주는 손상은 다른 방사선과는 비교가 되지 않을 정도로 크다. α선을 방출하는 핵종은 라듐(Ra, 88번), 우라늄(U, 92번) 등 원자번호가 큰 것이어서 안전 관리상 위험한 핵종(제1군)으로 취급하고 있다.

β선은 방사선 핵종이 붕괴하여 방출하는 음전자($\beta-$) 및 음양자($\beta+$) 등 β입자의 흐름을 말한다. 원자핵이 β선을 방출해도 질량수가 같기 때문에 원자번호가 1개만 다른 핵종으로 변한다. 이 현상을 β붕괴라고 한다. $\beta-$붕괴에서는 원자번호가 하나 많은 핵종으로, $\beta+$붕괴에서는 원자번호가 하나 작은 핵종으로 바뀐다. 좁은 의미에서는

$\beta-$ 붕괴만을 β붕괴라고 하기도 한다.

β선을 방출하는 방사성 핵종은 β선 방출과 수반하여 γ선을 방사하는 경우가 많으며, β선은 물질중의 전자와 상호작용을 하여 물질 속으로 진행하면서 운동 에너지를 상실하게 된다. β선이 완전히 흡수되어 버리는 물질의 두께를 β선의 비정(飛程)이라고 부른다.

β선은 물질과의 상호작용이 많으므로 차단하기가 용이한데 β선을 차단하기 위해서는 β선의 비정보다 두꺼운 원자번호가 낮은 물질로 작은 β선의 원천을 덮는다. 이때 발생하는 X선을 흡수하기 때문에 다시 높은 원자번호를 가진 물질로 덮는다. 실제로는 일반 방사성 핵종에서 방출되는 2MeV(메가전자볼트) 정도 이하인 β선이라면 1cm 두께의 플라스틱판으로도 충분히 차단이 가능하다.

γ선은 원자핵인 높은 에너지 상태에서 낮은 에너지 상태 또는 기저(基底) 상태로 이행할 때 방출하는 파장이 짧은 전자파이다. 이 경우 원자핵의 질량수도 원자번호도 바뀌지 않고 원자핵 에너지의 상태만이 변화한다. 방사성 핵종에서 나오는 γ선은 각각 일정한 에너지 준위(準位. 어떤 물리적인 양을 이미 주어진 양의 상대적인 양으로 나타낸 값)를 가지고 있다. 또 γ선은 X선과 물리적 성질이 비슷하지만 투과력은 α선, β선, X선보다 훨씬 강하다. 이 투과력을 이용하여 γ선은 방사성 살균이나 암의 방사선 치료에 이용한다.

중성자선은 방사성 핵종이 붕괴할 때 발생하는 중성자의 흐름이다. 중성자는 양자와 함께 원자핵을 구성하는 요소로서 10.3분의 반감기로 $\beta-$붕괴를 하여 양자가 된다. 중성자선은 얇은 금속판 등은 쉽게 투과하지만 X선과는 달리 물과 파라핀 등은 투과하기가 어렵다. 보통 중성자는 그것이 가진 에너지에 따라 분류된다. 또 핵분열로 방출되는 중성자는 몇 Mev(킬로 전자보틀)의 운동 에너지를 가지고 있어 고속 중성자라고 불린다. 이것이 물질을 통과하는 동안에 감속하여 Mev 이하의 운동 에너지가 된 것을 저속 중성자라고 한다.

원자핵이 저속 중성자를 1개 흡수하면 질량수가 하나 큰 불안정한 원자핵이 생긴다. 이 원자핵이 가진 에너지는 양자나 α입자를 방출하기에는 불충분하기 때문에 γ선을 방출하여 안정화한다.

[표 10-2] 주요 방사선의 종류와 실체

분류	종류	실체
저이온화 방사선	X선	자외선의 1/100 이하인 파장을 가진 광자의 흐름(전자파)
	γ선	원자핵 안에서 발생한 X선과 같은 성질의 광자의 흐름(전자파)
	β선	원자를 구성하는 전자가 외부로 나왔을 때의 전자의 흐름
	전자선	전자를 발생시켜 가속한 전자의 흐름
고이온화 방사선	α선	헬륨의 원자핵(양자 2개와 중성자 2개)이 외부로 나왔을 때의 전자의 흐름
	중성자선	원자핵에서 뛰어나온, 또는 원자핵에서 분리된 중성자의 흐름
	양자선	원자핵에서 나와 가속된 양자의 흐름
	하전입자선 (중하전입자선)	헬륨이나 탄소 등 각종 원소를 이온화한 전기를 띠게 하고 가속한 그 입자의 흐름. 우라늄과 같은 무거운 원소의 흐름을 특히 중하전립자선이라 고 함

3 방사선의 피폭(被曝)

(1) 자연 방사선의 피폭

인류는 탄생한 이후 여러 가지 방사선과 방사성 물질 속에서 생활하고 있다. 자연계에 존재하는 방사성 물질은 지각을 구성하는 암석이나 토사 속에 우라늄, 토륨, 라듐 등에 포함되어 끊임없이 방사선을 방출하고 있다. 이들 방사성 원소의 붕괴로 생긴 라돈(Rn) 등의 방사성 물질은 공기와 물에 혼합되어 인간의 인체에 들어온 뒤에도 방사선을 계속 내보내고 있다. 또한 우주선이라 불리는 방사선도 끊임없이 생물을 내리쬐고 있다.

인간은 평균적으로 1년 동안에 약 1.1밀리 시베르트(sievert. 인체가 흡수한 방사선 때문에 일어나는 영향 정도를 수치화한 단위로 약칭은 Sv)의 자연 방사선을 받아들이고 있다. 그 내역은 우주선 등이 약 0.35밀리 Sv, 암석이나 토사로부터 약 0.4

밀리 Sv, 음식물로부터 약 0.35밀리 Sv이다. 이들 외에도 인간은 라돈 등으로부터 평균 약 1.0밀리 Sv의 자연 방사선을 받아들인다. 자연 방사선은 측정하는 장소에 따라 그 세기가 달라진다.

그 밖에도 인류는 인공적으로 만들어낸 방사선을 일상생활에 이용하는 것이 적지 않다. 질병의 진단에 이용하는 X선, 암의 치료에 응용하는 방사선 동위원소 외에도 TV의 브라운관, 시계의 문자판 등의 야광 도료, 건축자재의 벽 등에서도 약한 방사선이 방출되고 있다. 이와 같이 인간은 미량의 방사선 속에서 나날을 살아가고 있는 것이다. 인체에 문제가 되는 것은 자연 방사선이냐 인공 방사선이냐 하는 차이가 아니라 사람이 피폭했을 때 방사선 양의 많고 적음이다. 자연 방사선과 더불어 약 1.0밀리 Sv 정도의 피폭량이라면 인간의 건강유지에는 별로 악영향을 끼치지 않는다.

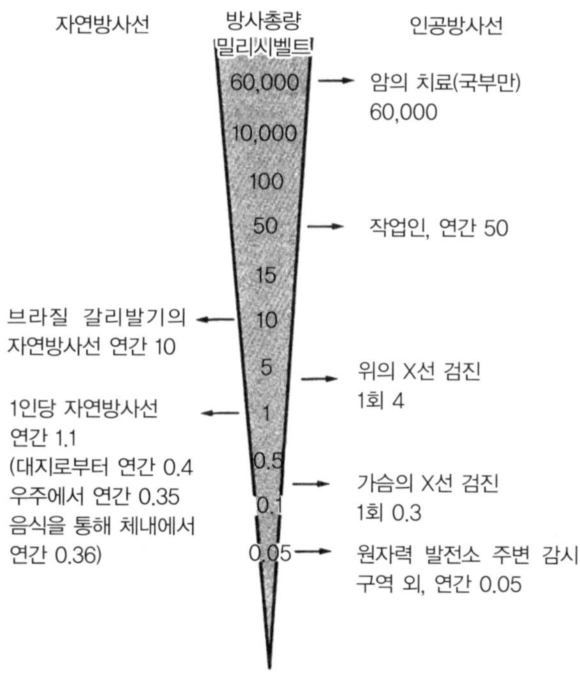

[그림 10-7] 일상생활과 방사선

(2) 방사선 피폭의 피해

피폭량이 250밀리 Sv를 초과하면 얼마 지나지 않아 급성 방사선 장애가 나타난다. 1Sv(1밀리 Sv의 1000배)를 피폭하면 구토가 일어나고 3Sv가 되면 피부가 화상을 입어 붉은 반점이 생기고 탈모하고 4Sv를 피폭하면 약 반수의 사람이 수개월 안에 사망한다. 지금까지의 예를 보면 6Sv이면 3～6개월, 7Sv이면 수주일 안에 사망하는 것으로 나타나고 있다.

사망의 직접 원인을 상세히 살펴보면 소화기기관이나 호흡기관 표면의 점막세포와 척수세포 등 분열이나 증식이 성한 세포일수록 특히 장애를 받기 쉽고 다량의 피폭선양에 의해 파괴되어 다량의 출혈이 일어나고 면역기능이 소실되어 사망에 이른다. 또 세포분열 때 다량의 방사선을 피폭하면 유전자의 본체인 DNA의 절단이나 파손을 일으킨다. 이들 손상의 대부분은 수복되지만 수복의 잘못이나 미수복 부분이 남아 염색체 이상과 돌연변이의 원인이 된다. 특히 생식세포의 이상으로 인한 유전적 장애가 문제가 된다.

피폭 후 수년 내지 10년 이상 경과한 후에 나타나는 만발성(晩發性) 방사선 장애도 적지 않다. 그 대표적인 것이 암이다. 일본의 히로시마 원자폭탄 피폭자의 경우는 7～8년 후에 백혈병이 많이 발생했으며 체르노빌 원자력 발전소 사고 때는 갑상선암이 많이 발생하여 사고 수년 후부터 사고가 원인이라 생각되는 사망자가 속출하여 그 수는 6년째 되는 해에 6000～8000명에 이르렀다.

그러나 방사선 피폭이 모두 장애로 이어진다고는 할 수 없다. 방사선의 성질을 충분히 이해하고 그 취급방법을 제어하면 방사선을 유효하게 이용할 수 있다. 방사선의 일종으로 분류되는 X선이 그 하나이다. X선은 파장이 짧은 전자파(가시광선의 1000분의 1 정도)로서 물질의 투과작용을 하는데 그 일부 또는 전부가 물질의 성상에 따라 흡수된다. 전하(電荷)가 없기 때문에 자장의 영향을 받지 않고 흡수와 산란(散亂)이 없는 곳에서는 직진한다. 이 투과와 흡수의 차이를 이용하여 의학적 진단에 널리 사용되고 있다.

방사선을 암의 조직에 쬐어 암세포의 증식기능을 파괴하는 방사선 요법도 흔히 쓰이고 있다. 즉 60Co나 137Cs 등의 γ선 조사(照射)와 32P, 89Sr, 90Sr 등에 의한 β선 조사, 기타 양자선이나 중성자선 등의 조사로 암세포를 선택적으로 파괴하는 데 이용하는 것이다. 그리고 식물의 종자에 방사선, 특히 γ선을 조사하여 돌연변이체를 만들어 품종개량이나 신품종 개발에 응용하고 있다.

(3) 방사선 장애의 치료

다량의 방사선 피폭으로 급성장애가 일어났을 때는 대증요법으로 치료한다. 이 경우 피폭으로 인하여 골수세포가 파괴되고 면역기능이 감퇴하므로 세포에 의한 감염증에 유의할 필요가 있다. 더더구나 중대한 것은 골수에 있는 조혈간(造血幹) 세포가 파괴되는 일이다. 이 세포의 증식으로 생긴 세포가 후에 적혈구 계열, 백혈구 계열, 혈소판 계열 등으로 분화한다. 그러므로 중증인 환자는 타인으로부터 조혈간 세포를 이식하여 조혈기능을 재생시킬 필요가 있다. 임상적으로는 골수이식, 제대(탯줄)의 피 이식, 말초혈관 세포의 이식 등 세 가지 방법이 있다. 이 중에서 골수이식이 가장 일반적이다.

방사선 사고에 임하여 피폭량을 되도록 줄이기 위해서는 차폐(遮蔽)를 이용하고 발생원으로부터 멀리 떨어지며 피폭시간을 줄이는 것이 체내 피폭으로부터 방어하는 3대원칙이다. α선이나 β선은 집에 들어가기만 해도 상당히 방어할 수 있으나 γ선은 발생원을 우선 납으로 된 판 같은 것으로 가리고, 중성자선은 철판 등으로 감속시키며 또한 물이나 파라핀 등으로 감속, 흡수시키는 방법이 있다.

방사선의 영향은 발생원으로부터의 거리의 제곱에 반비례하여 약해지기 때문에 방사선사고 때는 발생원으로부터 멀리 도피하는 것이 가장 효과적인 대책이다.

방사선 물질이 체내에 들어오는 주된 경로는 입, 호흡기 및 피부이기 때문에 방사선 오염을 방지하는 것이 체내 피폭에 대한 방호책이다. 음식물을 통해 체내에 들어왔을 때는 위장 세척이나 약제에 의한 배출촉진 등의 방법을 택한다. 체표면에 부착한 방사선 물질은 깨끗이 씻고 의복은 세탁한다. 가벼운 피폭인 경우에는 이러한 것들이 효과적인 방법이 된다.

제 11 장

넘치는 폐기물

1 환경과 폐기물

(1) 폐기물 문제의 소재

■ 물질순환과 자원의 순환

생태계는 원래 그 내부에서 물질순환을 완결하여 생태계 외부로 폐기물을 배출하거나 하여 부하를 주지 않다. 또 생태계는 기본적으로 태양열 등의 자연 에너지에 의존하고 있어 화석연료 등 재생 불가능한 에너지를 대량으로 필요로 하지 않는다. 이 때문에 지구에는 사용하지 않은 천연자원으로서 많은 자원이 온존되어 왔다.

그러나 인간은 경제활동을 확대하여 대량의 미사용 천연자원을 투입함으로써 이른바 문화적 생활이라는 것을 구축했고, 그 결과 환경문제가 발생하게 되었다. 이러한 문제를 해결하기 위해서는 미사용의 자원 투입을 억제해야 하며 폐기물을 만들지 않는 자원 순환형 사회(리사이클 시스템)를 이룩해야 한다. 리사이클은 지구 전체의 지속 가능성을 위해 행해져야 하며 그러기 위해 물질순환을 구축하기 위한 리사이클이 요구되고 있다.

■ 대량생산, 대량소비, 대량폐기의 시대

산업혁명 이후 생산기술의 특징은 수공업에 비해 동일한 것을 저렴하게 대량생산하는 데 있다. 공업제품이 저렴해졌기 때문에 대량으로 물건을 소비하고 대량으로 폐기하는 라이프스타일이 가능해졌다. 시판되고 있는 공업제품의 가격은 수리하여 재활용하는 것보다 더 저렴한 경우가 많다.

이와 같은 대량생산, 대량소비, 대량폐기를 전제로 하는 산업구조는 경제성장을 이룩하고 라이프스타일을 변화시켰다. 하지만 지구의 자원은 공짜와 다름없다고 생각해 온 것이 과오였다. 자원은 유한한 것이어서 대량생산, 대량소비, 대량폐기를 전제한다면 인류는 존속할 수 없고 지구환경을 파괴하면 인류는 생존의 기반을 잃게 되는 것이다. 지속가능한 성장을 위해서는 경제성장에만 가치를 두는 사회로부터 자원을 소중히 여기는 순환형 사회로의 의식개혁이 필요하다. 이것은 저렴하다는 이유에서 물건을 많이 소비하고 버리는 생활 스타일에서 탈피하여 자원과 물건을 소중하게 사용하는 것을 의미한다. 순환형 사회를 이룩하기 위해서는 국가 기업, 공공단체만이 아니라 시민의 입장에서 행해야 하는 일도 많다.

(2) 폐기물 문제의 대두

폐기물을 어떻게 처리할 것인가 하는 문제는 주민이 공동으로 해결해야 했던 가장 원시적인 사항이었다. 폐기물의 처리 문제는 고대문명 시대부터 존재했다. 인더스 문명의 모헨조다로 유적에서는 폐기물 수집소와 배수구의 자취가 발견되고 있는 것을 비롯하여 오리엔트 문명, 이집트 문명, 그리스 문명의 고대도시에서는 도시의 내부와 그 주변의 공터를 폐기물 수집소로 이용하였다는 것이 밝혀지고 있다.

중세로부터 근세에 걸쳐서는 런던이나 파리 등의 도시에서 폐기물과 분뇨가 거리에 넘쳐 악취를 발하여 위생상 좋지 않은 환경이었다는 기록이 남아 있다. 우리나라는 지난날 도시에서 발생한 분뇨가 농촌으로 옮겨져 비료로 사용되었기 때문에 분뇨에 관한 한 유럽보다는 더 위생적인 환경에 있었다고 할 수 있다. 그 밖의 폐기물은 거의 배출되지 않았다. 망가진 가구나 해진 의류 등은 거의 완벽할 정도로 재활용되었다. 옛날에는 신품이 고가였기 때문에 폐기물의 이용이 상당히 일반화되었던 것이다.

우리나라에서 폐기물 문제가 본격적으로 대두하기 시작한 것은 경제개발계획이 성공하기 시작했을 때부터일 것이다. 1950년대까지만 해도 버릴 만한 폐기물이 없을 정도로 빈곤했기 때문에 이것이 사회문제로까지 대두하지는 않았고 정부에서도 이에 대한 아무런 대책도 없었다. 그러다가 1960년대에 이르러 경제발전을 추진하면서 화학비료가 퇴비를 대신하기 시작하고 가축과 농경지가 점점 사라지면서 생태학적인 물질순환이 불가능하게 되었다. 1970년대에는 비교적 경제적으로 풍요로운 도시로 인구가 집중되기 시작하여 폐기물의 양이 많아지고 또한 화학공업 등의 발달로 자연에서 썩지 않는 새로운 형태의 폐기물이 발생하자 이것이 차차 심각한 문제로 대두하게 되었다.

2 폐기물의 뜻과 분류

(1) 폐기물의 뜻

폐기물의 사전적인 의미는 불필요하게 되어 버리는 쓰레기를 말하며 우리나라 폐기물 관리법 제2조에는 '쓰레기, 연소재, 오니(汚泥), 폐유, 폐알칼리 및 동물의 사체 등으로서 사람의 생활이나 생산과정에서 필요하지 아니하게 된 물질' 이라 정의하고 있다. 그런데 여기서 '필요하지 않다.' 는 정의에는 주관적인 판단이 강하게 작용하고 있어, 어떤 사람에게는 필요하지 않은 것도 다른 사람에게는 필요한 것이 될 수 있어 판단하기가 어려운 경우가 있다. 그러므로 폐기물 관리법에서는 예컨대 지정폐기물 같은 경우에는 판정기준을 정하여 폐기물인가 아닌가를 가리도록 하고 있다.

[표 11-1] 지정폐기물의 판정기준

특성	종류	지정방법
부식성	폐산 : pH 2.0 이하 폐알칼리 : pH 12.5 이상	11종 폐기물에 대해서는 유해 성분의 농도를 측정하여 지정폐기물 여부를 판단한다.
인화성	폐유 : 기름성분 5% 이상 함유	
용출특성	광재, 분진, 폐주물사 및 샌드블라스트 폐사, 폐내화물, 폐도자기편류, 폐촉매, 소각잔재물, 안정화 · 고형화 처리물, 납을 비롯한 10개의 항목에 대해 허용 용출 농도 이상인 것	
유해성	PCB 함유 폐기물, 폐석면, 폐농약	시험분석 없이 지정폐기물로 지정한다.
반응성	폐유기용제	
난분해성	폐합성 고분자화합물	
처리곤란성	동물의 잔재물 및 감염성 폐기물	
기타	환경부 장관이 지정한 물질	

(2) 폐기물의 분류

폐기물은 발생지역을 기준으로 하여 도시 폐기물, 농촌 폐기물로 구분할 수 있고

형태에 따라 액상 · 고상 · 기체상 등으로 구분되며, 연소 가능성 여부에 따라 가연성 폐기물과 불연성 폐기물로 구분하는 등 여러 가지로 분류할 수 있다. 그러나 우리나라 폐기물관리법에서는 폐기물의 발생원에 따라 크게 생활 폐기물과 사업장 폐기물로 분류하고, 사업장 폐기물은 다시 사업장 일반폐기물, 지정폐기물, 건설폐기물로 나누고 있다.

생활 폐기물이란 사람의 생활이나 사업 활동에 필요하지 않게 된 물질 가운데 사업장 폐기물에 속하지 않는 폐기물을 의미하고, 사업장 폐기물은 대기환경 보전법이나 수질 및 수생태계 보전에 관한 법률 또는 소음 · 진동 규제법에 따라 공장 등 배수시설을 설치 · 운영하는 사업장과 폐기물을 하루 300kg 이상 배출하는 폐기물(사업장 일반폐기물), 건설공사로 인하여 5톤 이상 배출되는 폐기물(건설폐기물), 그리고 폐유와 폐산 등 주변 환경을 오염시킬 수 있거나 인체조직의 적출물이나 실험동물의 사체 등 의료기관 및 시험 · 검사기관 등에서 배출되어 인체에 위해를 줄 수 있는 폐기물(지정폐기물)을 총칭한다.

특히 지정폐기물은 지방자치 단체에 책임이 있는 생활 폐기물과는 달리 환경이나 인체에 심각한 위험을 주는 유해성분을 가지고 있기 때문에 적절한 처리를 위해 필요한 감시 · 관리 등의 조치를 강구할 의무가 국가에 부여되어 있다. 따라서 이와 같은 시설을 운영하는 사업자나 민간의 전문 처리업자는 수집 · 운반 · 보관 · 처리 등에 대한 계획과 결과를 사전과 사후에 반드시 환경부 장관에게 보고를 하고 확인을 받도록 되어 있다.

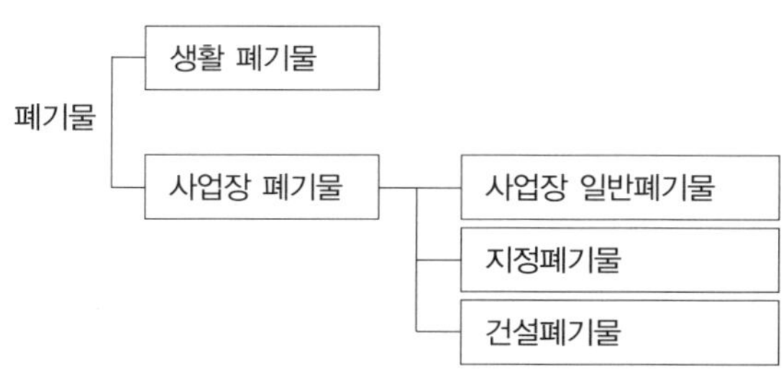

[그림 11-1] 폐기물의 분류

3 폐기물의 처리

(1) 폐기물의 처리 과정

수거된 폐기물은 중간처리와 최종처리의 과정을 거쳐 처리된다. 중간처리는 최종처리에 앞서 폐기물의 감량화, 무해화, 안정화를 통해 환경에 미치는 영향을 최소화하기 위해 거치는 과정이다. 그 방법으로는 화학적 방법, 물리적 방법, 생물학적 방법 등이 있다.

화학적 방법은 소각을 말하는 것인데, 폐기물의 양과 무게를 동시에 줄일 수 있고 가장 위생적인 방법이라 할 수 있으나 소각장의 설치와 운영에 많은 비용이 들고 소각 때 생기는 가스의 유독성 시비로 님비(NIMBY) 현상이 일어나는 등 큰 사회문제가 되고 있다. 님비 현상이란 '자기네 주거지 근처에 소각장이 설치되면 환경오염을 발생시켜 지역의 이미지가 나빠지므로 소각장 건설을 반대하지만 다른 지역으로 장소가 변경되면 반대운동이 끝난다.' 는 지역 이기주의를 말한다.

물리학적 방법은 폐기물의 파쇄, 선별, 여과, 탈수, 건조, 고형화, 압축 등이 있는데 이러한 공정을 거치면 최종처리 과정에서 매립할 때 매립지의 부지를 감소시킬 수 있고 폐기물의 크기를 균일화시킴으로써 선별작업의 효율을 높일 수 있다. 생물학적 방법은 미생물을 통해 유기물질을 분해하여 퇴비화하는 방법이다. 음식물 폐기물의 비중이 높은 우리나라에서는 바람직한 방법의 하나라 할 수 있을 것이다.

최종처리는 중간처리를 거치고 남은 잔재물을 자연환경으로 돌려보내는 과정을 말한다. 그 방법으로는 땅, 바다, 대기, 우주공간을 이용하는 방법이 있는데 우리나라의 현행 폐기물관리법에서는 육지매립과 해역투기만을 인정하고 있다. 육지매립의 경우 매립지를 부적절하게 설치하여 운영하거나 사후관리가 철저하지 못하면 침출수에 의한 지하수의 오염, 하천수의 유출에 의한 지표수의 오염 등 환경오염을 유발시킬 수 있다. 한편 해역투기는 오염물질의 국가 간의 이동 문제 때문에 더욱 제한된 규정에 따라 처리하는 방법으로 국내법만이 아니라 해양관련 국제법의 규제를 받는다. 여기에 대해서는 제5절에서 다시 설명하기로 한다.

(2) 우리나라의 폐기물 처리 현황

우리나라의 폐기물 총발생량은 1993년을 기점으로 점진적으로 증가하는 추세에 있는데 2005년의 총배출량은 [표 11-2]에서 보는 바와 같이 약 30만 톤으로서 이는 국민 1인당 하루에 0.99kg을 배출하는 것으로 되어 있다. 이러한 배출량의 증가는 우리나라에 국한된 것이 아니라 OECD에 가맹한 선진국에서도 생활 폐기물의 배출량은 1995년 이후 계속 증가하는 추세에 있다.

[표 11-2] 우리나라의 폐기물 발생 추이

(단위 : 톤/일, %)

구분	1999	2000	2001	2002	2003	2004	2005
합계 (증감률)	219,217 (15.2)	234,283 (6.9)	261,032 (11.4)	277,533 (6.4)	303,029 (9.2)	311,666 (2.9)	299,023 (△4.1)
생활 폐기물 (증감률)	45,614 (2.3)	46,438 (1.8)	48,499 (4.4)	49,902 (2.9)	50,736 (1.7)	50,007 (△1.4)	48,398 (△3.2)
사업장 폐기물 (증감률)	173,603 (19.2)	187,845 (8.2)	212,533 (13.1)	227,631 (7.2)	252,293 (10.8)	261,659 (3.7)	250,625 (△4.2)

(환경부, 『환경백서』 2007에서)

[표 11-3] 선진국의 생활 폐기물 발생량

(단위 : 1000톤)

구분	1980	1985	1990	1997
캐나다	12,600	-	18,110	14,740
미국	137,568	149,189	186,167	190,204
일본	43,995	43,450	50,441	50,536
오스트리아	-	-	3,204	4,110
프랑스	-	-	26,220	28,800
이탈리아	14,041	15,000	20,000	26,605
룩셈부르크	128	131	224	193
노르웨이	1,700	1,900	2,222	2,721
포르투갈	1,980	2,350	3,000	3,800
스페인	10,100	10,600	12,546	15,307
스웨덴	-	-	3,200	3,200
스위스	2,790	3,388	4,092	4,277
영국	-	-	-	28,000
폴란드	10,055	11,087	11,098	12,183

(환경부, 『환경백서』 2007에서)

한편 폐기물의 처리 현황을 보면 전체적으로 재활용이 확대되고 매립처리 비율이 현저하게 낮아졌으며 소각처리 비율은 점진적으로 증가하는 추세에 있다. 즉 1995년에는 생활 폐기물 가운데 72.3%를 매립하고 23.7%만을 재활용했으나 쓰레기 종량제 실시 및 재활용 정책 등에 힘입어 2005년에는 56.3%로 크게 증가했고 매립은 27.7%로 낮아지는 등 폐기물 처리 구조가 바람직한 방향으로 변하고 있다.

생활 폐기물 소각률은 전년 대비하여(2004년 14.4%, 2005년 16.0%) 크게 증가하지 않았으나 주민의 반대 등으로 지연되던 사업들이 점차 증가할 것으로 예상되고 있다. 그리고 사업장 폐기물은 생활 폐기물과 유사하게 매립에 의한 처리는 계속 감소하고 있는 반면 재활용률은 지속적으로 증가하여 2005년의 경우에는 재활용률이 82.8%에 달하고 있다.

[표 11-4] 우리나라의 생활 폐기물 처리 현황

(단위 : 톤/일, %)

구분	1999	2000	2001	2002	2003	2004	2005
발생량	45,614	46,438	48,499	49,902	50,736	50,007	48,398
매립	23,544	21,831	21,000	20,724	20,450	18,195	13,402
	(51.6)	(47.0)	(43.3)	(41.5)	(40.3)	(36.4)	(27.7)
소각	4,676	5,441	6,577	7,229	7,348	7,224	7,753
	(10.3)	(11.7)	(13.6)	(14.5)	(14.5)	(14.4)	(16.0)
재활용	17,394	19,166	20,922	21,949	21,938	24,588	27,243
	(38.1)	(41.3)	(43.1)	(44.0)	(45.2)	(49.2)	(56.3)

(환경부, 『환경백서』 2007에서)

[표 11-5] 우리나라의 사업장 폐기물 처리 현황

(단위 : 톤/일, %)

구분	1999	2000	2001	2002	2003	2004	2005
계	173,603 (100)	187,845 (100)	212,533 (100)	227,631 (100)	25,2293 (100)	261,659 (100)	250,625 (100)
매립	30,574 (17.6)	29,904 (15.9)	32,677 (15.4)	34,303 (15.1)	29,377 (11.6)	26,043 (10.0)	21,431 (8.5)
소각	8,893 (5.1)	11,732 (6.2)	12,105 (5.7)	10,892 (4.8)	11,338 (4.5)	11,341 (4.3)	9,660 (3.9)
재활용	125,990 (72.6)	138,031 (73.5)	158,842 (74.7)	172,323 (75.7)	200,830 (79.6)	212,728 (81.3)	207,557 (82.8)
기타(해양투기, 보관 등)	8,146 (4.7)	8,178 (4.4)	8,909 (4.2)	10,113 (4.4)	10,748 (4.3)	11,547 (4.4)	11,977 (4.8)

(환경부, 『환경백서』 2007에서)

4 폐기물의 감량화와 자원화

(1) 감량화, 자원화의 필요성

대량생산과 대량소비의 결과로 대량의 폐기물을 발생시킨 현대사회는 폐기물 최종 처리장의 부족을 초래했을 뿐만 아니라 유한한 자원과 에너지를 낭비하여 자연에 큰 부담을 주고 있다. 하나밖에 없는 지구환경을 지속가능한 것으로 만들어 다음 세대에 물려주기 위해서는 주민, 기업, 행정 각각이 자원이나 에너지의 대량소비로 지탱해 온 지금까지의 생활방식과 사회, 경제 시스템을 재고하여 지속적 발전이 가능한 순환형 사회를 구축하지 않으면 안 된다.

그러기 위해서는 폐기물의 발생 자체를 억제할 필요가 있고, 다음으로 사용이 끝난 제품을 재활용하고 셋째로 폐기 과정에서 회수한 것을 원재료로 이용하여 자원화함으로써 환경에 대한 부담을 줄일 필요가 있다.

(2) 폐기물의 감량화

■ 일회용품의 사용 규제

우리나라에서는 폐기물의 발생 자체를 원칙적으로 억제하기 위해 1994년 3월부터 일회용품 사용 규제 제도를 실시하고 있다. 그 결과 유통매장에서의 봉투, 쇼핑백의 사용량이 현저하게 감소되고 패스트푸드점에서는 합성수지 용기, 컵 등을 종이 재질로 대체했으며 종이컵이나 용기 들을 회수하여 재사용하고 있다. 또한 합성수지 도시락 용기 대신 종이 펄프몰드 등의 사용이 증가하여 비닐 봉투, 스티로폼 용기 등 합성수지의 폐기물 발생량이 현저히 줄어들어 폐기물의 성상이 친환경적 생활양식으로 확산되어 가고 있다.

포장 폐기물의 발생 억제

포장 폐기물이란 일반적으로 제품의 유통을 위해 포장재로 사용한 후에 버리는 폐기물인데, 생활수준이 높아지면서 다양한 포장재가 개발되고 그 사용량 또한 급증하고 있어 귀중한 자원을 낭비할 뿐만 아니라 매립이나 소각할 때 환경오염을 초래하고 있다. 이에 포장 폐기물의 발생을 억제하기 위해 포장재질의 규제, 포장방법의 규제 등을 통해 포장 폐기물의 양적인 감량과 아울러 점진적인 감량을 위한 노력을 기울이고 있다.

[표 11-6] 제품의 종류별 포장방법에 관한 기준

구분			기준	
			포장공간비율	포장횟수
단위 제품	식음료품류	가공식품	15% 이하	2차 이내
		음료	10% 이하	1차 이내
		주류	10% 이하	2차 이내
		제과류	20% 이하 (데코레이션 케이크는 35% 이하)	2차 이내
		건강보조식품	15% 이하	2차 이내
	화장품류	화장품류(방향제를 포함한다.)	10% 이하(향수 제외)	2차 이내
	세제류	세제류	10% 이하	2차 이내
	잡화류	완구 · 인형류	35% 이하	2차 이내
		문구류	30% 이하	2차 이내
		신변잡화류(지갑 · 허리띠에 한한다.)	30% 이하	2차 이내
	의약외품류	의약외품류	20% 이하	2차 이내
	의류	와이셔츠 · 내의류	10% 이하	1차 이내
종합 제품	1차식품, 가공식품, 음료, 주류, 제과류, 건강보조식품, 화장품류, 세제류, 신변잡화류		25% 이하	2차 이내

(환경부, 『환경백서』 2007에서)

■ 폐기물 부담금

폐기물 부담금은 폐기물의 발생을 억제하고 자원의 낭비를 방지하기 위해 특정한 대기오염 물질, 수질오염 물질 및 유독물을 함유하고 있거나 재활용이 어려울 가능성이 있는 제품의 제조업자나 그 수입업자로 하여금 그 폐기물 처리에 소요되는 비용을 부담하게 하여 환경비용을 내부화시키는 제도이다.

이 제도는 1993년에 도입되었는데, 2007년 5월 현재 ① 살충제, 유독성 제품을 담은 용기 ② 부동액 ③ 껌 ④ 1회용 기저귀 ⑤ 담배 ⑥ 플라스틱 제품 등 6개 항목의 제품에 대해 폐기물 부담금을 부과하고 있다.

■ 쓰레기 종량제

쓰레기 종량제는 폐기물의 배출량에 따라 그 처리비용을 배출자에게 자동적으로 부담케 함으로써 폐기물의 감량화를 도모하기 위한 제도로서 1994년 4월에 일부 지역에서 시험적으로 실시하다가 1995년 1월부터 전국적으로 시행하기 시작했다. 종량제의 적용대상 폐기물은 일반 가정과 소규모 사업장에서 발생한 생활 폐기물, 즉 일반폐기물이다. 배출자는 일반폐기물을 규격봉투에 담아 배출해야 하는데 규격봉투는 지정된 판매소에서 정해진 가격으로 구입하게 되어 있다.

쓰레기 종량제 실시로 1996년부터 10년 동안 국가적으로는 약 8조 원의 경제적 효과를 거둔 반면 가계에는 봉투 구입비용으로 인한 부담이 적지 않는 것으로 알려져 있다. 또한 쓰레기봉투 사용량이 연간 약 3만 톤에 달하고 있는데 봉투가 분해되지 않아 토양오염과 대기오염을 부채질하는 것으로 분석되어 논란이 일고 있다.

[표 11-7] 쓰레기 종량제 시행 성과

구분	총 배출량 (톤/일)	재활용량 (톤/일)	최종처리 쓰레기 (톤/일)	1인당 발생량 (Kg/인·일)
'04년	50,007	24,588	25,419	1.03
'94년	58,118	8,927	49,191	1.33

경제적 총 편익	쓰레기 발생 감소효과		재활용품 증가효과	
	처리비용 절감액	쓰레기 감소량	재활용품 가치 증가액	재활용품 증가량
80,427억 원	77,316억 원	5,367만 톤	3,111억 원	1,647만 톤

(환경부, 『환경백서』 2007에서)

(3) 폐기물의 자원화

폐기물 문제를 해결하기 위해서는 발생 자체를 감량화해야 하는 것은 물론이지만 불가피하게 발생한 폐기물은 재활용하여 자원화하는 일이 필요하다. 이를 위해 우리나라에서는 폐기물 최소화 정책과 아울러 자원의 순환적 이용을 고려하는 재활용 체재를 확립하는 데 주력하고 있다. 그 대표적인 정책으로 ① 생산자로 하여금 제품의 생산단계에서 폐기물의 발생을 줄이고 재활용이 용이한 제질, 구조로 개선하도록 하며 사용 후 폐기된 제품과 포장재는 회수하여 최대한 재활용하도록 하는 생산자 책임제 활용제도 ② 재활용이 가능한 자원의 안정적 공급을 위한 분리수거 체제의 확립 ③ 재활용품 유통구조의 선진화 ④ 재활용 산업의 경쟁력 강화 등을 강력하게 추진하고 있다.

■ 생산자 책임제 활용제도

쓰레기 종량제 등의 시행 이후 폐기물의 감량 · 재활용률은 점차 높아져가고 있으나 감량과 재활용에 가장 유리한 위치에 있는 생산자에 대한 보다 적극적인 역할이 부여되지 않아 재활용률 향상에 한계를 보여 왔다. 이에 우리나라는 2003년부터 '자원의 절약과 재활용 촉진에 관한 법률'을 개정하여 종이팩, 유리병, 금속 캔, 합성수지 포장재, 전지류, 타이어, 윤활유, 전자제품 등의 제품 및 포장재에 대하여 생산자 책임제 활용제도(Extended Producer Responsibility)를 도입하여 실시하고 있다.

■ 재활용 용품 분리배출 및 수거체계의 효율화

매립이나 소각 대상 폐기물의 감량화와 재활용 자원의 확보를 위해서는 재활용품의 분리배출이 촉진되어야 한다. 따라서 우리나라에서는 분리배출 대상품목 및 배출

요령을 주민들이 용이하게 알아보고 실천할 수 있도록 재활용품의 분리배출 체계의 보완과 발전을 도모하고 분리수거 시스템의 정비, 분리수거 및 장비의 확충 등을 지속적으로 추진하고 있다. 이를 위해 정부에서는 2002년에 '재활용 가능 자원의 분리수거 등에 관한 지침'을 마련하여 지방자치단체 등에 배포하고 또한 매년 그 내용을 개정, 보완해 나가고 있다

PET
분리배출

재활용품 유통구조의 선진화

현재 우리나라 생활용품의 수요와 공급은 대체적으로 시장기능에 의존하는 형태를 취하고 있다. 따라서 종량제 실시 이후 재활용품이 증가하여 가격하락과 적체현상이 심화됨에 따라 정부에서는 재활용품 정보체계를 확충하여 가격안정과 수요기반을 확보해 나가고 있다. 또한 재활용품의 정보기능을 확대하여 재활용 시장 모니터링 사업을 정착화하고 재활용품의 시장가격 동향을 파악하여 공개하며 재활용과 관련된 표시제도의 효율성을 높이기 위한 노력을 기울이고 있다.

재활용 산업의 경쟁력 강화

재활용품이 산업 원료로 안정적으로 사용되기 위해서는 수집, 가공하는 재활용 업계의 발전이 병행되어야 한다. 현재와 같은 재활용 업계의 영세성으로서는 경기변동 등 외부의 변화에 적응하기가 매우 어려운 것이 실정이다. 그러므로 정부에서는 재활용 산업의 경쟁력을 높이기 위해 세제 혜택과 금융지원, 재활용 업체의 창업지원과 기술지도, 재활용 업체의 기반시설 확충 등 분야별 지원 대책을 수립하여 추진하는 노력을 계속하고 있다.

5 세계의 폐기물 문제

(1) 각국의 폐기물 발생량과 처리법

■ 도시 폐기물의 발생량

[그림 11－3]은 OECD 국가의 1년 동안 1인당 도시 폐기물 발생량을 나타낸 것이다. 가장 많은 것은 미국으로, 720kg이며, 가장 적은 것은 체코의 2.3%에 달한다. 이 2.3배라는 차이는 OECD 국가의 경제적 풍요성의 차이에 비해 훨씬 적다(1인당 GNP의 최대국과 최소국의 차이는 20배 정도). 이것은 어느 정도 풍요로워진 도시끼리는 도시 폐기물의 발생량에 큰 차이가 없다는 것을 의미한다.

그리고 나라에 따라 도시 폐기물의 정의가 다르다는 점, 구체적으로 말하면 도시 폐기물과 산업 폐기물의 구분이 다르다는 점과 자원을 포함시키느냐의 여부에 따라 도시 폐기물의 양이 크게 다르므로 그림을 통해서는 국가들을 단순히 비교할 수 없다. 예컨대 우리나라 도시 폐기물(폐기물 처리법에서의 일반폐기물)은 포함되어 있지 않기 때문에 그림에 나타낸 것은 '폐기물 배출량' 이다. 이에 대해 미국의 경우는 '불필요한 물건의 발생량' 이다.

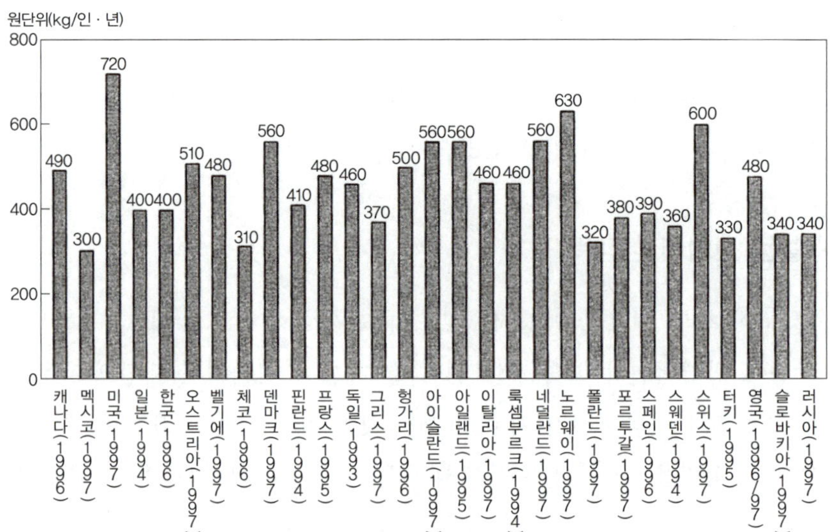

[그림 11－3] 도시 폐기물의 발생량

■ 각국의 폐기물 처리법

OECD 각국의 도시 폐기물 처리법(매립, 소각, 퇴비화, 재활용, 기타)의 내역을 그림으로 나타내면 [그림 11-4]와 같다. 처리법은 세계 각국에서 매립이 주류를 이루고 있으나 우리나라를 비롯하여 덴마크, 스위스, 일본 등에서는 소각을 중심으로 한 처리를 하고 있다.

세계적으로 매립이 중심을 이루고 있는 이유는 소각이 대기오염 물질을 방출한다는 것과 처리 비용이 매립보다 비싸기 때문이다. 대기오염 물질이 건강에 미치는 영향으로 인하여 소각시설은 주민 · 시민으로부터 반감을 사기 쉬우므로 대기오염 방지대책에는 고도한 기술과 설비가 필요하므로 처리비용이 증가한다. 1980년대의 일반적인 매립비용은 소각비용의 4~5분의 1이었다고 한다. 매립에 대해서도 침출수 차단 대책이나 모니터링 등이 필요하여 처리비용이 증대하지만 그래도 매립이 앞으로도 가장 낮은 비용의 처리법이 될 것이 예상되고 있다.

그리고 우리나라는 도시 폐기물의 재활용률이 다른 많은 나라에 비해 낮고, 덴마크나 네덜란드 등에서 행하고 있는 퇴비화가 거의 실시되지 않고 있는 것이 특징이다.

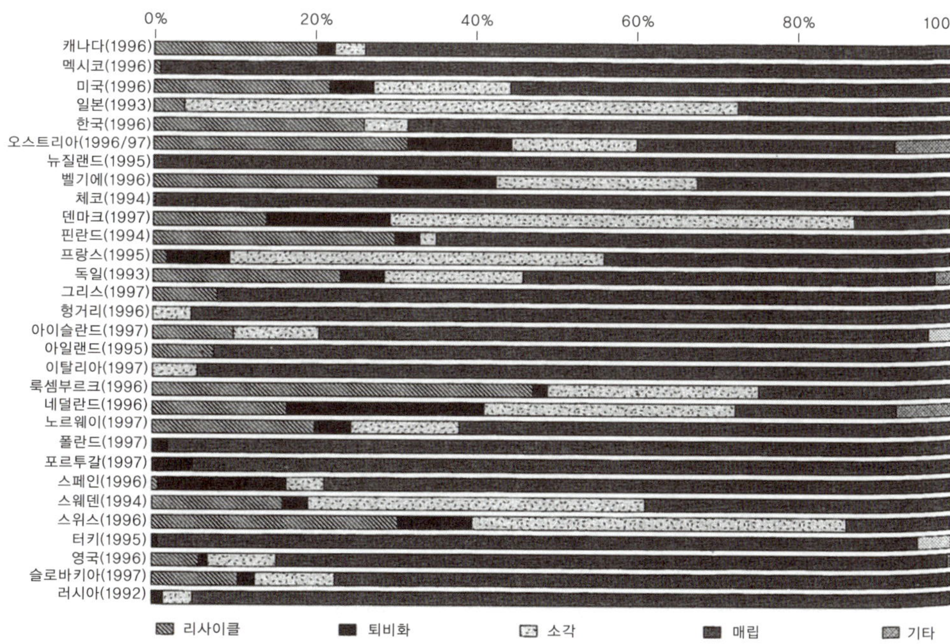

[그림 11-4] 도시 폐기물의 처리법 내역

(2) 선진국의 폐기물 문제

■ 미국

미국은 토지가 넓기 때문에 폐기물을 생산지에 반환하기 위한 거리가 길어 용기 등을 재활용하기가 어렵다. 가령 맥주병 같은 것도 판매된 곳에서 제조업자에게 되돌리는 것이 매우 비효율적이기 때문에 우리나라처럼 재활용한 병을 사용하지 않고 쓰고 버린 작은 유리용기나 알루미늄 깡통으로 팔고 있다. 이처럼 사용하고 버린 용기가 많다는 점도 1인당 도시 폐기물 발생량이 많은 이유의 하나가 되고 있다. 다만 페트병의 디포지트(deposit) 제도와 재활용은 캘리포니아 주, 하아이 주 등으로 확대되고 있다.

땅이 넓기 때문에 도시 폐기물의 처리는 매립이 중심이 되어 있다. 100만 톤 이상의 폐기물을 처리할 수 있는 대규모 처리장이 건설되고 1인당 2000톤 이상의 폐기물을 받아들이는 매립 처분장이 미국에는 약 74개소나 있다.

■ 유럽연합(EU)

EU 가맹국에는 소각시설, 매립처분장의 입지가 모두 곤란한 상태에 있다. 이 때문에 빈병, 깡통, 폐지 등의 회수 박스가 설치되어 회수에 최대한의 노력을 기울이고 있고 유기물도 퇴비화하는 노력을 기울이고 있다.

다이옥신이나 중금속에 관한 EU의 배출기준은 매우 엄격한데 그 배경에는 역사적으로 오랜 오염의 경험을 통해 환경오염을 미연에 방지하고자 하는 '예방원칙' 의 사상이 있다. 이 예방원칙은 1994년의 마스트리히협약으로 확립된 EU의 기본적인 환경정책이다. 이 때문에 폐기물 관리정책에 있어서도 폐기물의 발생억제와 폐기물에 함유된 유해물질의 삭감이 제1목표가 되어 있어 특히 유해 폐기물의 삭감이 강조되고 있다.

EU의 환경입법은 지령의 형태를 취하고 있어 가맹국이 일정 기간 동안에 그 내용을 국내법으로 제정하도록 의무화되어 있다. 폐기물과 관련해서는 최근에 전지기기 제조업자의 폐기물과 관련된 제조책임의 강화를 목적으로 한 '폐전기 전자기기(WEEE) 지령' 과 전자기기의 신제품에 소요되는 납, 수은, 카드뮴, 크롬 등을 2006년 7월까지 원칙적으로 함유시키지 않는 것을 목적으로 한 '전기 전자기기 유해물질 사용제한(RoSH) 지령'이 내려졌다. 그 때문에 EU에 제품을 수출하는 나라는 이 지령에 대한 대응을 모색하고 있다.

(3) 개발도상국의 폐기물 문제

선진국에서는 발생한 폐기물을 거의 모두 회수하고 있다. 그러나 개발도상국에서는 전 지역에 걸쳐 폐기물이 회수되는 경우는 드물어 도시 주변의 슬럼 지역에서는 수집되지 않는 경우가 허다하다. 일반 주거지에서조차도 고소득자 거주지역과 그 밖의 지역과는 수집 서비스의 내용이 다른 경우가 많다.

수집된 폐기물은 가장 저렴한 매립으로 처리되는 일이 많다. 물론 매립지라 해도 선진국처럼 침출수 대책 같은 것은 취하지 않고 단지 구덩이에 묻거나 쌓아놓거나 하는 오픈덤프가 많다. 또 폐기물을 줄이기 위해 불을 태워 없애는 방법도 일반화되어 대기오염의 한 원인을 만들고 있다.

그리고 개발도상국 일부에는 폐기물 매립지에서 쓸 만한 것을 골라내어 이것을 재활용하여 생계를 이어가는 사람(필리핀의 스모킹 마운틴 등)이 존재한다. 대개의 경우 매립지 주변에 거주하면서 폐기물 중에서 종이, 섬유, 플라스틱 등을 선별하여 회수하기 때문에 폐기물의 자원화에는 공헌하고 있으나 열악한 환경 등으로 인하여 개발도상국의 큰 사회문제의 하나가 되고 있다.

아시아 지역의 도시인구는 1990년의 10억 명에서 2000년에는 13억 명으로 증가하고 2030년에는 약 23억 명으로 증가할 것이 예상된다. 어느 연구에 따르면 앞으로 세계에서 가장 폐기물이 증가할 곳은 아시아를 중심으로 한 개발도상국이 될 것이라고 한다. 그리고 앞서 본 것처럼 개발도상국에는 폐기물에 대한 문제가 많아 이대로 폐기물 증가량이 많아지면 대기오염, 토양오염 등이 심각한 상황이 된다. 따라서 선진국으로부터의 적극적인 지원이 필요하다.

(4) 해양오염 방지를 위한 런던협약

바다는 인류뿐만 아니라 이 지구상의 생물을 태어나게 한 소중한 존재이다. 그러므로 바다의 이용에는 해안과 연안 생태계에 대한 세심한 배려와 국제사회의 일원으로서의 자각과 책임이 요구된다.

이러한 인식 아래 1972년에 해양투기에 의한 해양오염을 방지할 목적으로 런던협약이 성립되었다. 우리나라는 1992년에 가입하여 1994년부터 가입국으로서의 효력이 발생됐다. 이 런던협약은 다시 1996년에 내용을 강화하여 '런던협약 96년 의정서'를 채택하여 2005년에 그 효력이 발효되었다.

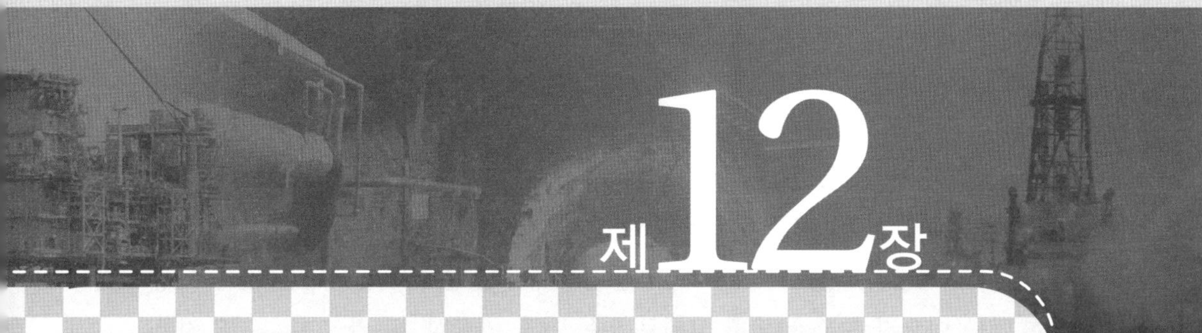

제 12 장

환경과 의식주 생활

1 의생활

(1) 의류섬유의 원료와 제조

의류섬유의 원료에는 천연물과 합성화합물이 있는데 면, 마, 양모, 생사, 펄프 등이 천연물에 속하고 합성화합물로는 반합성섬유(아세테이트), 합성섬유(나일론, 폴리에스테르, 아크릴 등)가 있다. 인공적으로 섬유를 만들기 위해서는 셀룰로오스나 단백질 등의 섬유상 물질을 어떤 종류의 용제로 녹여 이것을 응고액에 넣어 섬유 모양으로 만든다. 이때 원래의 셀룰로오스나 단백질 등의 원료성분으로 돌아오는 것을 재생섬유라 하고, 돌아오지 않고 유도체 상태로 있는 것을 반합성섬유라고 한다. 또 저분자 물질로 합성하여 고분자인 섬유원료를 만드는 것은 합성섬유라고 하여 구분한다.

의류를 이용하고 나서 폐기할 때 천연섬유인 경우에는 자연계에서 분해되어 천연물로 돌아간다. 그러나 합성섬유는 거의 분해되지 않고 잔류하기 때문에 이것을 소각하거나 땅에 매립하여 처분하게 된다. 이 때문에 대기와 토양의 오염, 수질의 오탁을 초래하게 된다. 따라서 앞으로는 합성섬유라 하더라도 분해성이 높은 섬유가 요구되며 또한 현재 그러한 방향으로 개발 연구가 진행되고 있다.

세계의 인구증가는 식량의 생산성 향상을 필요로 하고 있으나 동시에 의류의 증산도 요구되고 있다. 합성섬유의 대부분은 유한한 석유인데 그 개발로 인해 지구환경은 상당히 오염되고 있다. 또한 석유제품 섬유는 대부분이 비(非) 재활용성이기 때문에 환경보전에 있어 의류의 폐기처리는 중대한 문제가 되고 있다.

의류섬유를 생산하고 이를 가공하여 제품을 만들기 위해서는 많은 에너지를 필요로 한다. 이때 섬유를 제조하는 데 요하는 에너지와 가공하여 제품화하는 데 요하는 에너지를 비교하면 후자가 훨씬 더 많이 필요하다는 보고가 있다.

의류섬유의 제조에 요하는 에너지는 원료의 입수, 화학적 배합, 섬유화 등에 사용하는 것이고 가공에 요하는 에너지는 방적, 염색 가공, 재봉 등에 소요되는 것이다. 섬유제품에도 많은 에너지가 소요되는 것이므로 이것을 충분히 이용하지 않고 폐기하면 에너지를 폐기하는 것이 된다. 따라서 섬유제품의 유용한 이용과 이 폐기물의 재활용법을 개발하는 일이 중요하다.

또 의류제품의 제조와 가공에는 많은 물을 사용하게 된다. 특히 염색과정과 그 후의 세척은 여분의 염료를 물에 씻어 제거하는 것이므로 하천의 수질오염을 초래한 예가 과거에는 많았으나 최근에는 점차 개선되어 가고 있다.

(2) 세탁 배수

한 보고에 따르면 우리나라 가정에서는 1주 평균 약 12회의 세탁을 하고 4인 가족인 경우 1년에 약 20kg의 세제를 사용한다고 한다. 또 분뇨 이외의 생활배수 중에서 BOD(생물학적 산소 요구량)은 1인당 하루에 30g 정도인데 그 내용은 부엌으로부터의 부하, 목욕, 세탁의 순이라고 한다.

이와 같은 오물과 세제를 함유한 배수가 하천이나 호소에 유입되면 수질오염을 불러일으키며 특히 세제가 수질오염의 큰 원인이 되고 있다. 세탁용 세제에는 계면활성제(성질이 다른 물질이 맞닿을 때 경계면에 잘 달라붙어 표면장력을 현저히 감소시키는 물질), 성능향상제(산소, 형광증백제, 표백제)가 포함된다. 지금까지는 가장 효과적이라 일컬어지던 트리폴리인산 나트륨이 사용되었으나 인이 호소의 부영양화를 초래한다고 하여 지금은 미세한 가루로 만든 비석(沸石)을 쓰고 있다.

더러워진 의류에 묻어 있는 유기성분이나 계면활성제, 형광증백제 등의 유기물은 하천이나 호소에서 미생물에 의해 분해되어 마지막으로 이산화탄소와 물이 된다. 이러한 변화를 생분해(biodegradability)라고 한다. 그런데 이들 유기물의 분해에는 수중의 산소를 소비하기 때문에 다량의 유기물질이 유입되면 수중의 용존 산소량이 부족하여 하천과 호소가 오염되는 원인을 만든다. 따라서 계면활성제를 사용할 경우에는 보다 더 분해가 잘 되는 것을 선택할 필요가 있다. 계면활성제에는 친수성(親水性)에 따라 음이온 계면활성제, 양이온 계면활성제, 비이온 계면활성제, 양성(兩性) 계면활성제 등이 있는데 오늘날 우리가 가장 많이 사용하고 있는 것은 음이온 계면활성제인 지방산 나트륨(비누)이다.

드라이클리닝에는 석유계 용제나 합성용제가 사용된다. 근년에는 트리클로로에탄이나 프레인 113 등의 합성용제도 사용되었지만 이들은 모두 지구의 온난화, 오존층의 파괴, 지하수의 오염, 광화학 스모그 같은 환경오염의 원인이 된다는 것이 증명되어 현재는 사용이 금지되어 있다. 또한 이들 용제는 발암성이나 기타 건강장애를 일으킨다는 것이 밝혀졌다. 이 점을 고려하여 앞으로 드라이클리닝에는 인체에 무해하고 환경오염을 하지 않는 양질의 세제 개발 및 습식세탁이 가능한 의류의 개발이 요구된다.

(3) 의류의 폐기 처리

도시에서는 가연성 폐기물로 배출되는 것 가운데서 섬유제품이 약 5%를 차지하는데 그 양이 차차 늘어나고 있다. 이것은 종이 기저귀 등 사용하고 버리는 섬유제품이 증가하고 있기 때문이다. 지금은 유아용 기저귀의 90% 이상이 종이 기저귀로 전환되었을 뿐만 아니라 노인과 환자의 기저귀로 종이 제품으로 바뀌어 가고 있는 실정이다. 한편 섬유제품인 경우 버리지는 않았으나 버린 것과 마찬가지인 것이 상당히 많다. 즉 사장되어 있는 의류가 많은 것이다. 전혀 착용하지 않는 의류는 폐기물과 같은 성격을 가지고 있다.

불필요한 섬유제품을 폐기하고 소각하는 것은 자원의 낭비일 뿐만 아니라 환경오염의 요인이 되기도 한다. 사장된 의류의 유효한 이용을 도모하고 재활용을 추진하는 것은 환경을 보전하는 중요한 방법의 하나이다. 또 개발도상국에는 의류의 부족으로 곤란을 겪고 있는 사람이 적지 않다. 이들에게 사장된 의류를 무료로 제공하는 것도 재활용의 한 방법이 될 수 있다. 근년에 중고 의류의 수출량이 증가하고 있는데 가능한 이를 지속해야 한다. 무엇보다도 중요한 것은 선진국에서 의류의 대량생산, 대량소비, 폐기라는 라이프스타일을 바꾸어야 한다.

2 식생활 – 식품첨가물과 식품 오염물질

(1) 식품첨가물이란

식품첨가물은 식품의 품질, 보존성, 기호성 등을 개선하고 나아가서 영양가나 경제성 등을 향상시킬 목적으로 식품의 제조와 가공과정에서 사용되는 물질이다. 이것은 식품위생법과 시행규칙, 시행령 등으로 정의나 사용기준이 규정되어 있다. 식품위생법에 따르면 식품첨가물이란 식품의 제조과정에서 식품의 가공이나 보존을 목적으로 식품의 첨가, 온화, 침윤 기타의 방법으로 사용하는 물질을 말한다.

현재 우리나라에서는 403개 품목을 식품의 화학적 첨가물로 지정하고 있다. 식품첨가물은 그 안전성이 확실하면 식생활에 이익을 가져오는 것이기 때문에 첨가물이 모두 유독, 유해하다고 단정하는 것은 옳지 않다. 우리나라에서는 지금까지 메틸수은, 아비산, 카드뮴 등의 식품 오염물질로 많은 희생자가 나왔다. 그러나 이러한 식품 오염물질과 식품 첨가물은 본질적으로 다르다는 것을 이해하지 않으면 안 된다.

우리나라에서는 403개 항목의 화학적 첨가물 외에도 202종을 천연 첨가물, 7종을 혼합제제류로 인정하고 있다. 그러나 이들의 안전성은 경험적으로 정한 것이므로 403개 항목 가운데 국제적으로 안전성을 평가받고 있는 것은 절반 정도에 지나지 않는다.

(2) 식품 첨가물의 용도

현재 쓰이고 있는 식품첨가물의 대부분은 화학적 합성품으로 천연물은 극히 드물다. 현행 식품위생법에서는 합성물이건 천연물이건 식품에 첨가하는 것은 모두 승인을 받도록 되어 있다.

■ 기호성의 향상

식품에는 기호성을 높일 목적으로 조미료, 산미료, 감미료, 향료 등을 첨가한다. 조미료로는 L-글루타민산나트륨 등의 아미노산류, 유기산류, 핵산류 같은 화합물이 쓰이고 산미료로는 잼, 주스, 과자 등에 신맛을 나게 하는 것으로서 구연산, 주석산, 유산 등의 유기산이 사용된다. 또 감미료로는 사카린, 아스파탐 등이 저칼로리 식품에 단맛을 내기 위해 쓰인다.

식품에는 착색료가 사용되기도 한다. 착색료에는 타르 색소계의 품목과 기타 품목이 지정되어 있다. 타르 색소계는 19세기 후반부터 석탄의 타르를 원료로 하여 합성한 유가 색소계이다. 이들 가운데는 발암성을 가진 것이 있어 후에 식품첨가물로서의 지정을 해제한 것도 적지 않다.

식품을 착색하는 데에는 발색제도 쓰인다. 발색제 자체는 무색이지만 식품의 성분과 반응하여 유색 화합물을 생성하거나 식품 중의 색소를 안정화시킨다. 예를 들면 $NaNO_2$는 식육의 미오글로빈과 반응하여 가열을 하게 되면 붉은 색소를 형성하므로 예로부터 소시지나 햄의 제조에 이용했다. 또 식품의 올리브색 안정제로서 글루콘산 제1철이 검은콩이나 가지의 색조 안정제로 사용되고 있다.

■ 부패와 변질 방지

① 살균제 : 식품 보존용 살균제로는 과산화수소 외에 차아염소산나트륨 등의 염소계 살균제가 있다. 과산화수소는 예전부터 사용되어 왔으나 요즘에는 이것이 DNA 수복실험과 염색체 이상실험에서 양성이라는 결과가 나왔고 또한 실험용 쥐에 암을 발생시킨다는 것이 확인되었기 때문에 현재에는 과산화수소를 살균 표백제로 사용하는 것은 극히 일부로 제한되어 있다. 차아염소산나트륨과 표백제는 음료수의 소독 살균용, 야채나 과일의 소독에 사용하고 있다.

② 보존료 : 보존료는 미생물의 증식으로 식품이 변질되는 것을 막기 위해 쓰인다. 그러나 보존료를 사용해도 미생물의 증식을 완전히 방지할 수는 없고 식품의 변질과 부패까지의 시간을 연장시킬 뿐이다. 보존료로는 소르빈산, 안식향산 등이 있는데 보존료를 사용하는 대상 품목 및 사용량은 세밀하게 규정되어 있다.

③ 산화방지제 : 식용유나 유지를 많이 함유하는 식품은 유지성분의 불포화지방산이 산화하여 색깔, 냄새, 맛, 점성 등이 변할 뿐만 아니라 유독한 산화물과 과산화물을 생성하여 식중독의 원인이 된다. 또한 식품은 산화로 인해 색조가 변화

하기도 한다. 그러므로 특히 유지를 많이 포함하는 식품은 공기와의 접촉을 차단하거나 산화방지제를 첨가하여 산화물의 생성을 막을 필요가 있다. 지금까지는 산화방지제로서 부틸히드록시톨로엔(BHT)과 부틸히드록시아니솔(BHA) 등이 널리 사용되고 있었으나 최근에는 α-토코페롤(비타민 E)이나 아스코르빈산(비타민 C)의 유도체 등이 많이 쓰이고 있다.

(3) 식품첨가물의 평가

식품의 살균제, 보존료, 산화방지제 등의 평가는 그들의 유효성을 객관적인 수치로 표시할 수 있으나 식품의 색조와 관계되는 착색료나 표백제 등의 평가는 사람들의 기호에 따라 좌우되므로 일정한 평가는 얻을 수 없다. 여기서는 보존료의 평가에 대해 생각해 보기로 한다.

식품보존료의 첫째 기능은 식중독의 방지에 있다. 보존료가 규정대로 사용되어 일상생활의 위생상태가 정비되어 있는 오늘날에도 우리나라에서는 1년에 수만 내지 수십만의 식중독 환자가 발생하고 있다. 만약 식품보존료의 사용이 금지되었다면 식중독 환자가 폭발적으로 발생하여 많은 사상자를 발생시켰을지도 모른다.

둘째로 보존료는 식품의 가격안정을 유지하는 데 도움을 준다. 보존료를 사용함으로써 식품의 대량생산과 유통지역의 확대가 가능해지기 때문이다. 셋째는 식량자원의 유효한 이용에 도움을 준다. 보존료를 사용하고 있는 지금도 식품의 변질과 부패에 따른 폐기량이 막대하다. 넷째로 곰팡이 독으로부터 식품을 방어하는 데 도움을 준다. 우리나라에서는 곰팡이 독에 의한 급성중독이나 만성중독이 풍토적으로 보아도 발생할 가능성이 크다.

보존료의 결점은 우선 다른 첨가물에 비해 독성이 강하다는 점이다. 식품의 부패세균을 억제하는 작용을 한다는 것은, 만약 다량으로 사용하면 사람이나 다른 동식물의 세포에도 독물로 작용한다는 것을 의미한다. 실제로 식품첨가물로 이용하는 보존료는 최대 부작용량의 100분의 1 이하로 하고 있으므로 보통은 안전하지만 잘못 사용하면 위험하다.

두 번째 결점은 보존료의 작용효과를 과신한 나머지 식품의 위생관리를 소홀히 하기 쉽다는 점이고, 셋째는 보존료 사이의 상승 독성의 문제인데 여기에 대해서는 아직 충분히 증명되어 있지 않다. 두 종류 이상의 보존료를 동시에 투여했을 때 이들 독성이 반드시 상승작용을 한다고는 할 수 없으나 여기에 대해서는 기초적인 연구가 필요할 것이다.

이상은 식품의 보존료에 대해 검토한 것이지만 다른 식품첨가물인 경우에도 대동소이할 것이다.

(4) 식품첨가물의 안전성

식품첨가물은 인체에 흡수되는 것이기 때문에 그 안전성이 무엇보다도 중요하다. 의약품과는 달리 식품첨가물에 대한 안전평가는 전적으로 동물실험에 의존하고 있다. 우리나라에서는 1962년에 제정한 식품위생법을 1996년에 전면 개편하여 식품첨가물의 지정기준을 새로 정했다. 이것은 미국 미국식품의약청(FDA)이나 OECD의 안전성 시험의 지침을 참고로 하여 각종 시험의 실시방법을 정한 것이다. 즉 급성 독성시험, 아급성 독성시험, 만성 독성시험, 발암 시험, 번식 시험, 돌연변이성 시험 등이 그것이다.

식품첨가물의 사용을 인가함에 있어서는 1일 허용 섭취량(ADI)를 정하고 있다. 이것은 사람이 어떤 첨가물을 평생에 걸쳐 섭취해도 위험하다고 생각되지 않는 하루의 섭취량으로, 체중 1kg당의 수치(mg/kg · 체중/하루)로 나타낸다. ADI를 결정하는 데는 동물실험을 통한 안전량(최대 무독성량)을 기초로 하여 여기에 안정계수(보통 1/100)을 곱하여 결정한다. 안정계수는 불확정한 요인이어서 예컨대 어떤 환경물질에 대한 사람과 동물실험의 감수성 차이 등과 같은 것이어서 상당히 경험적인 수치라 할 수 있다.

ADI=최대 무독성량×1/110

(5) 식품 오염물질

식품을 제조할 때 유해물질이 혼입되는 경우가 있는가 하면 환경에 배출된 유해물질이 들어가 사람의 식품에 섞이는 경우도 있다. 이와 같은 식품 오염물질은 원래 식품에는 포함되어 있지 않았던 것들이다. 따라서 식품첨가물의 안전성 같은 것은 여기서 제외되고 또한 식품 중의 함유량을 인위적으로 컨트롤할 수는 없다.

우리나라에서는 지금까지 여러 경로를 통해 식품 중에 유독한 유해물질이 혼입되어 큰 희생을 치른 경험이 있다. 그러한 식품 오염물질로는 곰팡이 독, 농약, 중금속, 방사성 물질, 기타 유기물 등 다양한 것이 있다. 여기에 대해서는 다른 장에서 살펴보았으므로 여기서는 중복을 피하기 위해 곰팡이 독과 유기 주석 오염에 대해서만 알아보려고 한다.

곰팡이 독

곰팡이가 생산하는 유해물질을 마이코톡신(mycotoxin)이라고 한다. 마이코톡신에 의한 식중독은 프랑스의 경우 10세기경부터 알려졌고 우리나라에서도 과거는 물론 지금도 많은 중독환자를 발생시키고 있다. 이 중독은 간장과 신장의 장애를 비롯하여 신경계나 조혈기능의 장애에 이르기까지 광범위하며 일부 마이코톡신은 발암성이 증명되고 있다.

식품이나 사료에 기생하는 아스페르길루스 균(Aspergillus)이 생산하는 독성물질을 아프라톡신이라고 하는데 1960년 영국에서는 칠면조의 사료에 의한 중독으로 10만 마리 이상이 죽은 예가 있다. 쌀이 누렇게 변색하는 황변미(黃變米)는 페니실리움속(Penicillium) 곰팡이가 쌀에 기생하여 변색시키는 것이다. 이슬란디아 황변미는 1948년에 이집트에서 발견된 것으로 쥐에 경구 투입했더니 간기능 장애를 일으키고 장기간 투여하자 간암을 유발했다. 톡시칼리움 황변미는 1937년 타이완에서 발견된 것인데 강한 신경독을 나타낸다. 또 시트리나움 황변미는 1951년 타이랜드 쌀에서 발견된 것으로 신장장애를 일으킨다.

보리에 푸자리움(Fuzarium)이 기생하면 보리가 붉게 변색하여 트리코테센 독소가 발생한다. 이 독소에 의한 중독증상으로는 구토, 설사, 출혈, 백혈구 감소 등이 나타난다.

유기아연의 오염

1950년대 후반부터 유기주석 화합물이 환경오염과 관련하여 취급되기 시작했다.

이들 화합물은 강한 생활 활성을 가지고 있어 살균제와 살충제로 사용했을 뿐만 아니라 배 밑바닥이나 어망에 해조류와 조개류의 부착을 방지할 목적으로 사용해 왔다. 그런데 1970년대 후반부터 유럽에서는 양식 굴이 대량으로 죽는 사건이 발생하여 그 원인물질의 하나로 아연이 관여하고 있다는 사실이 판명되었다.

유기아연 화합물이 인체에 들어오면 간장이나 신장 장애, 면역 기능의 저하 등을 일으킨다는 사실이 보고되고 있다. 또 근년에는 유기아연 화합물이 내분비 교란물질로 주목받고 있다.

3 유전자 재조합 식품

(1) 유전가 재조합 식품의 의의

유전자 재조합(Genetical Modification, GM)이란 다른 생물에서 추출한 유전자를 인위적으로 작물에 집어넣어 유용하고 우수한 작물의 품종을 만드는 기술을 말하는데, 최근에 우리나라에서도 유전자 재조합 식품의 안전성에 대한 논의가 활발해지고 있다. 인류는 농경을 시작한 이래 유사한 식품의 종을 인위적으로 교배시켜 작물과 원예식물 등의 품종개량을 실시해 왔다. 또 자연에서 발생한 돌연변이 종에서 뛰어난 성질을 가진 것을 선택하여 이것을 육성시켜 품질개량을 성공시켰다.

현대의 유전자 재조합 작물의 개발은 풍부한 자금력과 최신의 바이오테크놀로지를 가진 미국과 캐나다가 중심이 되어 활발하게 진행되고 있다. 미국정부는 이 새로운 산업의 육성을 적극적으로 지원하여 21세기의 식량위기를 구할 산업으로 정착시키고 있다.

유전자 재조합 작물의 중심과제는 ① 병충해에 저항력을 가지고 ② 제초제에 내성을 가지며 ③ 저온 저항력을 가지고 ④ 높은 영양분을 함유하고 ⑤ 사막이나 황야에서 자랄 수 있을 뿐만 아니라 ⑥ 수확률이 높은 특성을 지닌 작물을 만들어내는 데에 있다. 이렇게 해서 새로 생긴 식물이 자연계에서 재배되어 번식하면 머지않아 유사한 식물종과 자연교배하여 그 유전자가 널리 분포하게 된다. 또한 유전자 재조합 식물을 먹은 곤충이 대량으로 죽거나 이 식품이 이상번식을 하여 자연 생태계를 혼란에 빠뜨리게 할 수도 있다. 뿐만 아니라 유전자 재조합 식물에 감염된 바이러스가 옮아가 예상도 하지 못한 새로운 바이러스가 발생하여 많은 생물이 위험에 봉착하게 될지도 모른다.

유전자 재조합 작물은 생산성을 높이고 높은 영양분을 생산하는 등 인류의 건강과 식량증산에 도움이 되리라는 것이 기대되고 있으나 한편으로는 인체와 환경에 악영향을 준다고 지적하는 연구가 잇따라 발표되어 유럽을 중심으로 유전자 재조합 작물과 이를 이용한 가공품의 안전성을 확인하는 운동이 활발하게 일어나고 있다. 현재 우리나라에서는 아직 유전자 재조합 작물이 상업용으로는 재배되지 않고 있다. 그러나 미국으로부터 콩, 옥수수를 비롯한 유전자 재조합 작물과 그 가공품의 수입량이 차차 증가하고 있다.

(2) 유전자 재조합 식품의 상품화

세계에서 최초로 상품화된 유전자 재조합 식품은 미국에서 개발한 장기간 보관할 수 있는 토마토이다. 열매가 성숙하는 과정에서 세포벽에 있는 벡틴질이 변화하는 현상이 일어난다. 열매가 성숙하는 초기에는 프로트벡틴, 벡틴산염이 축적되지만 성숙함에 따라 크로트벡틴은 가용성 벡틴이 되고 벡틴산염은 벡틴에스트라제에 의해 분해되어 소실한다. 그 결과 열매는 부드러워진다.

유전자 재조합 토마토는 이 산소활성을 억제하는 유전자를 도입한 것이기 때문에 완전히 익은 토마토를 수확해도 오래 보관할 수 있다. 따라서 멀리까지 수송하는 것도 가능해지게 되었다. 이 유전자 재조합 토마토는 미국 의약품국이 그 안전성을 확인했기 때문에 시판되고 있다.

곤충은 토양세균(Bt)이 생성하는 Bt 단백질을 먹으면 장의 세포가 파괴되어 영양을 섭취하지 못하고 죽는다. 이 성질을 이용하여 Bt 단백질은 약 20년 전부터 농약으로 사용해 왔다. 그런 가운데 Bt 단백질을 만드는 유전자를 작품 자체의 세포 안에 집어넣으려는 발상이 일어나 실제로 Bt 단백질을 생성하는 감자와 옥수수의 품종이 만들어졌다. 이것은 매년 12억 달러에 달하는 피해를 냈던 해충에 대한 유전자 재조합 작물로서 1996년에 발매되어 그 결과 살충제의 사용량이 감소했다. 현재 미국에서는 Bt 호박, Bt 파파이야 등 10종 이상이 시판되고 있다.

제초제 내성의 유전자를 집어넣은 유전자 재조합 작물로는 콩, 옥수수, 유채, 감자, 솜 등이 있다. 이와 같이 미국은 많은 유전자 재조합 작물을 개발하였는데 그 일부는 우리나라에서도 수입하고 있는 실정이다.

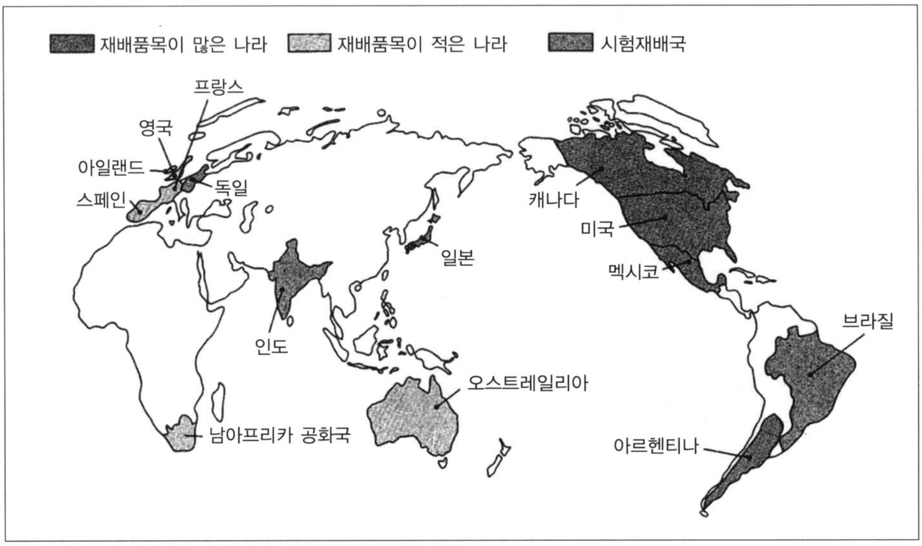

[그림 12-1] 유전자 재조합 작물 재배국

유전자 재조합 작물과 그 식품은 겉으로 보아서는 보통 것과 구별이 되지 않는다. 유전자 재조합을 했는가의 여부는 작물이나 식품으로부터 재조합한 유전자라거나 새로 합성한 단백질이 검출되었느냐에 따라 정해진다. 이 때문에 널리 사용되고 있는 것이 복제연쇄반응(PCR) 방법이다. 이것은 DNA 고리의 특정 부위만을 계속해서 복제하는 반응으로 재조합한 새로운 DNA가 미량이면 이것을 106배 정도까지 증폭시킬 수 있다.

단백질을 검사하기 위해서는 산소면역법(ELISA)을 이용한다. 실제로는 유전자 재조합 작물이 새로 생성한 단백질을 토끼에게 주사하여 면역으로 생긴 항체를 사용하는 방법을 쓴다.

(3) 유전자 재조합 식품의 안전성

미국에서는 1994년에 오래 보관할 수 있는 토마토를 시판한 이래 감자, 유채, 호박 등 10종 이상이 시장에 나와 있다. 1998년의 조사에 의하면 미국은 세계의 유전자 재조합 식품이 재배면적의 88%를 차지하고, 시판하고 있는 식품의 약 70%가 유전자 재조합 식품이거나 그 혼입이라고 한다. 미국 정부는 '유전자 재조합은 21세기의 식량위기를 구하는 새로운 기술이고, 유전자 재조합 식품은 일반식품과 다를 바 없이 안전하다.' 고 하여 유전자 재조합 식품의 표시를 의무화하지 않았다. 이 때문에 소비자는 모르는 사이에 많은 유전자 재조합 식품이 유통되었다.

그러나 유럽에서는 유전자 재조합 식품에 대한 안전성에 민감하게 반응하여 여기에 불안감을 가지는 사람이 증가하자 EU가 콩이나 옥수수의 유전자 재조합 식품의 표시를 의무화하는 등 신속한 대응을 하고 있다. 영국의 경우는 1999년 9월부터 콩과 옥수수의 유전자 재조합 식품 표시를 외식산업의 메뉴에까지 확대했다. 이에 따라 식탁에서 유전자 재조합 식품이 차차 추방되고 있다.

한편 우리나라에서도 유전자 재조합 식품의 보급에는 신중을 기해야 한다는 목소리가 높은 반면, '지금까지 작물의 품질개량은 가까운 종 사이의 인위적 교배로 실시해 왔고 자연계에서도 진화의 흐름 속에서 돌연변이종을 이용해 왔다. 이 점을 고려할 때 식품의 안전성은 유효성과 안전성과의 비교로 측정할 수밖에 없다.' 고 하여 유전자 재조합 식품을 긍정하는 사람도 적지 않다.

유전자 재조합 기술 그 자체는 생명과학의 발전에 있어서 필요하다는 것은 널리 인정하고 있다. 그러나 유전자 재조합 작물이나 그 가공식품의 안전성은 지금까지의 교배나 육종의 연장선상의 문제가 아니라 보다더 다각적인 검토가 요구되고 있다. 즉 유전자 재조합 식품이 인체에 미치는 영향을 장시간에 걸쳐 조사할 필요가 있다. 유전자 재조합 작물에 들어간 유전자가 특이한 단백질을 생성하여 그것이 알레르겐이 될 가능성이 있고, 또 다른 유전자의 작용을 교란시켜 그 결과 유해물질을 생성할 위험성도 생각할 수 있는 것이다.

4 주생활

(1) 거주양식의 변화

인간이 생활을 영위하기 위해 주거는 중요한 공간적 환경이다. 또한 주거는 우리와 가장 가까이 있을 뿐만 아니라 가족 간의 인간관계, 가족의 생활양식, 가족의 문화적 레벨 등을 포함하여 사회적·문화적 환경의 단위이기도 하다.

의생활이나 식생활은 국민의 대다수가 비슷한 정도의 내용을 가지고 있으나 주생활은 수입과 자원의 많고 적음에 따라, 도시와 지방의 지역격차에 따라, 또는 문화와 전통의 차이에 따라 내용이 매우 다양하다.

현재 지구에 살고 있는 모든 인류는 환경, 자원, 에너지, 인구, 식량 등의 여러 문제를 진지하게 검토하여 하나밖에 없는 지구를 파멸로 이끌지 않도록 대응하지 않으면 안 된다. 그러기 위해서는 현재의 생활양식의 개선이 불가결하다.

우리나라는 매우 빠른 속도로 경제성장을 이룩했으나 생활의 풍요로움을 실감하는 사람은 별로 많지 않다. 그 이유 중의 하나는 주거의 빈곤 때문일 것이다. 우리나라는 도시화의 진전, 주거 수요의 증대, 서구적 생활양식을 추구하는 소비자의 수요 등으로 인해 주택의 기술혁신이 진행되고 있다.

프랑스의 건축가 르 코르비지에(Le Corbusier)는 근대적 도시계획에는 녹색, 태양, 공간의 3대 요소가 기본이라고 제안했다. 이 사고방식은 그 후 세계 각국의 도시계획에 큰 영향을 미쳤다. 이에 따라 종래의 열악한 주거환경을 개선하여 기능적인 최소한 주택을 계획했다.

우리나라의 주택정책에 변화를 가져오기 시작한 것은 1960년대부터 시작된 콘크리트로 만든 집합주택이었다. 이에 따라 경량 철골, 화학제품, 합판, 신소재 건축자재 등을 사용하여 시스템키친, 중앙난방, 홈오토메이션 등이 등장하여 주택은 일종의 내구성 소비재로서 수요자에게 받아들여졌던 것이다.

이러한 주택양식이 변화한 배경에는 여성의 가사노동으로부터 개방, 손님 접대용보다도 가족 중심의 생활 중시, 프라이버시의 존중 등 가정생활의 큰 흐름이 있었다. 즉 협소한 주거공간이라 해도 식당과 침실을 분리하고 또한 부모와 어린이의 침실을 분리하여 각자의 생활과 주체성을 존중하는 방향으로 나아가게 되었다. 또한 부엌과 식당을 하나로 하여 식사준비와 설거지에 가족 전원이 참가하도록 계획했다. 그것이 이른바 2DK, 2LDK 스타일의 주택이다.

(2) 친환경적인 주택

1990년대까지 대량으로 건설된 2DK, 3DK 등의 주택은 스페이스를 중점으로 생각한 주택정책의 결과로 태어난 우리나라의 일반주택이었다. 그러나 21세기를 맞이한 오늘날 이들 주택에 대한 결함이 차차 눈에 띄기 시작하여 이미 그 사명은 끝난 것이라 할 수 있어 새로운 시대에 있어서 시민의 수요에 대응하는 것이 되지 못했다. 새로운 주택정책은 쾌적하고 편리한 주거생활을 요구하는 국민의 수요에 부응할 뿐만 아니라 환경과 복지를 고려한 주택생활이 중요한 과제가 되었다. 즉 전자는 환경부하 체감형 주택이고 후자는 배리어프리(barrier－free) 주택이다.

환경부하 체감형 주택은 에너지 절약을 목적으로 하여 지구에 대한 부하를 가능한 한 최소화한 주택으로 이른바 에코하우스(eco－house)라 불리는 집이다. 그러기 위해서는 태양광 발전 외에 단열성 · 기밀성(氣密性)의 향상, 태양열을 이용한 난방, 식물에 의한 열부하의 감소, 빗물의 이용, 전기소비를 억제하는 분전반(分電盤) 설치 등을 갖춘 주택을 건설해야 한다. 에너지 소비 중 4분의 1이 주택 건축물로 소비되는 현실을 고려할 때 주택과 관련된 에너지 절약의 실현은 급선무가 아닐 수 없다.

태양광 발전은 황산화물, 질소산화물, 광화학 스모그 등 대기오염 물질을 배출하지 않고 화석연료의 소비도 없이, 더구나 소비지에서 발생하는 것이므로 수송 도중의 에너지 손실도 없다. 주택 등의 건축물 표면에 발전기를 부착하면 직사광이나 난사광이라도 발전이 가능하므로 남향 이외의 방향에서도 사용할 수 있다.

태양열을 흡수하는 장치를 옥상에 부착한 주택을 액티브 솔라하우스(active sola－house)라고 하는데 우리나라에서도 보급되기 시작했다. 이에 대해 창의 면적을 넓게 하여 태양열을 되도록 많이 실내에 들어오게 하거나 건축물의 축열성(蓄熱性) · 단열성을 개량하여 간접적으로 태양열의 이용을 도모하는 주택을 패시브 솔라하우스(passive sola－house)라고 한다.

[그림 12-2] 솔라하우스

최근처럼 도시가 시가지화하면 녹지와 수목이 적어지고 철근 콘크리트로 만든 건물이 많아지게 된다. 건물 옥상에는 아스팔트 방수나 우레탄(합성수지) 방수로 덮여 빌딩의 온도가 상승함으로써 빌딩이 즐비한 지역은 히트 아일랜드 상태가 된다. 게다가 냉난방으로 인해 여름에는 태양열이 방출되기 때문에 시가지의 기온은 주변지역에 비해 2~5℃가 높아진다. 이것을 방지하기 위해서는 공지에는 가능한 나무를 심고 빌딩의 옥상에도 잔디나 수목으로 녹화하여 조금이라도 기온을 저하시키는 연구가 필요하다. 또한 옥상에는 태양열을 이용하는 태양전기 패널을 설치하는 것도 유효한 방법이다.

(3) 배리어프리 주택 – 고령화 사회를 향하여

또 한 가지 주택기술의 전개는 고령화 사회에 대한 대응이다. 이것이 바로 배리어프리 주택이다. 고령자에 국한하지 않고 다리가 불편하여 휠체어를 이용하는 사람, 시력이 약한 사람, 기타 신체에 장애를 가진 사람에게 있어서 고저의 차이가 있는 통로나 계단의 승강은 큰 장애가 된다. 이런 사람에게는 계단, 미끄러지기 쉬운 마루, 좁은 통로, 화장실, 욕실 등도 위험이 발생하는 장소가 된다. 이러한 곳에는 손잡이

난간이나 위험방지 설비가 필요하다. 이와 같이 고령자와 신체 장애자에게 장애와 위험이 될 수 있는 구조를 제거한 주택이 배리어프리 주택이다. 우리나라에도 공공건물 등에는 배리어프리가 된 곳이 많으나 일반가정에는 아직 보급되어 있지 않은데 스웨덴과 이탈리아 같은 나라에서는 배리어프리가 제도화되어 있다.

그런데 고령화 사회에 대응하는 주택은 주택기준이나 하드 기술만이 아니라 의료 복지와 일체화된 그룹 홈과 자립적 고령자를 대상으로 한 컬렉티브 하우스 등 여러 가지 형태가 있다. 이러한 것은 모두 커뮤니케이션을 주안점으로 한 주거형태로서 치매성 노인의 회복에 효과를 나타내고 있다. 치매에 대한 의약을 개발하는 것과 마찬가지로 주거형태의 개발에도 힘을 기울일 필요가 있다.

고령자나 신체 장애자에게 있어서 특히 주택은 위생적이고 안전한 장소가 되지 않으면 안 된다. 그런데 근년에는 주택의 기밀화, 난방에 의한 고온다습화, 새로운 건축자재의 다양화 등에 의해 여러 가지 비건강적인 요소가 발생하고 있다. 가령 고온다습한 환경에서는 곰팡이나 진드기가 증식하여 이것이 알레르기 환자의 알레르긴으로 작용한다. 사람에게 발병을 유발시키는 곰팡이는 약 50여 종이나 되는 것으로 알려져 있다.

항균법으로는 예로부터 곰팡이 방지제를 사용해 왔으나 최근에는 빛의 매체를 응용하는 새로운 기술이 개발되고 항균처리를 한 알루미늄 건축자재도 시판되고 있고 이미 욕실, 부엌, 화장실 등에는 항균제품이 실용화되어 있다. 한편 앞으로 항균제품의 개발이 요구되는 것은 벽지, 크로스, 도료, 바닥재 등이다. 주택에 항균제품을 보급하는 것은 건강에 해로운 요인을 없애고 건강한 주거환경의 실현에 도움이 될 것이다. 또한 이들 항균기술을 주택에 응용하는 것은 고령화 사회의 도래, 맞벌이 가정의 증가 등에 대해 2차적인 효과를 거둘 것으로 기대된다.

한편 최근에는 빌딩증후군이 문제가 되고 있다. 이것은 건물의 공기조절과 환기가 불충분한 것이 원인이 되어 눈과 기관지의 자극, 불쾌감, 알레르기 증상 등을 호소하는 것이다. 주택의 경우는 시크하우스(sick－house) 증후군이라고 한다. 그 원인은 실내에서 발생하는 공기 오염물질에 있다. 즉 사무기재 등에서 발생하는 오존, 건축자재에 사용되는 포름알데히드와 같은 휘발성 유기물, 도료의 용제로 사용하는 토르엔 등이다.

(4) 환기와 채광

■ 환기

기밀성이 높은 실내에서는 산소의 감소, 이산화탄소의 증가, 기온과 습도의 상승, 먼지의 증가, 악취 등의 현상이 일어나므로 신선한 공기를 받아들여 환기를 해야 하는데 실내 공기의 오염도는 이산화탄소의 농도를 기준으로 하여 측정하고 있다. 19세기 후반 독일의 페텐코퍼(Max von Pettenkofer)는 실내의 이산화탄소의 허용농도를 0.1%로 하여 필요 환기량을 다음과 같은 식으로 구했다.

V(m^3/시)=K÷(CO−C)

(v:필요한 환기량, K:1시간당 한 사람의 호흡 배출 CO_2량(리터), CO:실내의 CO_2 허용농도=0.1%, C:대기 중의 CO_2 농도=0.03~0.04%)

기초대사 때 성인 1인당 호흡의 CO_2 배출량 K를 18리터라고 하면

V=18리터÷(0.1~0.04)=0.028m^3÷0.0006=30$m3^3$

즉 완전히 밀폐된 30m3인 실내에 혼자 있으면 1시간에 CO_2는 허용농도에 달하게 된다. 따라서 30m3인 방에 혼자 있을 때 1시간에 30/10=3회 환기를 할 필요가 있다. 그러나 실제로는 실내외의 온도차, 풍압 등으로 인해 창, 문, 벽 등의 틈으로부터 바깥 공기가 들어와 자연적으로 환기가 이루어지고 있다. 따라서 비교적 기밀성이 있는 방이라도 1회/1시간 정도 환기를 하면 적당할 것이다. 한편 오늘날에는 공기오염이나 악취를 배제하고 깨끗한 공기를 흡입하며 또한 온도와 습도의 조절을 겸한 공기조절 방식이 널리 보급되고 있다.

최근에 많은 사람이 모인 곳에서 인공적 난방에 의해 건강의 이상을 호소하는 사람이 적지 않다. 실내외의 온도차가 클 때 생기는 냉난방병은 두통, 설사, 권태감, 식욕부진, 의욕저하 등의 증상을 수반한다. 온도차로 인해 자율신경의 조절에 큰 부담을 주기 때문이라고 생각된다. 따라서 실내외의 온도차는 5℃ 이내가 바람직하다. 현재 보급되고 있는 공기조절은 25℃를 적당한 온도로 하여 온도, 습도, 기류, 환기량 등을 조절함으로써 공기를 깨끗하게 하는 방법이다. 그러나 외부온도와의 차이를 고려

할 때 여름에는 27~28℃, 겨울에는 20~22℃로 하는 것이 적당한 온도라고 한다.

■ 채광

사람이 건강한 생활을 유지하기 위해서는 방안의 밝기도 중요한 조건이 된다. 태양광(자연광)을 실내에 받아들이는 것을 채광이라 하고 인공적인 광선에 의해 실내의 밝기를 유지하는 것을 조명이라고 한다. 채광은 창의 트기나 모양, 창 앞의 장애물 등에 의해 영향을 받는다. 채광을 할 때는 옆이 긴 창보다도 세로가 긴 창이 더 유리하다. 그것은 후자가 개각(開角)과 입사각이 모두 크기 때문이다. 개각이란 실내의 어느 점과 창의 위쪽 가장자리 및 옥외 장애물의 위쪽 가장자리를 연결한 선이 이루는 각도를 말하는데 최소한 5도 이상인 것이 바람직하다. 입사각은 어느 점과 창의 위쪽 가장자리 및 창 밑의 가장자리를 각각 연결한 선이 이루는 각도로서 28도 이상이 필요하다.

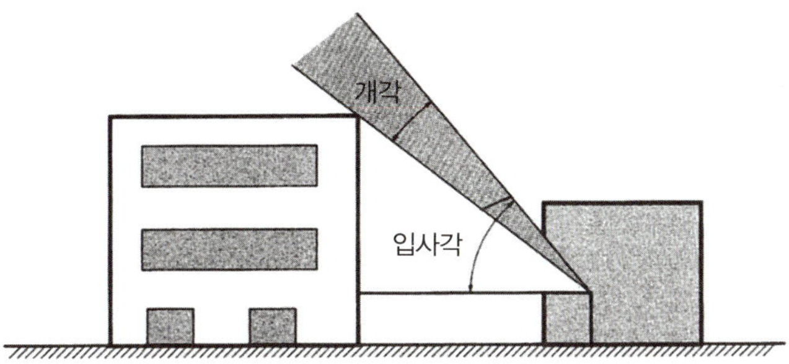

[그림 12-3] 창의 개각과 입사각

광원(光源)과 채광면과의 관계도 중요하다. 수평면 조도(照度)와 수직면 조도와의 비율은 3 : 1 이내가 좋다. 전면적인 조명과 국부의 조명을 병용할 때 국부 조명의 작업면 조도에 대한 전반적인 조도에 의한 실내의 평균 조도는 3분의 1 이상이 바람직하다.

부록

1. 국제 환경협약 가입 현황

2. 환경 관계 법령

1. 국제 환경협약 가입 현황(2006년 12월말 현재)

□ 대기 · 기후(8)

일련번호	영 문 명	국 문 명	협 약		우 리 나 라	
			채택일	발효일	가입(비준)일	발효일
1	United Nations Framework Convention on Climate Change	기후변화에 관한 국제연합 기본협약(기후변화협약)	'92. 5. 9	'94. 3. 21	'93. 12. 14	'94. 3. 21
2	Kyoto Protocol to United Nations Framework Convention on Climate Change	기후변화에 관한 국제 연합 기본협약에 대한 교토의정서	'97. 12. 11	'05. 2. 16	'02. 11. 8	'05. 2. 16
3	Vienna Convention for the Protection of the Ozone Layer	오존층 보호를 위한 비엔나협약	'85. 3. 22	'88. 9. 22	'92. 2. 27	'92. 5. 27
4	Montreal Protocol on Substances that Deplete the Ozone Layer	오존층 파괴물질에 관한 몬트리올의정서(몬트리올의정서)	'87. 9. 16	'89. 1. 1	'92. 2. 27	'92. 5. 27
5	The London Amendment to the Montreal Protocol	몬트리올의정서의 런던 개정서	'90. 6. 29	'92. 8. 10	'92. 12. 10	'93. 3. 10
6	The Copenhagen Amendment to the Montreal Protocol	몬트리올의정서의 코펜하겐개정서	'92. 11. 25	'94. 6. 14	'94. 12. 2	'95. 3. 2
7	The Montreal Amendment to the Montreal Protocol	몬트리올의정서의 몬트리올개정서	'97. 9. 17	'99. 11. 10	'98. 8. 19	'99. 11. 10
8	The Beijing Amendment to the Montreal Protocol	몬트리올의정서의 베이징 개정서	'99. 12. 3	'02. 2. 25	'04. 1. 9	'04. 4. 8

□ 해양 · 어업(16)

일련번호	영 문 명	국 문 명	협 약		우 리 나 라	
			채택일	발효일	가입(비준)일	발효일
9	International Convention for the Regulation of Whaling(ICRW)	국제포경규제협약	'46. 12. 2	'48. 11. 10	'78. 12. 29	'78. 12. 29
10	International for the Conservation of Atlantic Tunas (ICCAT)	대서양 참치의 보존에 관한 국제협약	'66. 5. 14	'69. 3. 21	'70. 8. 28	'70. 8. 28
11	Convention on the Conservation of the Living Resources of the Southeast Atlantic	동남대서양 생물자원보존협약	'69. 10. 23	'71. 10. 24	'81. 1. 19	'81. 2. 19
12	Convention on the Conservation of Antarctic Marine Living Resources (CCAMLR)	남극해양생물 자원보존에 관한 협약	'80. 5. 20	'82. 4. 7	'85. 3. 29	'85. 4. 28
13	International Convention for the prevention of Pollution of the Sea by Oil, 1954 (as amended in 1962 and in 1969)	1954년 유류에 의한 해양의 오염방지를 위한 국제협약 (1962년 및 1969년 개정 포함)	'54. 5. 12 '62. 4. 11 '69. 10. 21	'58. 7. 26 '67. 6. 28 '78. 1. 20	'78. 7. 31	'78. 10. 31
14	Convention on the Prevention of Marine Pollution by Dumping of Wastes and Other Matter (London Convention)	폐기물 및 그 밖의 물질의 투기에 의한 해양오염방지에 관한 협약(런던협약)	'72. 12. 29	'75. 8. 30	'93. 12. 21	'94. 1. 20

일련번호	영 문 명	국 문 명	협 약		우 리 나 라	
			채택일	발효일	가입(비준)일	발효일
15	International Convention on Civil Liability for Oil Pollution Damage(CLC)	유류오염 손해에 대한 민사책임에 관한 국제협약	'69. 11. 29	'75. 6. 19	'78. 12. 18	'79. 3. 18
16	Protocol to the International Convention on Civil Liability for Oil Pollution Damage, 1969	유류오염 손해에 대한 민사책임에 관한 1969년 국제협약의 의정서	'76. 11. 19	'81. 4. 8	'92. 12. 8	'93. 3. 8
17	International Convention on the Establishment of an International Fund for Compensation for Oil Pollution Damage, 1971 (Fund Convention)	1971년 유류오염손해배상을 위한 국제기금 설치에 관한 국제협약	'71. 12. 18	'78. 10. 16	'92. 12. 8	'93. 3. 8
18	International Convention for the Prevention of Pollution from Ships, 1973 as Modified by the Protocol of 1978 relating thereto (MARPOL 73/78)	1973년 선박으로부터의 오염방지를 위한 국제협약 및 1978년 의정서	'73. 11. 2, '78. 2. 17	'83. 10. 2	'84. 7. 23	'84. 10. 23
19	Convention on Future Multilateral Cooperation in the Northwest Atlantic Fisheries	북서대서양 어업에 있어서의 장래 다자간 협력에 관한 협약	'78. 10. 24	'79. 1. 1	'93. 12. 21	'93. 12. 21
20	United Nations Convention on the Law of the Sea	해양법에 관한 국제연합 협약	'82. 12. 10	'94. 11. 16	'96. 1. 29	'96. 2. 28
21	Agreement Relating to the Implementation of the Part XI of the United Nations Convention on the Law of the Sea of 10 December 1982	1982년 12월 10일 해양법에 관한 국제연합협약 제6장의 이행과 관련된 협정	'94. 7. 28	'96. 7. 28	'96. 1. 29	'96. 7. 28

일련번호	영 문 명	국 문 명	협 약		우 리 나 라	
			채택일	발효일	가입(비준)일	발효일
22	Protocol of 1992 to Amend the 1969 International Convention on Civil Liability for Oil Pollution Damage	1969년 유류오염손해에 대한 민사책임에 관한 국제협약을 개정하는 1992년 의정서	'92. 11. 27	'96. 5. 30	'97. 3. 7	'98. 5. 15
23	Protocol of 1992 to Amend the International Convention on the Establishment of an International Fund for Compensation for Oil Pollution Damage	1971년 유류오염손해배상을 위한 국제기금의 설치에 관한 국제협약을 개정하는 1992년 의정서	'92. 11. 27	'96. 5. 30	'97. 3. 7	'98. 5. 15
24	International Convention on Oil Pollution Preparedness, Response and Cooperation, 1990(OPRC,1990)	1990년 유류오염의 대비, 대응 및 협력에 관한 국제협력	'90. 11. 30	'95. 5. 13	'99. 11. 9	'00. 2. 9

□ 유해물질 · 폐기물(2)

일련번호	영 문 명	국 문 명	협 약		우 리 나 라	
			채택일	발효일	가입(비준)일	발효일
25	Basel Convention on the Control of Transboundary Movements of Hazardous Wastes and their Disposal (Basel Convention)	유해폐기물의 국가간 이동 및 그 처리의 통제에 관한 바젤협약(바젤협약)	'89. 3. 22	'92. 5. 5	'94. 2. 28	'94. 5. 29
26	Rotterdam Convention on the Prior Informed Consent Procedure for Certain Hazardous Chemicals and Pesticides in International Trade	특정 유해화학물질 및 농약의 국제교역에 있어서 사전통보 승인에 관한 로테르담 협약	'98. 9. 10	'04. 2. 24	'03. 8. 11	'04. 2. 24

□ 자연 · 생물보호(7)

일련번호	영 문 명	국 문 명	협 약		우 리 나 라	
			채택일	발효일	가입(비준)일	발효일
27	Convention on International Trade in Endangered Species of Wild Fauna and Flora (CITES)	멸종위기에 처한 야생동 · 식물종의 국제거래에 관한 협약	'73. 3. 3	'75. 7. 1	'93. 7. 9	'93. 10. 7
28	Convention on Biological Diversity	생물다양성 협약	'92. 5. 22	'93. 12. 29	'94. 10. 3	'95. 1. 1
29	Convention on Wetlands of International Importance Especially as Waterfowl Habitat (as amended in 1982 and in 1987) (RAMSAR)	물새 서식지로서 국제적으로 주요한 습지에 관한 협약(1982년 및 1987년 개정 포함)	'71. 2. 2	'75. 12. 21	'97. 3. 28	'97. 7. 28
30	International Plant Protection Convention	국제식물보호협약	'51. 12. 6	'52. 4. 3	'53. 12. 8	'53. 12. 8
31	Plant Protection Agreement for the South East Asia and Pacific Region	동남아시아 태평양지역 식물보호협정	'56. 2. 27	'56. 7. 2	'81. 11. 4	'81. 11. 4
32	International Tropical Timber Agreement, 1983(ITTA)	1983년 국제열대목재 협정	'83. 11. 18	'85. 4. 1	'85. 6. 25	'85. 6. 25
33	International Tropical Timber Agreement 1994	1994년 국제 열대목재협정	'94. 1. 26	'97. 1. 1	'95. 9. 12	'97. 1. 1

□ 핵안전(7)

일련번호	영 문 명	국 문 명	협 약		우 리 나 라	
			채택일	발효일	가입(비준)일	발효일
34	Treaty Banning Nuclear Weapons Tests in the Atmosphere, in Outer Space and Underwater	대기권, 외기권 및 수중에서의 핵무기 실험금지 조약	'63. 8. 5	'63. 10. 10	'64. 7. 24	'64. 7. 24
35	Convention on the Physical Protection of Nuclear Material	핵물질의 방호에 관한 협약	'80. 3. 3	'87. 2. 8	'82. 4. 7	'87. 2. 8
36	Convention on Early Notification of a Nuclear Accident (Notification Convention)	핵사고의 조기통보에 관한 협약	'86. 9. 26	'86. 10. 27	'90. 6. 8	'90. 7. 9
37	Convention on Assistance in the Case of a Nuclear Accident or Radiological Emergency (Assistance Convention)	핵사고 또는 방사능 긴급사태시 지원에 관한 협약	'86. 9. 26	'87. 2. 26	'90. 6. 8	'90. 7. 9
38	Convention on Nuclear safety	핵안전에 관한 협약	'94. 9. 20	'96. 10. 24	'95. 9. 19	'96. 10. 24
39	Treaty on the Prohibition of the Emplacement of the Nuclear Weapons and Other Weapons of Mass Destruction on the Sea Bed and the Ocean Floor and in the Subsoil Thereof	핵무기 및 기타 대량 파괴 무기의 해저, 해상 및 그 하층토에 있어서의 설치 금지에 관한 조약	'71. 2. 11	'72. 5. 18	'87. 6. 25	'87. 6. 25
40	Joint Convention on the Safety of Spent Fuel Management and on the Safety of Radioactive Waste Management	사용 후 핵연료 및 방사성폐기물 관리의 안전에 관한 공동협약	'97. 9. 5	'01. 6. 18	'02. 9. 16	'02. 12. 15

□ 기타(7)

일련번호	영 문 명	국 문 명	협 약		우 리 나 라	
			채택일	발효일	가입(비준)일	발효일
41	The Antarctic Treaty	남극조약	'59. 12. 1	'61. 6. 23	'86. 11. 28	'86. 11. 28
42	Protocol to the Antarctic Treaty on Environmental Protection	환경보호에 관한 남극조약 의정서	'91. 10. 3	'98. 1. 14	'96. 1. 2	'98. 1. 14
43	United Nations Convention to Combat Desertification in Those Countries Experiencing Serious Drought and/or Desertification, Particularly in Africa	심각한 한발 또는 사막화를 경험한 국가(특히 아프리카) 들의 사막화를 방지하기 위한 유엔협약(사막화방지협약)	'94. 6. 17	'96. 12. 26	'99. 8. 17	'99. 11. 15
44	Convention for the Protection of the World Cultural and Natural Heritage (World Heritage Convention)	세계문화유산 및 자연유산의 보호에 관한 협약	'72. 11. 23	'75. 12. 17	'88. 9. 14	'88. 12. 14
45	Treaty on Principles Governing the Activities of States in the Exploration and Use of Outer Space, including the Moon and Other Celestial Bodies	달과 기타 천체를 포함한 외기권의 탐색과 이용에 있어서의 국가활동을 규율하는 원칙에 관한 조약	'67. 1. 27	'67. 10. 10	'67. 10. 31	'67. 10. 31
46	Convention on the Prohibition of Military or Any Other Hostile Use of Environmental Modification Techniques	환경변경기술의 군사적 또는 기타 적대적 사용의 금지에 관한 협약	'76. 12. 10	'78. 10. 5	'86. 12. 2	'86. 12. 2
47	Convention on the Prohibition of the Development, Production and Stockpiling of the Bacteriological (Biological) and toxin Weapons, and on Their Destruction	세균무기(생물무기) 및 독소무기의 개발, 생산, 비축의 금지와 그 폐기에 관한 협약	'72. 4. 10	'75. 3. 26	'87. 6. 25	'87. 6. 25

□ 미가입 국제환경협약 현황

일련번호	영 문 명	국 문 명	협 약		우 리 나 라	
			채택일	발효일	가입(비준)일	발효일
1	1996 Protocol to the Convention on the Prevention of Marine Pollution by Dumping of Wastes and Other Matter	폐기물 및 기타 물질의 투기에 의한 해양오염방지에 관한 1996년 의정서	'96. 11. 7	미발효	미가입	-
2	Agreement for the Implementation of the Provisions of the United Nations Convention on the Law of the Sea of 10 Decmber 1982 relating to the Conservation and Management of Straddling Fish Stocks and Highly Migratory Fish Stocks	경제왕래 어류자원 및 고도회유성 어족자원의 보존과 관리에 관한 1982년 12월 10일 유엔해양법협약 규정의 이행을 위한 협약	'95. 12.	미발효	미가입	-
3	Stockholm Convention on Persistent Organic Pollutants	잔류성유기오염물질에 관한 스톡홀름 협약	'01. 5. 22	발효 ('04. 5. 17)	미가입	-
4	Based Protocol on Liability and Compensation for Damage Resulting from Transboundary Moverments of Hazardous Wastes & Their Disposal	유해폐기물의 국가간 이동 및 그 처리로 인한 피해에 대한 보상과 책임에 관한 바젤의정서	'99. 12. 10	미발효	미가입	-
5	Amendment to the Basel Convention on the Control of Transboundary Movements of Hazardous Wastes & Their Disposal	유해폐기물의 국가간 이동 및 그 처리의 통제에 관한 바젤협약에 대한 개정서	'95. 9. 22	미발효	미가입	-

2. 환경 관계 법령

(2007. 8. 현재)

일련번호	법 률(45)	대 통 령 령(44)	부 령(39)
1	환경정책기본법('90. 8. 1 제정, '07. 5. 17 4차 개정)	환경정책기본법 시행령('91. 2. 2 제정, '06. 5. 30 9차 개정) 지속가능발전위원회 규정('00. 8. 5 제정, '03. 6. 25전문 개정, '06. 12. 4 3차 개정)	
2	지속가능발전기본법(('07. 8. 3 제정)		
3	환경기술개발 및 지원에 관한 법률('94. 12. 22 제정, '00. 2. 3 전문개정, '07. 1. 3 4차 개정)	환경기술개발 및 지원에 관한 법률 시행령('95. 6. 1 제정, '00. 8. 17 전문개정, '07. 7. 4 4차 개정)	환경기술개발 및 지원에 관한 법률 시행규칙('95. 6. 10 제정, '00. 8. 30 전문 개정, '07. 6. 29 6차 개정) 환경관리대행기관의지정등에관한규칙('98. 8. 11 제정, '07. 6. 27 4차 개정)
4	환경분쟁조정법('90. 8. 1 제정, '97. 8. 28 전문 개정, 07. 5. 11 3차 개정)	환경분쟁조정법시행령('91. 2. 2제정, '98. 2. 24 전문 개정, '06. 7. 27 2차 개정)	환경분쟁조정법시행규칙('91. 2. 2 제정, '98. 2. 28 전문 개정, '06. 7. 24 3차 개정)
5	환경개선비용부담법('91. 12. 31 제정, '07. 1. 3 2차 개정)	환경개선비용부담법 시행령('92. 7. 21 제정, '07. 6. 4 7차 개정)	환경개선비용부담법시행규칙('92. 8. 8 제정, '07. 6. 7 5차 개정)
6	환경개선특별회계법('94. 1. 5 제정, '06. 12. 30 2차 개정)		
7	환경범죄의단속에관한특별조치법('91. 5. 31 제정, '99. 12. 31 전문 개정)	환경범죄의 단속에 관한 특별조치법 시행령('97. 6. 26 제정, '00. 6. 27 전문 개정, '05. 12. 9 1차 개정)	
8	환경관리공단법('83. 5. 21 제정, '03. 5. 29 3차 개정)	환경관리공단법시행령('86. 12. 31 제정, '03. 11. 27 3차 개정)	
9	유해화학물질관리법('90. 8. 1 제정, '04. 12. 31 전부개정)	유해화학물질관리법시행령('91. 1. 28 제정, '05. 12. 28 전부 개정)	유해화학물질관리법 시행규칙('91. 2. 2 제정, '05. 12. 30 전부 개정, '06. 7. 4 1차 개정)
10	잔류성유기오염물질 관리법('07. 1. 26 제정)		
11	남극활동 및 환경보호에관한법률('04. 3. 22 제정)	남극활동 및 환경보호에 관한 법률 시행령('05. 10. 25 제정)	
12	친환경상품 구매촉진에 관한 법률('04. 12. 31 제정, '06. 9. 27 1차 개정)	친환경상품 구매촉진에 관한 법률 시행령('05. 6. 13 제정, '07. 3. 27 1차 개정)	
13	환경분야 시험·검사 등에 관한 법률('06. 10. 4 제정)		

일련번호	법　　률(45)	대 통 령 령(44)	부　　령(39)
14	자연환경보전법 ('91. 12. 31 제정, '04. 12. 31 전부개정, '07. 5. 17 1차 개정)	자연환경보전법 시행령 ('92. 8. 31 제정, '05. 12. 30 전부개정)	자연환경보전법 시행규칙 ('92. 8. 31 제정, '05. 12. 30 전부개정, '06. 6. 30 1차 개정)
15	환경·교통·재해 등에 관한 영향평가법 ('99. 12. 31 제정, '03. 12. 30 1차 개정)	환경·교통·재해 등에 관한 영향평가법 시행령 ('00. 12. 30 제정, '06. 12. 29 4차 개정)	환경·교통·재해 등에 관한 영향평가법 시행규칙 ('00. 12. 30 제정, '06. 7. 4 3차 개정) 환경영향조사 등에 관한 규칙 ('00. 12. 30 제정, '07. 1. 5 4차 개정)
16	자연공원법 ('80. 1. 4 제정, '01. 3. 28 전문개정, '06. 1. 3 2차 개정)	자연공원법 시행령 ('80. 8. 18 제정, '01. 9. 29 전문개정, '07. 7. 4 3차 개정)	자연공원법 시행규칙 ('92. 5. 19 제정, '01. 10. 17 전문개정, '07. 6. 29 4차 개정)
17	습지보전법('99. 2. 8 제정, '07. 1. 26 3차 개정)	습지보전법 시행령 ('99. 8. 7 제정, '05. 9. 30 2차 개정)	습지보전법 시행규칙 ('99. 8. 7 제정, '05. 9. 30 2차 개정)
18	야생동·식물보호법 ('04. 2. 9 제정, '07. 5. 17 2차 개정)	야생동·식물보호법 시행령 ('05.2.7 제정, '05.9.14 1차 개정)	야생동·식물보호법 시행규칙 ('05. 2. 7 제정, '05. 9. 27 1차 개정)
19	백두대간 보호에 관한 법률('03. 12. 31 제정, '05. 5. 31 1차 개정)	백두대간 보호에 관한 법률 시행령('04. 12. 30 제정, '05. 11. 30 1차 개정)	
20	독도 등 도서지역의 생태계 보전에 관한 특별법('97. 12. 13 제정, '07. 5. 17 2차 개정)	독도 등 도서지역의 생태계 보전에 관한 특별법 시행령('98. 6. 20 제정, '04. 6. 25 1차 개정)	독도 등 도서지역의 생태계 보전에 관한 특별법 시행규칙('98. 7. 6 제정, '04. 6. 30 1차 개정)
21	문화유산과 자연환경자산에 관한 국민신탁법('06. 3. 24 제정)	문화유산과 자연환경자산에 관한 국민신탁법 시행령('07. 3. 22 제정)	
22	대기환경보전법 ('90. 8. 1 제정, '07. 4. 27 전부 개정)	대기환경보전법 시행령 ('91. 1. 28 제정, '96. 8. 31 전문개정, '06. 12. 21 10차 개정)	대기환경보전법 시행규칙 ('91. 2. 2 제정, '96. 9. 14 전문개정, '07. 3. 14 21차 개정)
23	수도권 대기환경개선에 관한 특별법('03. 12. 31 제정, '07. 1. 26 1차 개정)	수도권 대기 환경개선에 관한 특별법 시행령('04. 12. 30 제정, '07. 6. 4 1차 개정)	수도권 대기환경 개선에 관한 특별법 시행규칙('04. 12. 31 제정, '07. 6. 28 2차 개정)
24	소음·진동규제법 ('90. 8. 1 제정, '07. 4. 11 전부 개정)	소음·진동규제법 시행령 ('91. 1. 28 제정, '05. 12. 26 8차 개정)	소음·진동규제법 시행규칙 ('91. 2. 2 제정, '06. 12. 29 12차 개정)
25	다중이용시설 등의 실내공기질관리법('96. 12. 30 제정, '03. 5. 29 전문 개정, '06. 12. 30 3차 개정)	다중이용시설 등의 실내공기질 관리법 시행령('97. 12. 31 제정, '04. 12. 30 전문 개정)	다중이용시설 등의 실내공기질관리법 시행규칙('98. 1. 26 제정, '04. 5. 28 전문 개정, '06. 3. 13 2차 개정)
26	악취방지법 ('04. 2. 9 제정, '07. 1. 3 1차 개정)	악취방지법 시행령 ('05. 2. 7 제정)	악취방지법 시행규칙 ('05. 2. 7 제정, '07. 7. 4 3차 개정)

일련번호	법 률(45)	대 통 령 령(44)	부 령(39)
27	수질환경보전법('90. 8. 1 제정, '05. 3. 31 전부 개정, '07. 5. 17 2차 개정)	수질환경보전법 시행령('91. 1. 28 제정, '06. 3. 31 전부 개정, '07. 7. 4 2차 개정)	수질환경보전법 시행규칙('91. 2. 2 제정, '06. 4. 4 전부 개정, '07. 7. 4 4차 개정)
28	한강수계 상수원 수질개선 및 주민지원에 등에 관한 법률('99. 2. 8제정, '05. 12. 29 2차 개정)	한강수계 상수원 수질개선 및 주민지원 등에 관한 법률 시행령('99. 8. 6 제정, '05. 9. 30 3차 개정) 한강수계관리위원회규정('99. 4. 9 제정, '04. 4. 27 2차 개정)	한강수계 상수원 수질개선 및 주민지원 등에 관한 법률시행규칙('99. 8. 7 제정, '01. 4. 17 1차 개정)
29	낙동강수계 물관리 및 주민지원등에 관한 법률('02. 1. 14 제정)	낙동강수계 물관리 및 주민지원 등에 관한 법률 시행령('02. 7. 13 제정, '05. 9. 30 2차 개정) 낙동강수계관리위원회규정('02. 4. 15 제정)	낙동강수계 물관리 및 주민지원 등에 관한 법률시행규칙('02. 7. 29제정)
30	금강수계 물관리 및 주민지원등에 관한 법률('02. 1. 14 제정)	금강수계 물관리 및 주민지원 등에관한 법률 시행령('02. 7. 13 제정, '05. 9. 30 1차 개정) 금강수계관리위원회규정('02. 4. 15 제정)	금강수계 물관리 및 주민지원등에 관한 법률시행규칙('02. 7. 29 제정)
31	영산강·섬진강수계 물관리 및 주민지원 등에 관한 법률('02. 1. 14 제정)	영산강·섬진강수계 물관리 및 주민지원 등에 관한 법률 시행령('02. 7. 13 제정, '05. 9. 30 1차 개정) 영산강·섬진강수계관리위원회규정('02. 4. 15 제정)	영산강·섬진강수계 물관리 및 주민지원 등에 관한 법률시행규칙('02. 7. 29 제정)
32	가축분뇨의 관리 및 이용에 관한 법률('06. 9. 27 제정)		
33	수도법 ('91. 12. 14 전문 개정, '07. 4. 11 전부 개정)	수도법 시행령('92. 12. 9 전문 개정, '06. 6. 29 7차 개정)	수도법 시행규칙('92. 12. 15 전문 개정, '06. 6. 29 7차 개정) 상수원관리규칙 ('92. 12. 15 제정, '06. 6. 29 5차 개정) 수도시설의 청소 및 위생관리 등에 관한 규칙('94. 9. 13 제정, '06. 12. 28 5차 개정)
34	하수도법('66. 8. 3 제정, '06. 9. 27 전부 개정)	하수도법 시행령('69. 12. 1 제정, '05. 8. 17 8차 개정)	하수도법 시행규칙('71. 6. 15 제정, '05. 9. 6 6차 개정)
35	오수·분뇨 및 축산폐수의 처리에 관한 법률('91. 3. 8 제정, '02. 12. 26 4차 개정)	오수·분뇨및축산폐수의처리에관한 법률시행령('91.9.7 제정, '97.8.11 전문개정, '03.7.25 4차 개정)	오수·분뇨 및 축산폐수의 처리에 관한 법률시행규칙('91. 9. 9 제정, '97. 9. 18 전문 개정, '06. 7. 4 7차 개정)
36	먹는물관리법('95. 1. 5 제정, '07. 4. 11 전부 개정)	먹는물관리법 시행령('95. 5. 1 제정, '06. 6. 29 6차 개정)	먹는물관리법 시행규칙('95. 5. 1 제정, '06. 6. 30 7차 개정) 먹는물 수질기준 및 검사 등에 관한 규칙('95. 5. 1 제정, '06. 6. 29 8차 개정) 지하수의 수질보전 등에 관한 규칙('94. 8. 9 제정, '03. 6. 18 전문 개정, '06. 7. 4 1차 개정)

일련번호	법 률(45)	대 통 령 령(44)	부 령(39)
37	토양환경보전법('95. 1. 5 제정, '07. 5. 17 4차 개정)	토양환경보전법 시행령('95. 12. 29 제정, '05. 6. 30 3차 개정)	토양환경보전법 시행규칙('96. 1. 4 제정, '06. 7. 4 5차 개정)
38	폐기물관리법('86. 12. 31 제정, '91. 3. 8 전문 개정, '07. 4. 11 전부개정)	폐기물관리법시행령('87. 4. 1 제정, '91. 9. 26 전문 개정, '07. 1. 5 9차 개정)	폐기물관리법 시행규칙('87. 5. 30 제정, '96. 2. 5 전문 개정, '07. 2. 14 12차 개정)
39	자원의 절약과 재활용촉진에 관한 법률('92. 12. 8 제정, '02. 2. 4 전문 개정, '07. 5. 11 6차 개정)	자원의 절약과 재활용 촉진에 관한 법률 시행령('93. 6. 24 제정, '02. 12. 18 전문 개정, '07. 6. 11 9차 개정)	자원의 절약과 재활용촉진에 관한 법률 시행규칙('93. 7. 31 제정,'02. 12. 30 전문 개정, '07. 6. 29 7차 개정) 제품의 포장재질 · 포장방법에 관한 기준 등에 관한 규칙('93. 8. 17 제정, '03. 4. 3 전문 개정, '06. 3. 14 1차 개정)
40	전기 · 전자제품 및 자동차의 자원순환에 관한 법률('07. 4. 27 제정)		
41	건설폐기물의 재활용촉진에 관한 법률('03. 12. 31 제정, '06. 12. 28 2차 개정)	건설폐기물의 재활용 촉진에 관한 법률시행령('04. 12. 31 제정, '07. 1. 5 1차 개정)	건설폐기물의 재활용촉진에 관한 법률 시행규칙('05. 1. 19 제정, '07. 1. 9 2차 개정)
42	폐기물처리시설 설치촉진 및 주변지역 지원 등에 관한 법률('95. 1. 5 제정, '07. 1. 3 4차 개정)	폐기물처리시설 설치촉진 및 주변지역 지원 등에 관한 법률 시행령('95. 6. 30 제정, '97. 12. 31 전문 개정, '07. 7. 4 4차 개정)	
43	폐기물의 국가간 이동 및 그처리에 관한 법률('92. 12. 8 제정, '07. 5. 17 4차 개정)	폐기물의 국가간 이동 및 그처리에 관한 법률시행령 ('94. 5. 28 제정, '01. 7. 16, 4차 개정)	
44	한국환경자원공사법('93. 12. 27 제정, '03. 12. 30 1차 개정)	한국환경자원공사법시행령('94. 3. 29 제정, '04. 6. 11 1차 개정)	
45	수도권매립지관리공사의 설립 및 운영 등에 관한 법률('00. 1. 21 제정, '05. 12. 29 1차 개정)	수도권매립지관리공사의 설립 및 운영 등에 관한 법률 시행령 ('00. 7. 10 제정, '06. 6. 15 1차 개정) 환경부와 그 소속기관 직제(행자부소관)('98. 2. 28 전문 개정, '07. 2. 28 19차 개정)	환경부와 그 소속기관 직제 시행규칙('98. 2. 28 제정, '07. 6. 1 19차 개정) 국립환경과학원 시험의뢰 규칙('90. 3. 22 제정, '06. 7. 4 3차 개정) 환경부 소관 비영리법인의 설립 및 감독에 관한규칙 ('99. 12. 9 전문 개정) 환경부 소관 비상대비 자원관리법 시행규칙('95. 1. 14 제정, '01. 9. 3 2차 개정)

※ 개정차수는 본법 개정차수를 의미함

판 권
소 유

환경과 생활

2010년 2월 10일 2판 1쇄 발행

저자 : 박상욱·권자령 공저
편집디자인 : 이명숙·양철민
발행인 : 이무형
발행처 : 태학원

등록 : 제 10-193호(1988년 1월 23일)
주소 : 서울시 마포구 신수동 88-13호
전화 : 02-719-6680, 02-715-3554
팩스 : 02-719-6681

값 : 14,000원

ISBN : 978-89-92832-38-0 93530